风电场建设与管理创新研究丛书

风电场建设环境评价与管理

许波峰　陆忠民　蔡新 等　编著

中国水利水电出版社
www.waterpub.com.cn
·北京·

内 容 提 要

本书是《风电场建设与管理创新研究》丛书之一，主要内容包括：相关法规和政策的汇总和解读；风电场建设对环境的影响机制以及环境评价的理论方法；风电场建设环境管理的理论体系；山地、低风速、潮间带、“三北”地区、风电基地等风电场建设环境评价与管理的实际案例。

本书可作为广大环境科学与工程、海洋工程、电力工程等领域的科研、环评、设计、监测、运行等技术和管理人员从事风电场环境影响评价或环境管理的技术参考书，也可供高等院校相关专业师生参阅。

图书在版编目（CIP）数据

风电场建设环境评价与管理 / 许波峰等编著. -- 北京：中国水利水电出版社，2021.12
（风电场建设与管理创新研究丛书）
ISBN 978-7-5226-0258-5

Ⅰ. ①风… Ⅱ. ①许… Ⅲ. ①风力发电－发电厂－环境管理－研究 Ⅳ. ①TM614

中国版本图书馆CIP数据核字(2021)第242043号

书　　名	风电场建设与管理创新研究丛书 **风电场建设环境评价与管理** FENGDIANCHANG JIANSHE HUANJING PINGJIA YU GUANLI
作　　者	许波峰　陆忠民　蔡　新　等　编著
出版发行	中国水利水电出版社 （北京市海淀区玉渊潭南路1号D座　100038） 网址：www.waterpub.com.cn E-mail：sales@waterpub.com.cn 电话：（010）68367658（营销中心）
经　　售	北京科水图书销售中心（零售） 电话：（010）88383994、63202643、68545874 全国各地新华书店和相关出版物销售网点
排　　版	中国水利水电出版社微机排版中心
印　　刷	天津嘉恒印务有限公司
规　　格	184mm×260mm　16开本　15.5印张　316千字
版　　次	2021年12月第1版　2021年12月第1次印刷
印　　数	0001—3000册
定　　价	**75.00**元

《风电场建设与管理创新研究》丛书

编　委　会

《风电场建设与管理创新研究》丛书

主 要 参 编 单 位

（排名不分先后）

河海大学
哈尔滨工程大学
扬州大学
南京工程学院
中国三峡新能源（集团）股份有限公司
中广核研究院有限公司
国家电投集团山东电力工程咨询院有限公司
国家电投集团五凌电力有限公司
华能江苏能源开发有限公司
中国电建集团水电水利规划设计总院
中国电建集团西北勘测设计研究院有限公司
中国电建集团北京勘测设计研究院有限公司
中国电建集团成都勘测设计研究院有限公司
中国电建集团昆明勘测设计研究院有限公司
中国电建集团贵阳勘测设计研究院有限公司
中国电建集团中南勘测设计研究院有限公司
中国电建集团华东勘测设计研究院有限公司
中国长江三峡集团公司上海勘测设计研究院有限公司
中国能源建设集团江苏省电力设计院有限公司
中国能源建设集团广东省电力设计研究院有限公司
中国能源建设集团湖南省电力设计院有限公司
广东科诺勘测工程有限公司

内蒙古电力（集团）有限责任公司
内蒙古电力经济技术研究院分公司
内蒙古电力勘测设计院有限责任公司
中国船舶重工集团海装风电股份有限公司
中建材南京新能源研究院
中国华能集团清洁能源技术研究院有限公司
北控清洁能源集团有限公司
国华（江苏）风电有限公司
西北水利水电工程有限责任公司
广东粤电阳江海上风电有限公司
江苏省风电机组结构工程研究中心
中国水利水电科学研究院

本 书 编 委 会

主　　编　许波峰　陆忠民　蔡　新

副 主 编　刘　玮　龙云飞　曹九发　王　林

参编人员　吴晓梅　袁红亮　丁　玲　季　遥　施　蓓　曹钧恒

王科朴　米　闯　慕　超　高铭远　李亚静　朱　鑫

刘冰冰　朱紫璇　戴成军　李　振　蔡德源　郭兴文

汪亚洲　江　泉　施新春　徐　鹏

参编单位　河海大学

扬州大学

中国长江三峡集团公司上海勘测设计研究院有限公司

中国电建集团西北勘测设计研究院有限公司

中国长江三峡集团公司

国华（江苏）风电有限公司

江苏可再生能源行业协会

江苏省风电机组结构工程研究中心

丛书前言

随着世界性能源危机日益加剧和全球环境污染日趋严重，大力发展可再生能源产业，走低碳经济发展道路，已成为国际社会推动能源转型发展、应对全球气候变化的普遍共识和一致行动。

在第七十五届联合国大会上，中国承诺“将提高国家自主贡献力度，采取更加有力的政策和措施，二氧化碳排放力争于2030年前达到峰值，努力争取2060年前实现碳中和。”这一重大宣示标志着中国将进入一个全面的碳约束时代。2020年12月12日我国在“继往开来，开启全球应对气候变化新征程”气候雄心峰会上指出：到2030年，风电、太阳能发电总装机容量将达到12亿kW以上。进一步对我国可再生能源高质量快速发展提出了明确要求。

我国风电经过20多年的发展取得了举世瞩目的成就，累计和新增装机容量位居全球首位，是最大的风电市场。风电现已完成由补充能源向替代能源的转变，并向支柱能源过渡，在我国经济发展中起重要作用。依托“碳达峰、碳中和”国家发展战略，风电将迎来与之相适应的更大发展空间，风电产业进入“倍速阶段”。

我国风电开发建设起步较晚，技术水平与风电发达国家相比存在一定差距，风电开发和建设管理的标准化和规范化水平有待进一步提高，迫切需要对现有开发建设管理模式进行梳理总结，创新风电场建设与管理标准，建立风电场建设规范化流程，科学推进风电开发与建设发展。

在此背景下，《风电场建设与管理创新研究》丛书应运而生。丛书在总结归纳目前风电场工程建设管理成功经验的基础上，提出适合我国风电场建设发展与优化管理的理论和方法，为促进风电行业科技进步与产业发展，确保工程建设和运维管理进一步科学化、制度化、规范化、标准化，保障工程建设的工期、质量、安全和投资效益，提供技术支撑和解决方案。

《风电场建设与管理创新研究》丛书主要内容包括：风电场项目建设标准化管理，风电场安全生产管理，风电场项目采购与合同管理，陆上风电场工程施工与管理，风电场项目投资管理，风电场建设环境评价与管理，风电场建设项目计划与控制，海上风电场工程勘测技术，风电场工程后评估与风电机组状态评价，海上风电场运行与维护，海上风电场全生命周期降本增效途径与实践，大型风电机组设计、制造及安装，智慧海上风电场，风电机组支撑系统设计与施工，风电机组混凝土基础结构检测评估和修复加固等多个方面。丛书由数十家风电企业和高校院所的专家共同编写。参编单位承担了我国大部分风电场的规划论证、开发建设、技术攻关与标准制定工作，在风电领域经验丰富、成果显著，是引领我国风电规模化建设发展的排头兵，基本展示了我国风电行业建设与管理方面的现状水平。丛书力求反映国内风电场建设与管理的实用新技术，创建与推广风电中国模式和标准，并借助"一带一路"倡议走出国门，拓展中国风电全球路径。

丛书注重理论联系实际与工程应用，案例丰富，参考性、指导性强。希望丛书的出版，能够助推风电行业总结建设与管理经验，创新建设与管理理念，培养建设与管理人才，促进中国风电行业高质量快速发展！

2020年6月

本书前言

能源短缺和气候变暖是全球共同面临的重大问题，加快开发可再生能源是解决人类能源和环境问题的必由之路。风电是目前技术成熟、具有市场竞争力且极具发展潜力的新能源发电技术。我国已把风电作为调整能源结构、应对全球气候变化、实现碳达峰碳中和的重要措施。

风电是将风能转化为电能的发电方式，是一种对环境友好的可再生清洁能源。近年来我国风电产业发展迅猛，累计装机容量稳居世界首位。风电开发遍及全国各种地理位置和地理环境，包括平原、丘陵、山区、草原、潮间带、近海、远海等。然而，风电场建设运行给自然环境和社会环境带来的影响也不容忽视。因此，有效协调好风电场建设与环境之间的相互关系，做好环境评价与管理十分必要。

环境评价与管理的内容涉及自然环境（噪声、大气、水质、土壤、生物）和社会环境（经济、社会、政治、科技），具有高度的综合性。不仅需要环境基础学科、应用和技术学科的支撑，也需要管理学科、社会与经济学科的融合，更需要各类相关研究成果的综合集成。

本书作者来自高校、设计单位、业主单位、社会服务机构等，内容汇集了当前最新的风电场建设环境评价与管理基础理论、科研成果及实际案例，感谢各参编单位及参与编写的人员，感谢对本书内容进行指导和审阅的专家。本书内容主要分为四个部分：①相关法规和政策的汇总和解读；②风电场建设对环境的影响机制以及环境评价的理论方法，包括自然环境和社会环境；③风电场建设环境管理的理论体系，包括环境管理方案、信息管理、规划及对策等；④对山地、低风速、潮间带风电场以及“三北”地区、风电基地等风电场建设环境评价与管理的实际案例进行介绍和分析。

本书将基础理论与实际工程相结合，通俗易懂，可为从事风电场环境评价与管理工作的人员提供参考。书中如有缺漏和错误之处，敬请读者批评指正。

作者

2021年8月

目 录

第1章　概　　述

能源是人类生活中不可或缺的一部分，能源的种类繁多，而可再生能源在绿色发展中有着重要作用，大力发展可再生能源更有利于低碳生活的建设。随着人类生活质量和幸福感的不断提高，全球经济的不断增长，对能源的需求也越来越大，煤、石油、天然气等有限的化石能源资源已经不能满足人类在生活和工业生产等方面的需求，加之地球环境越来越恶劣，温室气体的大量排放、臭氧层的破坏、雾霾危害人体健康，清洁绿色的可再生能源越来越受到人类的重视。风能是开发较为成熟、应用较为广泛的可再生能源，平均每年地球上风能的总量大约为 1.3×10^{12}kW，即太阳能的2%，其中可利用的风能约为 1×10^{9}kW。

3000年前，风能最早被用来碾米和提水。12世纪，出现了第一台水平轴式风力机，到19世纪，首台被用来进行发电的风力机问世，随后的一百年里，对风力发电技术的相关研究逐渐增多，技术不断进步。近十几年来，随着风电场的大量建设，风电在全球能源市场所占的比重也越来越大，地位也在不断提高。风电开发遍及各种地理位置和环境，包括平原、丘陵、山区、草原、潮间带、近海、远海等，然而风电场建设运行给自然环境和社会环境带来的影响也不容忽视。因此，有效协调好风电场建设与环境之间的相互关系，做好环境评价与管理十分必要。

本章主要对国内外风电场建设概况、风电场建设过程、风电场对环境的影响、环境评价、环境管理做概述性的介绍。

1.1　国内外风电场建设概况

1.1.1　全球风电发展概况

根据全球风能理事会（Global Wind Energy Council，GWEC）2020年3月发布的数据，2006—2019年全球风电新增装机以及累计装机容量如图1-1所示。2006年开始，全球每年新增装机容量总体呈现稳定增长趋势，受到部分政策影响，个别年份新增装机容量出现波动。2014—2019年的风电年新增装机容量均保持在50GW以上，2015年和2019年新增装机容量突破60GW。截至2019年年底，全球风电累计装机容

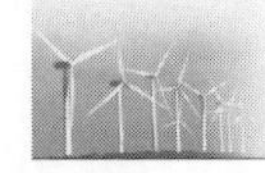

量654.5GW，约为2006年累计装机容量（74GW）的9倍，说明近15年全球风电发展是快速且稳定的。

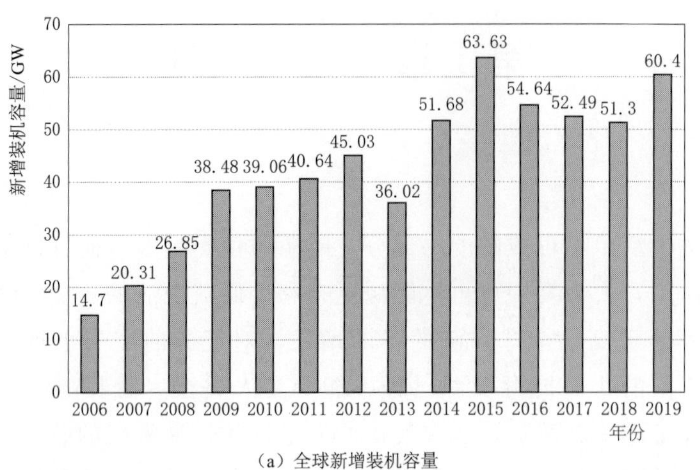

（a）全球新增装机容量

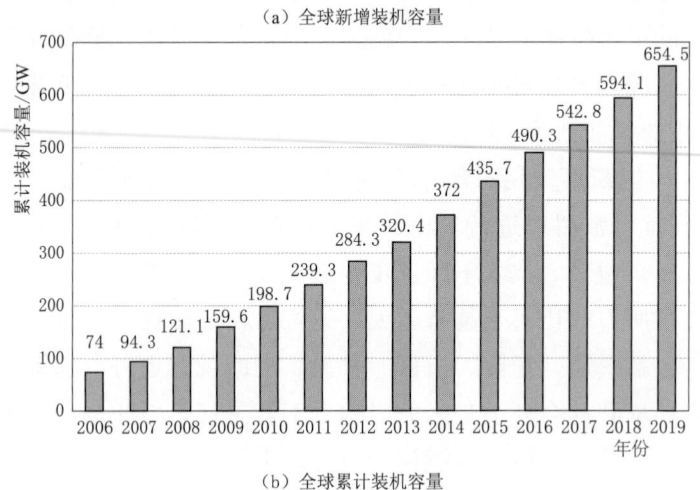

（b）全球累计装机容量

图1-1 2006—2019年全球风电新增装机及累计装机容量（数据来源：全球风能理事会）

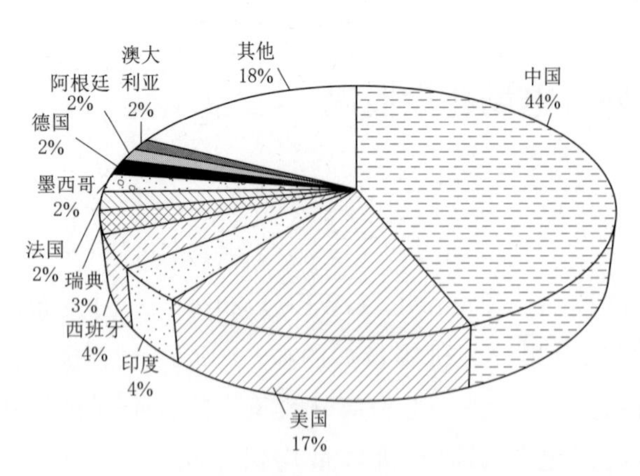

图1-2 2019年全球风电新增装机容量前10名国家

2019年全球陆上风电新增装机容量前10名国家如图1-2所示，分别是中国23.8GW，占比44%；美国9.1GW，占比17%；印度2.4GW，占比4%；西班牙2.3GW，占比4%；瑞典1.6GW，占比3%；法国1.3GW，占比2%；墨西哥1.3GW，占比2%；德国1.1GW，占比2%；阿根廷0.9GW，占比2%；澳大利亚0.8GW，占比2%。我国新增装机容

量所占比例位居第一，为全球风电做出了巨大贡献。

截至2019年年底，全球陆上风电累计装机容量前10名国家如图1-3所示，分别是中国229.6GW，占比37%；美国105.4GW，占比17%；德国53.9GW，占比9%；印度37.5GW，占比6%；西班牙25.3GW，占比4%；法国16.6GW，占比3%；巴西15.5GW，占比2%；英国13.6GW，占比2%；加拿大13.4GW，占比2%；意大利10.1GW，占比2%，我国累计陆上风电装机容量占比同样位居第一。

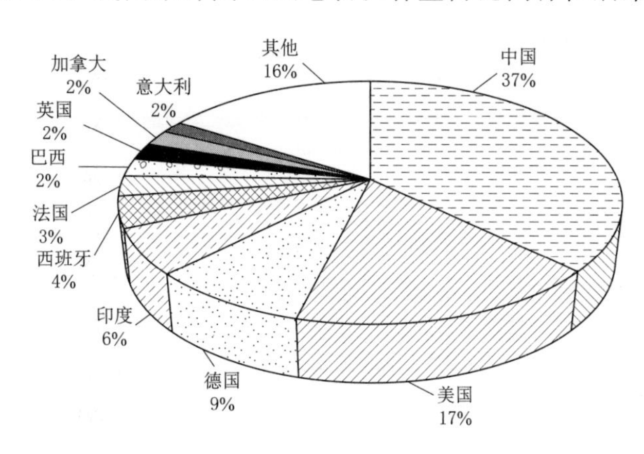

图1-3 2019年全球陆上风电累计装机容量前10名国家

1.1.2 陆上风电场建设概况

根据陆上风能资源的分析，陆上风电场主要建于风能资源丰富的草原或戈壁区域、沿海地区及内陆拥有比较丰富风能资源的山地、丘陵和湖泊等特殊地形区域。由于受地形地貌影响，陆地风电场风能资源通常不如海上风电场，在风速和空气密度方面都要低一些。随着风电技术的进步，风电企业开发的陆上风电机组单机容量越来越大，目前，国内陆上风电机组单机容量最大的是西门子歌美飒4X平台机型，其额定功率可在4.2～5.0MW之间调节，最大可达5.0MW。

一般地，单个风电场的装机容量从几十兆瓦到几百兆瓦不等，有的会达到千兆瓦量级，形成风电基地，通过基地化运营及管理，进一步提高效率并降低成本。表1-1是截至2020年7月全球装机容量排名前10的陆上风电场，其中装机容量最大的是我国的甘肃酒泉风电基地，装机容量达到5160MW，其他主要是美国的风电场，印度的风电场占据2席。

表1-1 全球十大陆上风电场（截至2020年7月）

排名	风电场名称	国家	装机容量/MW
1	甘肃酒泉风电基地（Gansu Wind Farm）	中国	5160
2	姆潘达尔风电场（Muppandal Wind Farm）	印度	1500

续表

排名	风电场名称	国家	装机容量/MW
3	艾塔风能中心［Alta（Oak Creek－Mojave）］	美国	1320
4	贾沙梅尔风电公园（Jaisalmer Wind Farm）	印度	1064
5	牧羊人平原风电场（Shepherds Flat Wind Farm）	美国	845
6	罗斯科风电场（Roscoe Wind Farm）	美国	781.5
7	马谷风能中心（Horse Hollow Wind Energy Center）	美国	735.5
8	摩羯座山脊风电场（Capricorn Ridge Wind Farm）	美国	662.5
9	芬特奈里-柯吉拉克风电场（Fântânele－Cogealac Wind Farm）	罗马尼亚	600
10	福勒岭风电场（Fowler Ridge Wind Farm）	美国	599.8

表1－2是2019年全球陆上风电装机区域分布，可以看到亚洲的陆上风电装机容量，无论是新增还是累计，均位于世界第一，这主要得益于我国的风电市场及风电行业的快速发展，我国的风电装机容量几乎占亚洲风电总装机容量的80％。近十年我国陆上风电装机容量一直处于世界领先位置。

表1－2　2019年全球陆上风电装机区域分布

地区	国家	陆上风电装机容量/MW		
		2018年累计	2019年新增	2019年累计
全球		567592	54206	621798
美洲	美国	96488	9143	105631
	加拿大	12816	597	13413
	巴西	14707	745	15452
	墨西哥	4935	1281	6216
	阿根廷	673	931	1604
	智利	1619	526	2145
	美洲其他国家	3605	204	3807
非洲、中东	埃及	1190	262	1452
	肯尼亚	338	0	338
	南非	2085	0	2085
	非洲、中东其他国家	2115	682	2798
亚洲	中国	205804	23760	229564
	印度	35129	2377	37506
	巴基斯坦	1189	50	1239
	日本	3652	274	3926
	韩国	1229	191	1420
	越南	228	160	388
	菲律宾	427	0	427
	泰国	1215	322	1537
	亚洲其他国家	1702	123	1825

续表

地　区	国　家	陆上风电装机容量/MW		
		2018年累计	2019年新增	2019年累计
欧洲	德国	52932	1078	54010
	法国	15307	1336	16643
	瑞典	7216	1588	8804
	英国	13001	629	13630
	土耳其	7370	686	8056
	欧洲其他国家	75258	6424	81682

1.1.2.1 各大洲陆上风电发展现状

1. 亚洲

亚洲大陆面积广袤，地形复杂，气候多变，风能资源也很丰富，其主要分布于中亚地区（主要是哈萨克斯坦及其周边地区）、阿拉伯半岛及其沿海地区、蒙古高原、南亚次大陆沿海以及亚洲东部及其沿海地区等区域。中亚地区和蒙古高原以草原为主，阿拉伯半岛地处沙漠，这些地区的共同特点是地势平坦，地形简单，所以风速较大，大部分地区年平均风速都在7m/s以上，蕴含的风能资源十分丰富。

在亚洲，我国是风能资源利用最好的国家。根据GWEC发布的数据，2020年我国新增装机容量为71.67GW，这一年的新增装机容量高于2017年、2018年和2019年三年之和，2020年年底我国风电累计装机容量达到281.72GW，占全球累计装机容量比重越来越大。印度是亚洲风电发展的第二大国，近年来，印度发起“绿色能源通道”规划特高压电网建设，促进了风电行业的发展，2020年上半年新增装机容量136MW，累计装机容量37.8GW，预计至2022年风电累计装机容量达到60GW。此外，截至2020年年底，日本累计装机容量4.37GW，2020年新增449MW，日本风能协会表示，这是日本风电历史上增幅最大的一年。由于我国和印度风电的快速发展，亚洲成为全球装机容量最多的洲。

2. 北美洲

北美洲由于其独特的地理位置及其开阔平坦的地形特征，风能资源也十分丰富，主要分布于北美大陆中东部及其东西部沿海以及加勒比海地区。北美大陆风能资源的特点是风速大、分布广泛，其分布范围几乎涵盖了大半个北美大陆，特别是美国中部地区，地处广袤的北美大草原地势平坦开阔，其年平均风速均在7m/s以上，风能资源蕴藏量巨大，开发价值很大。

美国是世界上第一个制定能源安全战略的国家，能源安全战略包括四项基本原则，即节约能源、完善机制、灵活的财政支持和最大限度地利用可再生能源。

美国制定的能源安全战略的核心内容是节能。从降低能源消耗的角度来看，政府完成了本国的经济性结构调整。当然，这是大规模使用可再生能源的结果，有助于减少对化石燃料进口的依赖，实质上可以作为一项长期的政治任务。美国退出“巴黎协定”的决定并未改变美国社会对环境保护问题的态度，且在每年举办的例行会议上，超百个城市的州长们和市长们表示他们打算继续大规模发展可再生能源，特别是风能和太阳能。

美国是世界第二大陆上风电市场。2019 年，美国风电全年发电量为 3000 亿 kW·h，高于水电的 2740 亿 kW·h。这是美国风电年发电量首次超越水电，成为美国第一大可再生能源。2008—2019 年，美国使用风电的家庭数量从 300 万户增加至 3200 万户。近几年，美国的风能在新增能源中占比最大，2019 年新增装机容量达到 9143MW，是美国新增风电装机容量的第三大年份，比 2018 年增加了 20%。目前，美国正在运行的风电总装机容量达到 105583MW，近 60000 台风电机组分布在 41 个州。

2019 年，美国 19 个州共计有 55 个新增风电场开始运行。其中得克萨斯州和艾奥瓦州是美国风电装机容量最大的两个州，长期以来一直是美国风电市场的引领者，2019 年更是取得了重大进展。得克萨斯州 2019 年新增风电项目近 4GW，艾奥瓦州新增风电项目 1.7GW，这也突破了他们之前的单年安装新纪录。伊利诺伊州、南达科他州和堪萨斯州排在年度前五。艾奥瓦州是继得克萨斯州第二个装机容量超 10GW 的州，而伊利诺伊州则成为第六个装机容量超 5GW 的州。

随着规模的扩大，风电的经济和环境价值逐渐显现。这一产业在美国创造出 11.4 万个就业岗位，每年以租赁费和税收的形式为土地所有者、州以及地方政府带来 10 亿美元的收入。最近 10 年，美国风电的成本下降了 69%，帮助商业机构和家庭节省了大量用电成本。此外，风电的大规模应用还为应对气候变化起到很好的支撑。100GW 风电装机的年发电量，相当于减少 2.4 亿 t 二氧化碳排放，接近美国电力系统年排放量的 13%。

3. 欧洲

欧洲是世界风能利用最发达的地区，其陆上风能资源非常丰富。整个欧洲大陆，除伊比利亚半岛中部、意大利北部、罗马尼亚和保加利亚等部分东南欧地区以及土耳其地区以外（该区域风速较小，在 5m/s 以下），其他大部分地区的风速都较大，基本在 6～7m/s 及以上，其中英国、冰岛、爱尔兰、法国、荷兰、德国、丹麦、挪威南部、波兰以及俄罗斯东部部分等地区都是风能资源集中的地区。另外，地中海沿海地区的风速也较大，均在 6m/s 以上。

2019 年，欧洲风电新增装机容量 15.4GW，比 2018 年增长 27%，但比 2017 年下降了 10%，其中陆上风电新增装机容量 11.7GW，海上风电新增装机容量 3.6GW。截至 2019 年年底，欧洲风电累计装机容量 205GW，陆上风电仍然是欧洲风电技术主

力，约占 89%，海上风电占比约 11%，风力发电电量占到了欧盟 28 个成员国当年电力消耗的 15%。

2019 年，英国新增装机容量 2.4GW，位列第一，其次是西班牙、法国和德国。在新增风电装机容量中，陆上风电占 3/4。西班牙新增陆上风电装机容量 2.2GW，位列陆上风电装机容量第一。德国风电新增装机容量和投资 2019 年出现断崖式下滑。丹麦风电占其电力需求的份额最高，达到 48%，其次是爱尔兰（33%）和葡萄牙（27%）。

欧洲不少政府的风电发展规划都缺少实施细节，例如在政策措施、拍卖容量、减少审批环节、清除其他投资障碍以及促进电网建设等方面都没有明确的规定，各国政府要将这些方面理清，并形成切实可行的风电发展规划。

4. 非洲和中东

非洲风能集中区域主要分为撒哈拉沙漠及其以北地区、南部沿海地区两大块。撒哈拉沙漠及其以北地区，由于大部分是沙漠地形，地势平坦开阔，故而其风速也较大，年平均风速基本在 7m/s 以上；南部沿海地区受到海上气候的影响，风速也普遍较大。

非洲和中东地区的风电发展相对缓慢，但是越来越多的国家认识到风电的重要性，并且开始大力发展风电，最具代表性的如埃及、摩洛哥、埃塞俄比亚、突尼斯、伊朗等。2019 年，非洲和中东地区陆上风电新增装机容量 944MW，风电总装机容量达到 6.6GW。而在 2013 年，非洲和中东地区的风电新增装机容量仅为 90MW，累计装机容量仅有 1.255GW，可见，近几年非洲和中东地区的风电发展步伐显著加快。GWEC 预测今后非洲和中东地区每年的新增风电装机容量均将超过 1GW。

1.1.2.2 国内陆上风电场发展现状

我国是世界上风能资源较为丰富的国家之一。根据中国气象局实施的“全国风能资源详查和评价”项目成果，在年平均风功率密度达到 $300W/m^2$ 的风能资源覆盖区域内，考虑自然地理和国家基本政策对风电开发的制约因素，并剔除装机容量小于 $1.5MW/km^2$ 的区域后，我国陆上 50m、70m、100m 高度层年平均风功率密度大于等于 $300W/m^2$ 的风能资源技术开发量分别为 2000GW、2600GW 和 3400GW。我国陆上风电场主要集中在三大风能丰富带。一是“三北”地区（东北、华北和西北地区），包括东北三省和河北、内蒙古、甘肃、青海、西藏、新疆等省（自治区），该地区风电场地形平坦，交通方便，没有破坏性风速，是我国连成一片的最大风能资源区，有利于大规模地开发风电场；二是东南沿海地区，受台湾海峡峡管效应的影响，冬春季的冷空气、夏秋季的台风能影响到沿海及其岛屿，是我国风能最佳丰富区，包括广东、福建、浙江、上海、江苏、山东等省（直辖市）；三是内陆局部风能丰富区，内陆地区普遍风能资源一般，但在山地、丘陵、湖泊等局部区域，受特殊地形的影响，风能资源也较丰富，内陆风电场主要分布在山西、云南、陕西、贵州、湖北等省。

2008—2020年我国陆上风电新增装机容量连续十二年全球第一。2020年，全国风电新增并网装机容量71.67GW，其中陆上风电新增装机容量68.61GW，继续保持2008年以来全球第一大陆上风电增量市场，海上风电新增装机容量3.06GW。从新增装机容量分布来看，中东部和南方地区占比约40%，“三北”地区占60%。截至2020年年底，中国风电累计装机容量281.72GW，其中陆上风电累计装机容量271GW，是全球首个陆上风电总装机容量超过200GW的国家。

2016年我国风电装机容量149GW，年弃电量497亿kW·h，2020年风电装机容量达到281GW，年弃电量约166亿kW·h，在装机容量增加的同时，实现了新能源弃电量的减少。

图1-4所示为截至2020年各省风电装机容量完成情况，全国十大风电装机省（自治区）分别是：内蒙古（3786万kW）、新疆（2361万kW）、河北（2274万kW）、山西（1974万kW）、山东（1795万kW）、江苏（1547万kW）、宁夏（1377万kW）、甘肃（1373万kW）、辽宁（981万kW）、云南（881万kW）。

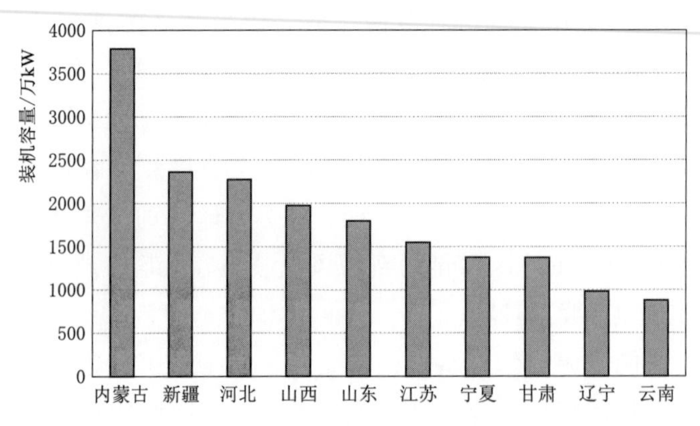

图1-4　全国十大风电装机省（自治区）

1.1.3　海上风电场建设概况

早期的风电场开发主要是陆上风电场，然而由于土地限制、地貌改变导致陆上难以发展一些大规模的风电场。海上风电场拥有很多优势，如风能资源优越、发电量大、不占用土地、噪声影响小、可以使用更大型的风电设备等，因此越来越多的国家开始发展海上风电。

表1-3给出全球海上风电装机区域分布，数据表明我国在2019年的新增海上装机容量达2395MW，排名第一，其次是英国、德国、丹麦、比利时。总的来说欧洲的海上风电依然处于世界第一的状态，美洲的海上风电并没有得到大力的开发，而亚洲的中国海上风电的发展突飞猛进，可见我国对海上风电发展的重视。

表 1-3 全球海上风电装机区域分布

地 区	国 家	海上风电装机容量/MW		
		2018 年累计	2019 年新增	2019 年累计
全球		22997	6145	29142
欧洲	英国	7963	1764	9727
	德国	6382	1111	7493
	丹麦	1329	374	1703
	比利时	1186	370	1556
	荷兰	1118	0	1118
	其他国家	302	8	310
	总计	18280	3627	21907
亚洲	中国	4443	2395	6838
	韩国	73	0	73
	其他国家	171	123	294
	总计	4687	2518	7205
美洲	美国	30	0	30

1.1.3.1 国外海上风电场发展现状

欧洲是世界风能利用最发达的地区，其风能资源非常丰富。沿海地区是欧洲风能资源最为丰富的地区，主要包括英国和冰岛沿海、西班牙、法国、德国和挪威的大西洋沿海以及波罗的海沿海地区，其年平均风速可达 9m/s 以上。

欧洲是海上风电技术研发最早的地方，海上风电场的建设从这里开始。海上风电的发展大致可以分为三个阶段。

第一阶段是研究阶段，海上风电处于小规模研究和开发。如 1990 年，在瑞典的 Nogersund 安装了世界上第一台海上风电机组，装机容量为 220kW，离岸 350m，水深 6m，该机组于 1998 年停运。1991 年，在丹麦波罗的海的洛兰岛西北沿海的 Vindeby 附近建成世界首个海上风电场，安装了 11 台 450kW 的风电机组。

第二阶段是示范阶段。2001 年 3 月建成了全球首个具有商业化规模的丹麦 Mddanden 海上风电场，该风电场位于丹麦哥本哈根附近海域，总装机容量 40MW，该项目开启了大规模开发海上风电场的大门，也标志着海上风电步入了商业化阶段；2002 年 12 月建成了世界上首个大型海上风电场——丹麦 Horns Rev 海上风电场，该风电场位于丹麦 Esbjerg 北海海域，总装机容量 160MW；2007 年 5 月建成了全球首个单机容量 5MW 的海上风电场——苏格兰 Beatrice 海上风电场，该风电场位于苏格兰东海岸的 Beatrice，该项目的建设和运行为全球单机容量较大的海上风电机组的设计开发、建设、运行和维护提供了宝贵的经验和教训。

第三阶段是发展阶段。2010 年前后，海上风电的商业应用列入各国日程，进入了发展快车道；2008 年 3 月建成了荷兰 Princess Amalia 海上风电场，它是荷兰第一个商业性海上风电场，该风电场位于北海海域，离岸 23km，风电场水深 25m，采用单桩式基础；2013 年 8 月建成了位于北海的德国 Bard Offshore I 海上风电场，由 80 台 5MW 风电机组组成，距离 Borkum 岛西北 100km，距离北海海岸 130km，水深 40m，是当时世界上离岸距离最远的海上风电场；2018 年 4 月建成了 Walney Extension 风电场，该风电场位于英国 Cumbria 附近的爱尔兰海域，离岸 20km，水深 20～37m，共有 87 台风电机组，总装机容量达 659MW，一举超越“伦敦矩阵”，成为世界装机容量最大的单体海上风电场。

欧洲是海上风电发展最活跃和最具影响力的地区，截至 2020 年年底，欧洲海上风电装机总量已达 25GW，遍布在 12 个国家，共有 116 个海上风电场，其中 40%在英国。2020 年 1 月，英国 Hornsea One 海上风电场全部并网发电，总装机容量 1218MW，是首个总装机容量超过 10MW 大关的海上风电场，其规模堪比核电站。此外，2020 年，投入运营的最大的两个海上风电场均来自荷兰，分别是荷兰的 Borssele 1&2 海上风电场和 Borssele 3&4 海上风电场，装机容量分别为 752MW 和 732MW。在未来几年，欧洲将继续投产大规模的海上风电场。荷兰 Hollandse Kust Zuid 1&2（760MW）海上风电场将于 2023 年建成，届时将只从当地电力批发市场获取电价收益，成为世界上第一个实现零补贴的海上风电场。英国将在 2022 年投产 Hornsea 2 项目，装机容量达到 1386MW，届时将成为世界最大海上风电场，该风电场将由西门子歌美飒提供风电机组，将有 173 台 SG 8.0-167 DD 型风电机组矗立在英格兰东海岸。

相对于欧洲，北美洲的海上风电发展并没有特别突出，最主要的仍是美国市场。2016 年，美国境内第一个海上风电场投入运营，该风电场是位于罗德岛海岸外的 30MW 布洛克岛海上风电场，距离美国罗得岛州布洛克岛海岸约 4.8km。2019 年，美国第一个大型海上风电场 Vineyard Wind 开工建设，该风电场占地 650km^2，总装机容量达到 798MW。2020 年，美国弗吉尼亚完成了 12MW 沿海海上风电示范项目，该项目由美国能源巨头 Dominion Energy 投资，也是美国第一个在联邦水域的项目，该示范项目将为后续建设的 2640MW 海上风电场项目提供宝贵的运营、天气和环境数据。

1.1.3.2 国内海上风电场发展现状

我国海上风电起步较晚，凭借“政策东风”快速发展海上风电。2005 年《可再生能源发展“十一五”规划》中提出，主要在苏沪海域和浙江、广东沿海探索近海风电开发的经验，努力实现百万千瓦级海上风电基地的目标；国家发展和改革委员会（以下简称国家发展改革委）于 2005 年在《可再生能源产业发展指导目录》中，收录了近海并网风电的技术研发项目。2007 年我国启动国家科技支撑计划，将能源作为重点

领域，提出在“十一五”期间组织实施“大功率风电机组研制与示范”项目，研制2～3MW风电机组，组建近海试验风电场，形成海上风电技术。2009年1月，国家发展改革委、国家能源局在北京组织召开了海上风电开发及沿海大型风电基地建设研讨会，正式启动了我国沿海地区海上风电的规划工作，会议后将各方意见进行修改后形成《海上风电场工程规划工作大纲》。该大纲提出了以资源定规划、以规划定项目的原则，要求对沿海地区风能资源进行全面分析，给出海上风电场的规划和总体布局，工作范围主要包括潮间带和潮下带滩涂风电场、近海风电场，这意味着全国海上风能资源评估和规划工作正式拉开了帷幕。2010年1月，国家能源局联合国家海洋局印发《海上风电开发建设管理暂行办法》，该办法规定了海上风电发展规划编制、海上风电项目授权、海域使用申请审批和海洋环场保护、项目核准、施工竣工验收和运行信息管理等各个环节的程序和要求。2010年5月，国家能源局正式发布了位于江苏省的4个风电项目招标公告。

2012年8月发布的《可再生能源“十二五”规划》，对海上风电做出专门部署，我国海上风电成套技术将形成完整的产业链。2014年8月，国家能源局召开全国海上风电推进会，公布了《全国海上风电开发建设方案（2014—2016）》，涉及44个海上风电项目，共计10527.7MW的装机容量。2016年11月，国家能源局发布《风电发展“十三五”规划》，重点推动江苏、浙江、福建、广东等省的海上风电建设，到2020年四省海上风电开工建设规模均达到5000MW以上。2017年1月，国家发展改革委和国家能源局发布《能源发展“十三五”规划》，该规划鼓励积极开发海上风电场，推动低风速风电机组和海上风电技术进步。2017年国家发展改革委、国家海洋局联合发布《全国海洋经济发展“十三五”规划》，鼓励在深远海建设海上风电场，加强5MW、6MW及以上大功率海上风电设备研制。随着一系列政策的出台，我国海上风电进入了一个全面大规模的快速发展阶段。

我国海上风力发电最早是2007年中海油在距离陆地约70km的渤海湾建成的一台1.5MW海上风电机组，该项目位于中海绥中36－1油田。我国第一座大型海上风电场是2010年6月并网发电的上海东海大桥海上风电场，34台风电机组总装机容量为102MW，当时是欧洲之外的第一个大型海上风电场。2010年9月，我国第一个潮间带试验风电场——江苏如东潮间带试验风电场16台海上试验机组全部建成，装机容量32MW。2011年年底，龙源江苏如东150MW海上（潮间带）示范风电场一期工程投产发电，装机容量100MW。2012年11月，龙源江苏如东150MW海上（潮间带）示范风电场二期工程投产发电，二期装机容量50MW。2013年3月，在龙源江苏如东150MW海上（潮间带）示范风电场基础上开展的50MW增容项目并网发电。

在“十三五”规划期间，我国海上风电投资加速发展。2016—2017年，我国建成3个海上风电项目，共计602MW。2017年国内海上风电项目招标3.4GW，较2016

年同期增长了81%，占全国招标量的12.5%。2017年至2018年两年中，我国核准海上风电项目18个，总计5367MW，开工项目14个，总计3985MW。2018—2019年，我国在建海上风电项目共23个，在建容量6479.2MW。相比去年同期的在建容量4799.05MW同比增长35%。2019年，新增9个海上风电项目，总装机容量4378MW，涉及中国长江三峡集团有限公司、国家电力投资集团公司、中国华能集团有限公司等风电业主。2013—2018年期间的海上风电场主要建设项目见表1-4。

表1-4　2013—2018年期间的海上风电场主要建设项目

序号	项　目　简　称	核准时间/(年．月)	项目规模/MW
1	鲁能江苏东台海上风电项目	2013.7	200
2	上海临港海上风电二期工程	2015.8	100
3	华能如东八仙角海上风电项目	2015.1	302
4	龙源江苏大丰（H12）海上风电项目	2013.7	200
5	大唐江苏滨海海上风电场	2013.8	300
6	国电舟山普陀6号海上风电场2区工程	2013.12	252
7	乐亭菩提岛海上风电示范项目	2014.12	300
8	江苏龙源将沙湾海上风电场	2015.6	300
9	中水电天津南港海上风电项目	2015.7	90
10	国华投资江苏分公司东台四期（H2）海上风电场	2015.7	300
11	福建莆田南日岛海上风电一期项目	2015.11	400
12	国家电投滨海北区H2海上风电工程	2016.4	400
13	福建莆田平海湾海上风电场二期项目	2016.5	264
14	珠海桂山海上风电场示范项目	2016.7	120
15	中广核福建平潭大练海上风电项目	2016.11	300
16	海装如东海上风电场工程（如东H3）项目	2016.11	300
17	三峡新能源大连庄河Ⅲ海上风电项目	2016.12	300
18	福建大唐国际平潭长江澳海上风电项目	2016.12	185
19	福建福清海坛海峡300MW海上风电场项目	2016.12	300
20	福清兴化湾海上风电场一期（样机试验风场）	2017.3	300
21	三峡新能源江苏大丰海上风电项目	2017.5	300
22	福建莆田平海湾海上风电场F区	2017.12	200
23	福清兴化湾海上风电场二期项目	2017.12	280
24	中广核岱山4海上风电场工程	2017.12	300
25	华电玉环300MW海上风电项目	2017.12	400
26	广东汕头南澳洋东300MW海上风电项目	2018.1	300
27	漳浦六鳌海上风电场D区项目	2018.4	402
28	粤电珠金湾海上风电项目	2018.5	300
29	竹根纱H1海上风电项目	2018.11	200

续表

序号	项 目 简 称	核准时间/(年.月)	项目规模/MW
30	竹根纱 H2 海上风电项目	2018.11	300
31	如东 H15 海上风电项目	2018.11	200
32	如东 H2 海上风电项目	2018.12	350
33	如东 H3-2 海上风电项目（盛东 300MW 扩容）	2018.12	100
34	如东 H4 海上风电项目	2018.12	400
35	如东 H5 海上风电项目	2018.12	300
36	如东 H6 海上风电项目	2018.12	400
37	如东 H7 海上风电项目	2018.12	400
38	如东 H8 海上风电项目	2018.12	300
39	如东 H10 海上风电项目	2018.12	400
40	如东 H13 海上风电项目	2018.12	150
41	如东 H14 海上风电项目	2018.12	200
42	启东 H1 海上风电项目	2018.12	250
43	启东 H2 海上风电项目	2018.12	250
44	启东 H3 海上风电项目	2018.12	300
45	国电象山 1 号海上风电场（一期）项目	2019.1	252
46	大唐大连市庄河海上风电场址Ⅰ项目	2019.12	100
47	中广核大连市庄河海上风电场址Ⅴ项目	2019.12	250
48	华能大连市庄河海上风电场址Ⅳ项目	2019.12	550
49	国家电投大连市花园口Ⅰ 400MW 海上风电场	2019.12	400

1.2 风电场建设过程

风电场建设是把投资转化为固定资产的经济活动，是一种多行业、多部门密切配合的综合性很强的系统工程，涉及面广、环节多、内外部联系和纵横向联系比较复杂，建设过程中不同阶段不容混淆、不容颠倒的工作内容，必须有计划、有组织地按风电场的建设流程进行。图 1-5 所示为风电场建设流程图。建设流程主要有：风电场宏观选址、签订《风电项目开发协议》、项目前期工作及开展前期工作的批复、项目核准、项目开工建设、竣工验收、运行监督、风电场项目后评价，各个环节均需按照相关法律法规及规范性文件的规定履行相关程序。

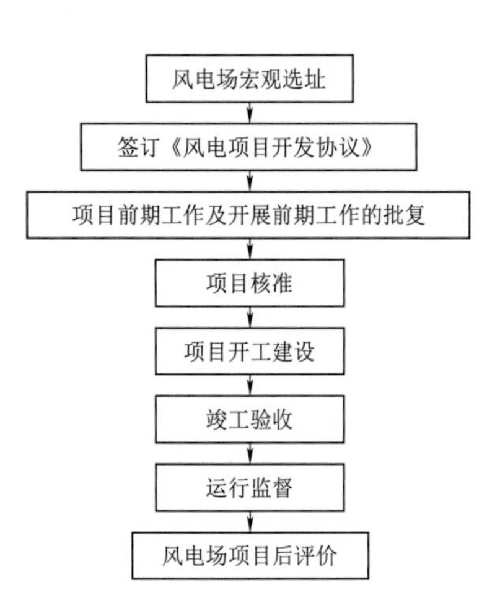

图 1-5 风电场建设流程

1.2.1 风电场宏观选址

风电场的选址对风力发电的经济性至关重要。风电场宏观选址过程是从一个较大的地区，对气象条件等多方面进行综合考察后，选择一个风能资源丰富且最有开发价值区域的过程。此外，还应综合考虑经济、技术、环境、地质、交通、生活、电网、用户等诸多方面的因素。

1.2.2 签订《风电项目开发协议》

依据行业惯例，项目公司一般在进行风电场宏观选址后、开展前期工作前，根据风电场开发范围，与市（县、区、镇）级人民政府签订《风电项目开发协议》。

1.2.3 项目前期工作及开展前期工作的批复

《风电开发建设管理暂行办法》（国能新能〔2011〕285号）和《风电场工程前期工作管理暂行办法》（发改办能源〔2005〕899号）规定，项目前期工作包括选址测风、风能资源评价、建设条件论证、风电场工程规划、预可行性研究、项目开发申请、可行性研究和项目核准前的各项准备工作。企业在完成选址测风、风能资源评价、预可行性研究等工作后，应当向能源主管部门提出开发前期工作的申请并编制申请报告，经能源主管部门同意后开展后续前期工作。《风电开发建设管理暂行办法》第十二条规定："风电项目开发企业开展前期工作之前应向省级以上政府能源主管部门提出开展风电场项目开发前期工作的申请。按照项目核准权限划分，5万千瓦及以上项目开发前期工作申请由省级政府能源主管部门受理后，上报国务院能源主管部门批复。"企业取得主管部门出具的开展前期工作的批复后，方可开展项目可行性研究。《风电场工程前期工作管理暂行办法》第十二条规定："风电场工程可行性研究在风电场工程预可行性研究工作的基础上进行，是政府核准风电项目建设的依据。风电场工程可行性研究工作由获得项目开发权的企业按照国家有关风电建设和管理的规定和要求负责完成。"

1.2.4 项目核准

1. 提交审核申请

《风电开发建设管理暂行办法》第十八条规定："项目提交核准申请前，除取得项目开发前期工作批复文件、项目可行性研究报告及其技术审查意见外，项目单位还应当完成如下工作并取得主管部门批复：（一）土地管理部门出具的关于项目用地预审意见；（二）环境保护管理部门出具的环境影响评价批复意见；（三）安全生产监督管理部门出具的风电场工程安全预评价报告备案函；（四）电网企业出具的关于风电场

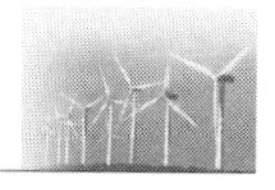

接入电网运行的意见，或省级以上政府能源主管部门关于项目接入电网的协调意见；（五）金融机构同意给予项目融资贷款的文件。”

因此，在项目核准之前，项目公司需要进行风电场建设的环境影响评价，并出具环境影响评价报告，提交由环境保护管理部门批复。

2. 办理项目核准

《风电开发建设管理暂行办法》第十八条规定：“风电场工程项目申请报告应达到可行性研究的深度，并附有下列文件：（一）项目列入全国或所在省（区、市）风电场工程建设规划及年度开发计划的依据文件；（二）项目开发前期工作批复文件，或项目特许权协议，或特许权项目中标通知书；（三）项目可行性研究报告及其技术审查意见；（四）土地管理部门出具的关于项目用地预审意见；（五）环境保护管理部门出具的环境影响评价批复意见；（六）安全生产监督管理部门出具的风电场工程安全预评价报告备案函；（七）电网企业出具的关于风电场接入电网运行的意见，或省级以上政府能源主管部门关于项目接入电网的协调意见；（八）金融机构同意给予项目融资贷款的文件；（九）根据有关法律法规应提交的其他文件。”第十六条规定：“风电场工程项目按照国务院规定的项目核准管理权限，分别由国务院投资主管部门和省级政府投资主管部门核准。由国务院投资主管部门核准的风电场工程项目，经所在地省级政府能源主管部门对项目申请报告初审后，按项目核准程序，上报国务院投资主管部门核准。项目单位属于中央企业的，所属集团公司需同时向国务院投资主管部门报送项目核准申请。”

1.2.5 项目开工建设

《风电开发建设管理暂行办法》第十九条规定：“风电场工程项目须经过核准后方可开工建设。项目核准后 2 年内不开工建设的，项目原核准机构可按照规定收回项目。风电场工程开工以第一台风电机组基础施工为标志。”建筑工程开工前，如果建设用地为农用地，建设单位还应办理农用地转用审批手续，查询核实建设项目是否位于地质灾害易发区、是否压覆重要矿产资源，取得建设用地规划许可证、建设工程规划许可证、建设工程施工许可证、水土保持批复等。

1.2.6 竣工验收

风电场建成投产前，应当办理竣工验收手续。风电场项目通过用地、环保、消防、安全、并网、节能、档案及其他规定的各专项验收后，还应当按照《风电开发建设管理暂行办法》《风电场工程竣工验收管理暂行办法》等规定完成能源主管部门的竣工验收。

1.2.7　运行监督

《风电开发建设管理暂行办法》第二十三条规定："项目投产1年后，国务院能源主管部门可组织有规定资质的单位，根据相关技术规定对项目建设和运行情况进行后评估，3个月内完成评估报告，评估结果作为项目单位参与后续风电项目开发的依据。项目单位应按照评估报告对项目设施和运行管理进行必要的改进。"

1.2.8　风电场项目后评价

《风电场项目后评价管理暂行办法》第二条规定："风电场项目后评价主要通过对项目可行性研究报告及项目核准文件的主要内容与项目建成后的实际情况进行对比分析，对项目建设的效果和经验教训及时进行总结分析，以督促项目业主单位不断提高建设管理水平和投资决策水平，并为政府决策部门制定和完善相关的政策措施提供依据。"第六条规定："项目业主单位应按照本办法要求，选择本项目投资运行管理和参建单位（含勘察设计单位）以外，具备技术能力的第三方机构开展项目后评价工作。"第八条规定："项目后评价工作在风电场项目通过竣工验收后运行满一年进行。项目后评价单位应在国务院能源主管部门的指导下，会同项目所在地省级能源主管部门制定项目后评价工作大纲和实施方案，组织项目业主单位等开展项目后评价工作。"

1.3　风电场对环境的影响

1.3.1　风电场对自然环境的影响

1. 噪声影响

风电机组引起的噪声主要有机械噪声和空气动力噪声，与发电机单机容量无直接关系。运营期，风电机组在运转过程中产生的噪声来自叶轮旋转时产生的空气动力噪声和齿轮箱和发电机等部件发出的机械噪声。

风电场单台风电机组噪声随着风速增加而增大，噪声影响范围随之扩大。对新建风电场，选取合适的预测模式，并考虑风速的影响，结合类比监测结果，确定噪声影响范围；对已建风电场，以当地风速8m/s情况下、夜间噪声的达标距离来确定。新建风电场应以"预防为主、防治结合"的原则，对风电机组噪声进行控制，已建风电场主要从噪声源控制入手。

2. 大气影响

大气环境污染的形成过程主要是由于污染源排放污染物，这些污染物进入大气环境后，在大气的动力和热力作用下向外扩散。当大气中的污染物积累到一定程度后，

改变了背景大气的化学组成和物理性质，构成对人类生产、生活乃至人群健康的威胁，这就是大气污染的基本过程。

风能属于清洁能源，整个生命周期中产生较少的对大气环境有害的物质。相对于太阳能和生物质能来说，风能是在全生命周期中温室气体排放量较少的一种能源。风电场对大气环境的影响集中于施工期，主要影响源是运输设备的车辆和进场道路的挖填、基础施工以及混凝土拌和进料，受影响的主要有一些居民区的环境空气、风电场及输电线周围。

3. 水环境影响

水环境污染会对生态系统、水产养殖、农业、海洋以及人类造成影响。

风电项目不同于火力发电，风电不会产生工业废水和冲灰、冲渣废水，不同于核电产生放射性废水，也不会同水电一样改变水生态。风电项目对水环境的影响主要是生活污水。风电场施工期会产生少量的生产废水及施工人员的生活污水；风电项目运行期输电线路无废水产生，因此主要产生废水的地点为风电场，废水类型主要为生活污水。生活污水主要来自粪便污水和洗涤废水，污染因子为 BOD_5、COD、SS、总磷、总氮、大肠菌群等。风电场内定员数越多，日排生活污水越多。水环境影响发生在施工期和运营期，影响范围是风电场周围。

在海上风电项目海洋环境影响评价中，水环境的影响需要考虑海上风电机组工程、海底电缆工程、填海造地工程、升压变电站工程对海洋水质环境以及海洋沉积物环境的影响。

4. 土壤影响

风电场在建设时占有耕地、园地、林地、草地等多种土地类型，施工扰动较大，会对土壤性质产生一定程度的影响，从而使该地区周围的植被破坏，引起水土流失。土壤环境受到影响主要表现在施工期地基开挖、施工道路、取土场、弃土场、施工机械车辆碾压及风电机组基础压占等。水土流失会引起生态失调从而引起生态环境问题加剧。

5. 生物影响

单一风电场对鸟类的影响相对较小，但随着风电产业的快速发展，风电场数量的增加，其累积效应造成鸟类种群数量降低或波动的可能性增大。风电场对鸟类的影响主要表现在风电机组与鸟类发生撞击事件、风电场及其附属设备的修建使鸟类栖息地和觅食地丧失或改变以及风电场的存在影响鸟类的迁徙活动。

海上风电的大规模发展对海洋生物会产生一定的影响，大多数海上风电场都建在浅水区，但因该区域海洋生产力较高，是各种海洋生物近岸海域的栖息地，所以大型风电机组的运行对海洋生态环境的影响不容忽视，也是海上风电开发过程中不得不面临的问题。海上风电对海洋生物的影响体现在噪声和电磁干扰两方面。

1.3.2 风电场对社会环境的影响

1. 建筑设施影响

风电场的建设对建筑设施有一定的影响，例如，风电场建设对地质、水文、水文地质和泥炭的影响；在施工和运营阶段，需要考虑到与增加道路交通相关的潜在环境影响，包括辟设通道及采取措施，尽量减少对当地道路网络干扰的影响。

2. 人类生活影响

风电场对人类生活的影响主要包括噪声影响、电磁影响、景观影响、社会发展影响、旅游影响。

(1) 风电机组的噪声会对离风电场近的居民产生一定的影响，主要会受到拟建开发项目施工或运营产生的噪声影响。

(2) 风电机组在150m以外对人体所产生的电磁干扰几乎可以忽略不计。但叶片是由具有强反射能力的金属材料制成的，对无线电信号的电磁干扰影响很大，主要表现在对电视广播、微波通信、飞机导航等无线通信的影响上。

(3) 转动的叶片产生的阴影会使人产生眩晕，心烦意乱，正常生活受到打扰，是一种视觉影响。

(4) 风能作为一种可再生能源，对其开发和利用能够减少环境污染，调整能源结构，推进技术进步，实现低碳经济。

(5) 随着智能网络大时代的发展，人们都习惯在一些网络平台记录自己的旅行，风电场也是一个新的旅行素材记录，成为新的网红打卡地。

(6) 风电场的修建可能会对一些文化遗址的视觉效果产生影响。

3. 社会经济影响

风能作为清洁无污染的可再生能源，因其资源分布广，发电成本低，具有丰厚的经济效益。为满足国民经济和社会发展对电力的需求，国家鼓励发展风电，我国风电建设前景广阔。

1.4 环境评价概述

环境评价是环境质量评价和环境影响评价的总称。

环境质量评价是20世纪70年代以来在我国广泛应用的名词，是研究人类环境质量的变化规律。评价人类环境质量水平，并对环境要素或区域环境状况的优劣进行定量描述，也是研究改善和提高人类环境质量的方法和途径。环境质量评价包括自然环境和社会环境两方面的内容。由上可见，环境质量评价的重点是环境现状的研究、评价和探讨改善并提高环境质量的方法和途径，而环境质量现状的形成是人们过去各种

行动所产生影响的后果。在提出改善和提高环境质量的对策时，必须要分析过去的行为，总结经验教训。

环境影响评价是人们在采取对环境有重大影响的行动之前，在充分调查研究的基础上，识别、预测和评价该行动可能带来的影响，按照社会经济发展与环境保护相协调的原则进行决策，并在行动之前制定出消除或减轻负面影响的措施。环境研究学者坎特（L. W. Canter）定义的环境影响评价是系统识别和评估拟议的项目、规划、计划或立法行动对总体环境的物理、化学、生物、文化和社会经济等要素的潜能影响。潜能影响是指通过人类行动将会变为现实的影响。

风电场环境评价主要指环境影响评价，也就是对拟建风电场项目进行环境影响评价，评价该风电场建设的各个环节和要素所产生的环境影响能降低（或改善）周围环境要素和总体环境质量的程度和范围，以及应采取什么措施来消除或减少这些负面影响。

1.5 环境管理概述

环境管理作为一个完整的体系需要一个完整的理论体系支撑，这个理论体系包括可持续发展理论、环境哲学、生态学、经济学、组织行为学、心理学、法理学等诸多方面。

环境管理是政府的基本职能之一，是环境管理学基本理论方法在环境保护工作中具体应用的过程。可以认为，环境管理学的理论基础也是环境管理的理论基础。这一理论基础主要有生态系统理论、经济系统理论及生态经济系统理论。

1.5.1 生态系统理论

人类学中自然界是由多种多样的结构复杂的、程度不同的、时空分布有差异的天然生态系统和人工生态系统组成的，这一生态系统，是生态学研究的核心和对象。生态系统理论主要包括基本生态学规律，生态平衡理论，在生态平衡理论指导下的生态管理目标、对策和人工生态系统规律及影响因素的研究。基本生态学规律主要有：生物与环境相互依存、协调发展进化规律；生态系统物质循环和能量交换规律；生态系统能量输入和输出平衡规律；生态系统结构与功能相互作用的规律；生态平衡规律等。生态规律是一种客观规律。生态平衡理论指生态系统的结构和功能及其能量流动和物质循环能较长时间地保持一种稳定状况，在外来干扰下能通过自身的调节功能恢复到正常状况，这种相对稳定的动态关系叫作生态平衡。生态平衡可以分为自然生态平衡和人工生态平衡，后者是在人类参与和作用下形成的生态平衡。环境管理中应用生态理论去进行生态政策或对策的研究，涉及资源利用对生态系统的影响，环境污染破坏对生态系统的影响和生态系统的规划、管理三个方面。

1.5.2　经济系统理论

可持续发展战略的涵义中包括了经济发展的内容，做好环境管理工作可以为经济持续发展提供必要保证。为此，以经济系统理论为指导进行环境管理系统中经济系统的研究主要包括社会主义基本经济规律、经济目标和经济政策三个方面。经济规律中最主要的是价值规律。环境是资源，资源有价值，因而它满足价值规律。如何运用价值规律来管理环境，来调节生产效益与环境效益，以便从经济利益上促使人们珍惜资源、保护环境，这是环境管理中经济系统理论研究的重要课题。经济目标主要指经济系统的发展目标，例如以最小代价从人类-环境系统中获取最大效益。经济政策主要包括合理开发利用资源的经济政策，减少和控制污染的经济政策等。

1.5.3　生态经济系统理论

生态经济系统由生态系统、经济系统、技术系统三个子系统组成。

生态经济系统的基础结构是生态系统，其主要表现在生态经济系统进行生产和再生产时所需要的物质和能量，都是直接或间接来源于生态系统。例如：农业生态经济系统的生产离不开空气、土壤、水和无机盐；工业生态经济系统进行生产所需要的矿物质也是直接来源于生态系统；作为一切生态经济系统的主体的人，其生产和再生产也同样离不开生态系统。

生态经济系统的主体结构是经济系统，其主要表现在经济系统中人的主导作用。人通过各种形式的调节控制，使得经济系统的再生产过程成为一种具有一定目的的社会活动。人的劳动活动可以影响和改造生态系统，强化或者改变生态系统的结构和功能，使之为自己的目的服务。经济系统这种主体结构作用是有条件的、相对的。

生态经济系统的中介环节是技术系统，技术是联系经济系统和生态系统并使两者融为一体的媒介。从木棒、石斧、骨针到简单的金属工具，再到蒸汽机、电子机械、计算机等都反映着经济活动与自然的关系。生态系统中，能量物质输入经济系统并转化为电能或其他经济产品，是通过勘探技术、评估技术、设计技术、制造技术等实现的。

第 2 章　风电场建设环境评价与管理法规与政策

随着风电技术的快速发展，我国风电装机容量持续增长，已建成许多可大规模生产电力的风电场，风电场建设环境相关的法规与政策也在不断完善。只有不断完善法规与政策，风电市场才能有序地良性发展，才能更快地实现能源变革。本章从风电场建设环境评价政策与制度、风电场建设环境管理政策与制度、环境保护法三个方面进行阐述，说明了风电场的建设开展环境影响评价与管理工作的重要性。

2.1　风电场建设环境评价政策与制度

环境影响评价是人们在采取对环境有重大影响的行动之前，在充分调查研究的基础上，识别、预测和评价该行动可能带来的影响，按照社会经济发展与环境保护相协调的原则进行决策，并在行动之前制定出消除或减轻负面影响的措施。对拟议建设的项目进行环境影响评价，是指评价该建设项目各个备选方案所产生的环境影响能降低（或改善）周围环境要素和总体环境质量的程度和范围，即评价这些影响造成环境价值降低（或提高）的程度和范围，评估应采取什么措施来消除或减少这些负面影响，在综合比较各个方案造成的环境价值贬低大小的基础上对方案选择作出决策。

2.1.1　环境影响评价制度

环境影响评价制度是防止产生环境污染和生态破坏的法律措施，最早由美国的《环境政策法》（1969 年）提出，后为许多其他国家采用。我国在 1979 年的《中华人民共和国环境保护法（试行）》中首次规定了这项制度。《中华人民共和国环境保护法》（2014 年修订，2015 年 1 月 1 日起施行）中提出保护环境是国家的基本国策。国家采取有利于节约和循环利用资源、保护和改善环境、促进人与自然和谐的经济、技术政策和措施，使经济社会发展与环境保护相协调。该法第十九条规定："编制有关开发利用规划，建设对环境有影响的项目，应当依法进行环境影响评价。未依法进行环境影响评价的开发利用规划，不得组织实施；未依法进行环境影响评价的建设项目，不得开工建设。"

《中华人民共和国环境影响评价法》（2018 年修正版）是为了实施可持续发展战

略，预防因规划和建设项目实施后对环境造成不良影响，促进经济、社会和环境的协调发展而制定的法律。该法所称环境影响评价，是指对规划和建设项目实施后可能造成的环境影响进行分析、预测和评估，提出预防或者减轻不良环境影响的对策和措施，进行跟踪监测的方法与制度。该法第七条规定："国务院有关部门、设区的市级及以上地方人民政府及其有关部门，对其组织编制的土地利用的有关规划，区域、流域、海域的建设、开发利用规划，应当在规划编制过程中组织进行环境影响评价，编写该规划有关环境影响的篇章或者说明。规划有关环境影响的篇章或者说明，应当规划实施后垦造成的环境影响作出分析、预测和评估，提出预防或者减轻不良环境影响的对策和措施，作为规划草案的组成部分一并报送规划审批机关。未编写有关环境影响的篇章或者说明的规划草案，审批机关不予审批。"

《建设项目环境影响评价分类管理名录》（2018 年 4 月修正，以下简称《名录》）根据建设项目特征和所在区域的环境敏感程度，综合考虑建设项目可能对环境产生的影响，对建设项目的环境影响评价实行分类管理。建设单位应当按照《名录》的规定，分别组织编制建设项目环境影响报告书、环境影响报告表或者填报环境影响登记表。《名录》旨在从管理角度出发，使环境影响评价能作为重要的环境管理制度在更高平台、更大范围、更深层次发挥源头预防作用，使环境管理从粗放式走向精细化，从而提高环境影响评价审批效率，减轻企业负担和项目建设成本。环境影响评价重在事前预防，是新污染源的"准生证"，同时，为排污许可提供污染物排放清单。因此《名录》在参照《国民经济行业分类》将行业类别和项目类别进行相应拆分、归类及顺序调整后，将固定源部分与《固定污染源排污许可分类管理名录》衔接一致。

2.1.2　环境影响评价内容

《建设项目环境影响评价技术导则　总纲》（HJ 2.1—2016）（以下简称《总纲》）指出建设项目环境影响评价技术导则体系由总纲、污染源源强核算技术指南、环境要素环境影响评价技术导则、专题环境影响评价技术导则和行业建设项目影响评价技术导则等构成。污染源源强核算技术指南包括污染源源强核算准则和火电、造纸、水泥、钢铁等行业污染源源强核算技术指南；环境要素环境影响评价技术导则指大气、地表水、地下水、声环境、生态、土壤等环境影响评价技术导则；专题环境影响评价技术导则指环境风险评价、人群健康风险评价、环境影响经济损益分析、固体废物等环境影响评价技术导则；行业建设项目环境影响评价技术导则指水利水电、采掘、交通、海洋工程等建设项目环境影响评价技术导则。环境影响评价工作一般分为三个阶段，即调查分析和工作方案制定阶段，分析论证和预测评价阶段，环境影响报告书（表）编制阶段。《总纲》还给出了环境影响评价工作的具体流程图并规定了环境影响报告书（表）的编制要求。

由于风电工程的特殊性，对于风电场建设的环境影响评价主要从大气、水、土壤、噪声、固体废物、生物、海洋工程等方面考虑。

2.1.2.1　大气环境影响评价

大气环境污染的形成过程主要是由于污染源排放污染物，这些污染物进入大气环境后，在大气的动力和热力作用下向外扩散。当大气中的污染物积累到一定程度后，改变了背景大气的化学组成和物理性质，构成对人类生产、生活乃至人群健康的威胁，这就是大气污染的基本过程。

大气环境影响评价是从预防大气污染、保证大气环境质量出发，采用适当的评价手段，确定拟议开发行动或建设项目排放的主要污染物对当地大气可能带来的影响范围和程度、评价影响含义及其重要性，提出避免、消除和减轻负面影响的对策；为开发行动或建设项目的方案优化选择提供依据。

《国务院关于印发打赢蓝天保卫战三年行动计划的通知》（国发〔2018〕22号）旨在经过3年努力，大幅减少主要大气污染物排放总量，协同减少温室气体排放，进一步明显降低细颗粒物（PM2.5）浓度，明显减少重污染天数，明显改善环境空气质量，明显增强人民的蓝天幸福感。到2020年，SO_2、NO_x 排放总量分别比2015年下降15%以上；PM2.5未达标地级及以上城市浓度比2015年下降18%以上，地级及以上城市空气质量优良天数比率达到80%，重度及以上污染天数比率比2015年下降25%以上。环境空气质量未达标城市应制定更严格的产业准入门槛，积极推行区域、规划环境影响评价。

《环境影响评价技术导则　大气环境》（HJ 2.2—2018）规定的大气污染物主要包括二氧化硫（SO_2）、颗粒物（TSP、PM10）、二氧化氮（NO_2）、一氧化碳（CO）以及项目实施后可能导致潜在污染或对周边环境空气保护目标产生影响的特有污染物。大气污染源按预测模式的模拟形式分为点源、面源、线源、体源四种类别。通过调查、预测等手段，对项目在建设施工期及建成后运营期所排放的大气污染物对环境空气质量影响的程度、范围和频率进行分析、预测和评估，为项目的厂址选择、排污口设置、大气污染防治措施制定以及其他有关的工程设计、项目实施环境监测等提供科学依据或指导性意见。在对环境空气质量现状监测的过程中，凡项目排放的特征污染物有国家或地方环境质量标准的，或者有《工业企业卫生设计标准》（GBZ 1—2002）中的居住区大气中有害物质的最高容许浓度的，应筛选为监测因子；对于没有相应环境质量标准的污染物，且属于毒性较大的，应按照实际情况，选取有代表性的污染物作为监测因子，同时应给出参考标准值和出处。

2016年1月1日实施的《环境空气质量标准》（GB 3095—2012）规定了环境空气功能区分类、标准分级、污染物项目、平均时间及浓度限值、监测方法、数据统计的有效性规定及实施与监督等内容。该标准将环境空气功能区分为两类：一类区为自然保护区、风景名胜区和其他需要特殊保护的区域；二类区为居住区、商业交通居民混合区、文化区、工业区和农村地区。一类区适用一级浓度限值，二类区适用二级浓度限值。该标准规定，未达到本标准的大气污染防治重点城市，应当按照国务院或者国务院环境保护行政主管部门规定的期限，达到本标准。该城市人民政府应当制定限期达标规划，并可以根据国务院的授权或者规定，采取更严格的措施，按期实现达标规划。

《中华人民共和国大气污染防治法》(2018 年修订) 第八条规定："国务院生态环境主管部门或者省、自治区、直辖市人民政府制定大气环境质量标准，应当以保障公众健康和保护生态环境为宗旨，与经济社会发展相适应，做到科学合理。"第十二条规定："大气环境质量标准、大气污染物排放标准的执行情况应当定期进行评估，根据评估结果对标准适时进行修订。"第十四条规定："未达到国家大气环境质量标准城市的人民政府应当及时编制大气环境质量限期达标规划，采取措施，按照国务院或者省级人民政府规定的期限达到大气环境质量标准。编制城市大气环境质量限期达标规划，应当征求有关行业协会、企业事业单位、专家和公众等方面的意见。"

2.1.2.2　水环境影响评价

水体污染是工业与环境没有协调发展的后果。大工业的发展，人口密集的大城市的相应出现，都会引起大量的工业废水、生活污水向邻近水体高度集中排放，由于水体中的污染物没有得到充分稀释和净化，造成了污染物在水体中的积累和富集而形成水污染。其结果是影响了水体功能，构成了对水生生物和人群健康的威胁。

水环境影响评价是从预防性环境保护的目的出发，采用适当的评价手段，确定拟议开发行动或建设项目排放的主要污染物对水环境可能带来的影响范围和程度；评价影响含义及其重大性，提出避免、消除和减轻负面影响的对策；为开发行动或建设项目的方案优化选择提供依据。

《环境影响评价技术导则　地表水环境》(HJ 2.3—2018) 指出地表水环境影响评价的基本任务是在调查和分析评价范围地表水环境质量现状与水环境保护目标的基础上，预测和评价建设项目对地表水环境质量、水环境功能区、水功能区或水环境保护目标及水环境控制单元的影响范围与影响程度，提出相应的环境保护措施、环境管理要求与监测计划，明确给出地表水环境影响是否可接受的结论。地表水环境影响评价的工作程序一般分为三个阶段。第一阶段，开展区域环境状况的初步调查，明确水环境功能区或水功能区管理要求，识别主要环境影响，确定评价类别。根据不同评价类别，进一步筛选评价因子，确定评价等级与评价范围，明确评价标准、评价重点和水环境保护目标。第二阶段，根据评价类别、评价等级及评价范围等，开展与地表水环境影响相关的水污染、水环境质量现状、水文水资源与水环境保护目标调查与评价，必要时开展补充监测；选择适合的预测模型，开展地表水环境影响预测评价，分析与

评价建设项目对地表水环境质量、水文要素及水环境保护目标的影响范围与程度，在此基础上核算建设项目的污染源排放量、生态流量等。第三阶段，根据建设项目地表水环境影响预测与评价的结构，制定地表水环境保护措施，开展地表水环境保护措施的有效性评价，编制地表水环境监测计划，给出建设项目污染物排放清单和地表水环境影响评价的结论，完成环境影响评价文件的编写。

《中华人民共和国水污染防治法》(2017 年修订版）第十九条规定："新建、改建、扩建直接或者间接向水体排放污染物的建设项目和其他水上设施，应当依法进行环境影响评价。建设单位在江河、湖泊新建、改建、扩建排污口的，应当取得水行政主管部门或者流域管理机构同意；涉及通航、渔业水域的，环境保护主管部门在审批环境影响评价文件时，应当征求交通、渔业主管部门的意见。建设项目的水污染防治设施，应当与主体工程同时设计、同时施工、同时投入使用。水污染防治设施应当符合经批准或者备案的环境影响评价文件的要求。"《中华人民共和国水污染防治法》规定禁止向水体排放油类、酸液、碱液或者剧毒废液。禁止在水体清洗装贮过油类或者有毒污染物的车辆和容器。禁止向水体排放、倾倒放射性固体废物或者含有高放射性和中放射性物质的废水。向水体排放含热废水，应当采取措施，保证水体的水温符合水环境质量标准。禁止向水体排放、倾倒工业废渣、城镇垃圾和其他废物等。

2.1.2.3 土壤环境影响评价

土壤是地球陆地表面具有肥力、能生长植物的疏松表层。它是由岩石风化而成的矿物质、动植物残体腐解产生的有机质以及水分、空气等组成。一个区域栖息和生长的动物种类和土壤性质往往有密切联系。土壤的侵蚀模式是历史上人类活动和自然过程相互作用的结果。土地开发、资源开采、固体废物的处置等项目都会引起土壤的用途和性质的改变。要提高土壤环境质量，保护土壤资源，必须全面开展土壤环境的现状评价和影响评价，为合理利用土壤资源、综合解决土壤污染提供科学依据。

《土壤环境质量　农用地土壤污染风险管控标准（试行)》(GB 15618—2018）根据土壤应用功能和保护目标，将其分为三类：Ⅰ类主要适用于国家自然保护区、集中式生活饮用水水源地、茶园、牧场和其他保护地的土壤，土质应基本保持自然背景水平；Ⅱ类主要适用于一般农田、蔬菜地、茶园、果园、场等土壤，土质基本上对植物和环境不造成污染、危害；Ⅲ类主要适用于林地土壤及污染物容量较大的高背景值土壤和矿场附近的农田（蔬菜地除外）土壤，土质基本上对植物和环境不造成污染及危害。这三类土壤对应不同的标准。Ⅰ类土壤执行一级标准，为保持自然生态、维持自然背景的土壤环境质量限值；Ⅱ类土壤执行二级标准，为保护农业生产、维护人体健康的限值；Ⅲ类土壤执行三级标准，为保障农林业生产和植物正常生长的临界值。但是，本标准仅对土壤中银、汞、砷、铜、铅、铬、锌、镍作了规定，对其他重金属和难降解危险性化合物未作规定。

土壤环境影响评价应按《环境影响评价技术导则　土壤环境（试行）》（HJ 964—2018）（2019 年 7 月 1 日起实施）标准划分的评价工作等级开展工作，识别建设项目土壤环境影响类型、影响途径、影响源及影响因子，确定土壤环境影响评价工作等级；开展土壤环境现状调查，完成土壤环境现状监测与评价；预测与评价建设项目对土壤环境可能造成的影响，提出相应的防控措施与对策。土壤环境影响评价工作可划分为准备阶段、现状调查与评价阶段、预测分析与评价阶段和结论阶段。在工程分析结果的基础上，结合土壤环境敏感目标，根据建设项目建设期、运营期和服务器满后三个阶段的具体特征，识别土壤环境影响类型与影响途径；对于运营期内土壤环境影响源可能发生变化的建设项目，还应按其变化特征分阶段进行环境影响识别。

2.1.2.4　环境噪声影响评价

绝大部分建设项目都会在建设及运行阶段不同程度地发出噪声，影响周围人群的学习、工作和正常生活及休息。噪声影响评价是确定拟议开发行动发出的噪声对人群和生态环境影响的范围和程度，评价影响的重大性，提出避免、消除和减轻负面影响的对策，为开发行动或建设项目的方案优化选择提供依据。

《环境影响评价技术导则　声环境》（HJ 2.4—2009）的基本任务是评价建设项目实施引起的声环境质量的变化和外界噪声对需要安静建设项目的影响程度；提出合理可行的防治措施，把噪声污染降低到允许水平；从声环境影响角度评价建设项目实施的可行性；为建设项目优化选址、选线、合理布局以及城市规划提供科学依据。按声源种类划分，噪声影响评价可分为固定声源和流动声源的环境影响评价。固定声源的环境影响评价：主要指工业（工矿企业和事业单位）和交通运输（包括航空、铁路、城市轨道交通、公路、水运等）固定声源的环境影响评价。流动声源的环境影响评价主要指在城市道路、公路、铁路、城市轨道交通上行驶的车辆以及从事航空和水运等运输工具，在行驶过程中产生的噪声环境影响评价。根据建设项目实施过程中噪声的影响特点，可按施工期和运行期分别开展噪声环境影响评价。运行期声源为固定声源时，固定声源投产运行后作为环境影响评价时段；运行期声源为流动声源时，将工程预测的代表性时段（一般分为运行近期、中期、远期）分别作为环境影响评价时段。

《中华人民共和国环境噪声污染防治法》（2018 年修正）所称环境噪声是指在工业生产、建筑施工、交通运输和社会生活中所产生的干扰周围生活环境的声音；所称环境噪声污染是指所产生的环境噪声超过国家规定的环境噪声排放标准，并干扰他人正常生活、工作和学习的现象。该法第十三条规定：“新建、改建、扩建的建设项目，必须遵守国家有关建设项目环境保护管理的规定。建设项目可能产生环境噪声污染的，建设单位必须提出环境影响报告书，规定环境噪声污染的防治措施，并按照国家规定的程序报生态环境主管部门批准。环境影响报告书中，应当有该建设项目所在地单位和居民的意见。”第二十四条规定：“在工业生产中因使用固定的设备造成环境噪

声污染的工业企业，必须按照国务院生态环境主管部门的规定，向所在地的县级以上地方人民政府生态环境主管部门申报拥有的造成环境噪声污染的设备的种类、数量以及在正常作业条件下所发出的噪声值和防治环境噪声污染的设施情况，并提供防治噪声污染的技术资料。造成环境噪声污染的设备的种类、数量、噪声值和防治设施有重大改变的，必须及时申报，并采取应有的防治措施。”第二十六条规定：“国务院有关主管部门对可能产生环境噪声污染的工业设备，应当根据声环境保护的要求和国家的经济、技术条件，逐步在依法制定的产品的国家标准、行业标准中规定噪声限值。前款规定的工业设备运行时发出的噪声值，应当在有关技术文件中予以注明。”

2.1.2.5 固体废物环境影响评价

《建设项目危险废物环境影响评价指南》（公告 2017 年 第 43 号）中指出危险废物环境影响分析应在工程分析的基础上，环境影响报告书（表）应从危险废物的产生、收集、贮存、运输、利用和处置等全过程以及建设期、运营期、服务期满后等全时段角度考虑，分析预测建设项目产生的危险废物可能造成的环境影响，进而指导危险废物污染防治措施的补充完善。同时，应特别关注与项目有关的特征污染因子，按《环境影响评价技术导则　地下水环境》（HJ 610—2016）、《环境影响评价技术导则　大气环境》（HJ 2.2—2018）等要求，开展必要的土壤、地下水、大气等环境背景监测，分析环境背景变化情况。对建设项目产生的危险废物种类、数量、利用或处置方式、环境影响以及环境风险等进行科学评价，并提出切实可行的污染防治对策措施。坚持无害化、减量化、资源化原则，妥善利用或处置产生的危险废物，保障环境安全。对建设项目危险废物的产生、收集、贮存、运输、利用、处置全过程进行分析评价，严格落实危险废物各项法律制度，提高建设项目危险废物环境影响评价的规范化水平，促进危险废物的规范化监督管理。

《危险废物贮存污染控制标准》（GB 18597—2001）（2013 年修改）规定了对危险废物贮存的一般要求，及对危险废物的包装、贮存设施的选址、设计、运行、安全防护、监测和关闭的要求。该标准规定了危险废物贮存设施的选址应依据环境影响评价结论确定危险废物集中贮存设施的位置及其与周围人群的距离，经具有审批权的环境保护行政主管部门批准后，可作为规划控制的依据。在对危险废物集中贮存设施场址进行环境影响评价时，应重点考虑危险废物集中贮存设施可能产生的有害物质泄漏、大气污染物（含恶臭物质）的产生与扩散以及可能的事故风险等因素，根据其所在地区的环境功能区类别，综合评价其对周围环境、居住人群的身体健康、日常生活和生产活动的影响，确定危险废物集中贮存设施与常住居民居住场所、农用地、地表水体以及其他敏感对象之间合理的位置关系。

《中华人民共和国固体废物污染环境防治法》（2020 年修订）第十八条规定：“建设项目的环境影响评价文件确定需要配套建设的固体废物污染环境防治设施，应当与主体工程同时设计、同时施工、同时投入使用。建设项目的初步设计，应当按照环境保护设计规范的要求，将固体废物污染环境防治内容纳入环境影响评价文件，落实防治固体废物污染环境和破坏生态的措施以及固体废物污染环境防治设施投资概算。建设单位应当依照有关法律法规的规定，对配套建设的固体废物污染环境防治设施进行验收，编制验收报告，并向社会公开。”第十九条规定：“收集、贮存、运输、利用、处置固体废物的单位和其他生产经营者，应当加强对相关设施、设备和场所的管理和维护，保证其正常运行和使用。”第二十条规定：“产生、收集、贮存、运输、利用、处置固体废物的单位和其他生产经营者，应当采取防扬散、防流失、防渗漏或者其他防止污染环境的措施，不得擅自倾倒、堆放、丢弃、遗撒固体废物。禁止任何单位或者个人向江河、湖泊、运河、渠道、水库及其最高水位线以下的滩地和岸坡以及法律法规规定的其他地点倾倒、堆放、贮存固体废物。”

《国家危险废物名录》(2021 年版）是根据《中华人民共和国固体废物污染环境防治法》制定的。第二条规定：“具有下列情形之一的固体废物（包括液态废物），列入本名录：(一）具有腐蚀性、毒性、易燃性、反应性或者感染性等一种或者几种危险特性的；(二）不排除具有危险特性，可能对环境或者人体健康造成有害影响，需要按照危险废物进行管理的。”第四条规定：“危险废物与其他物质混合后的固体废物，以及危险废物利用处置后的固体废物的属性判定，按照国家规定的危险废物鉴别标准执行。”第六条规定：“对不明确是否具有危险特性的固体废物，应当按照国家规定的危险废物鉴别标准和鉴别方法予以认定。经鉴别具有危险特性的，属于危险废物，应当根据其主要有害成分和危险特性确定所属废物类别，并按代码‘900－000－××’(××为危险废物类别代码）进行归类管理。”

2.1.2.6　生物环境影响评价

生物环境影响评价的主要内容如下：

(1）调查拟议资源开发行动或工程建设区一定范围内的生态系统情况，包括评价区及其周围一定范围内的地形地貌、水文和气候条件、野生动植物种类、数量或覆盖率、土壤质量，特别是国家和有关部门规定为重点保护的珍奇、濒危、受威胁的动植物物种、自然保护区和重要的物种栖息地及湿地生态等，为评价工作和以后的生态系统管理提供背景资料和依据。

(2）分析和预测拟议行动或工程在施工和运行期对评价区的生态系统，包括生物物种及其栖息地的潜在可能影响及影响方式、范围和程度，为拟议开发行动的多个替代方案选择的决策和以后生态环境管理创造条件。

(3）提出保护和管理生物资源并消减不良影响的措施以及相关的监测要求。

《生物多样性公约》(1993 年 12 月 29 日起实施，以下简称《公约》）是一项有法律约束力的公约，旨在保护濒临灭绝的植物和动物，最大限度地保护地球上的多种多

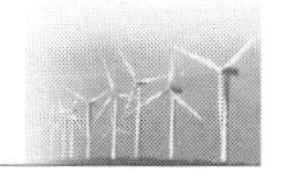

样的生物资源，以造福于当代和子孙后代。《公约》的目标广泛，处理关于人类未来的重大问题，成为国际法的“里程碑”。公约提醒决策者，自然资源不是无穷无尽的。生态系统、物种和基因必须用于人类的利益，但这应该以不会导致生物多样性长期下降的利用方式和利用速度来获得。基于预防原则，《公约》为决策者提供一项指南：当生物多样性发生下降时，不能以缺乏充分的科学定论作为采取措施减少或避免这种威胁的借口。《公约》确认保护生物多样性需要实质性投资，但是同时强调，保护生物多样性应该带给我们环境的、经济的和社会的显著回报。

《生物多样性观测技术导则　鸟类》(HJ 710.4—2014）规定了鸟类多样性观测的主要内容、技术要求和方法。该标准指出要在科学性、可操作性、可持续性、保护性、安全性原则的基础上对鸟类进行观测。观测目标为掌握区域内鸟类的种类组成、分布和种群动态，并评价其生活环境质量；或评估各种威胁因素对鸟类产生的影响；或分析鸟类保护措施和政策的有效性，并提出适应性管理措施。在确定观测目标后应明确观测区域。观测计划应包括样地设置，样方（样线、样点）设置，观测方法，观测内容和指标，观测时间和频次，数据处理和分析，质量控制和安全管理等。

《关于进一步加强水生生物资源保护　严格环境影响评价管理的通知》（环发〔2013〕86号）编制区域、流域、海域的建设、开发利用规划等综合性规划，以及工业、农业、畜牧业、林业、能源、水利、交通、城市建设、旅游、自然资源开发等专项规划，应依法开展环境影响评价。其中，对水生生物产卵场、索饵场、越冬场以及洄游通道可能造成不良影响的开发建设规划，在环境影响评价中应进一步强化以下内容：①将重要水生物种资源及其关键栖息场所列为敏感目标，开展重要水生物种资源及其关键栖息场所等调查监测，科学客观地评价规划实施可能带来的长期影响，并按照避让、减缓、恢复的顺序提出切实可行的建议和对策措施；②规划涉及港口、码头、桥梁、航道整治疏浚等涉水工程以及围填海等海岸工程的，应综合评估规划实施可能造成的底栖生物、鱼卵、仔稚鱼等水生生物资源的损失和长期影响；③规划涉及水利、水电、航电等筑坝工程的，应调查洄游性水生生物情况，调查影响区域内漂流性鱼卵的生产和生长习性、调查影响区域内水生生物产卵场等关键栖息场所分布状况，全面评估规划实施对洄游性水生生物和生物种群结构的影响。

《环境影响评价技术导则　生态影响》(HJ 19—2011）中指出对环境影响评价时，坚持预防与恢复相结合的原则。预防优先，恢复补偿为辅。恢复、补偿等措施必须与项目所在地的生态功能区划的要求相适应。坚持定量与定性相结合的原则。生态影响评价应尽量采用定量方法进行描述和分析，当现有科学方法不能满足定量需要或因其他原因无法实现定量测定时，生态影响评价可通过定性或类比的方法进行描述和分析。该标准依据影响区域的生态敏感性和评价项目的工程占地（含水域）范围，包括永久占地和临时占地，将生态影响评价工作等级划分为一级、二级和三级。工程分析内容应包括项目所处的地理位置、工程的规划依据和规划环评依据、工程类型、项目组成、占地规模、总平面及现场布置、施工方式、施工时序、运行方式、替代方案、工程总投资与环保投资、设计方案中的生态保护措施等。工程分析时段应涵盖勘察期、施工期、运营期和退役期，以施工期和运营期为调查分析的重点。

2.1.2.7　海洋工程环境影响评价

《海洋工程环境影响评价管理规定》(2017 年 4 月 27 日起实施) 第三条规定：“洋工程的选址 (选线) 和建设应当符合海洋主体功能区规划、海洋功能区划、海洋环境保护规划、海洋生态红线制度及国家有关环境保护标准，不得影响海洋功能区的环境质量或者损害相邻海域的功能。”第四条规定：“国家实行海洋工程环境影响评价制度。海洋工程的建设单位（以下简称‘建设单位’）应委托具有相应环境影响评价资质的技术服务机构，依据相关环境保护标准和技术规范，对海洋环境进行科学调查，编制环境影响报告书 (表)，并在开工建设前，报海洋行政主管部门审查批准。海洋工程环境影响评价技术服务机构应当严格按照资质证书规定的等级和范围，承担海洋工程环境影响评价工作，并对评价结论负责。”第五条规定：“海洋工程环境影响评价实行分级管理。各级海洋行政主管部门依据有关法律法规和国家行政审批改革政策确定的管理权限，审批相应的海洋工程环境影响评价文件。”该管理规定还提出建设单位向海洋行政主管部门提出海洋工程环境影响评价批准申请时，应当提交书面申请文件、建设单位法人资格证明文件、环境影响评价单位的资质证明、海洋工程环境影响报告书 (表) 全本以及用于公示的不包含国家秘密和商业秘密的海洋工程环境影响报告书，由具备向社会公开出具海洋调查、监测数据资质的单位提供的环境现状调查及监测数据资料，根据有关法律法规要求应提交的其他材料。

《海上风电工程环境影响评价技术规范》(2014 年) 规定了海上风电项目海洋环境影响评价的一般性原则、主要内容、技术要求和方法。海上风电项目环境影响报告书应根据工程特点和所在海域的特征环境，按确定评价等级、评价内容和评价范围，包括总论、工程概况与工程分析、区域自然环境和社会环境现状、环境质量现状调查与评价、环境影响预测与评价、污染物排放总量控制、环境事故风险分析与评价、清洁生产与污染防治对策、环境经济损益分析、环境管理与检测计划以及环境影响综合评价结论。

《建设项目对海洋生物资源影响评价技术规程》(SC/T 9110—2007) 规定了海洋、海岸工程等建设项目对海洋生物资源影响评价的总则、海洋生物资源现状调查和评价、工程队海洋生物资源的影响评价、生物资源损害赔偿和补偿计算方法和保护措施。《建设项目海洋环境影响跟踪监测技术规程》(国家海洋局，2002 年 4 月) 规定了建设项目海洋环境影响跟踪监测的原则、主要内容、方法和基本要求。其目的是通过

对由于建设项目的施工和运营而对海洋环境产生的影响的跟踪监测，了解和掌握建设项目在其施工期和运营期对海洋水文动力、水质、沉积物和生物的影响，评价其影响范围和影响程度。

2.2 风电场建设环境管理政策与制度

在我国环境保护工作的实践中，形成了“预防为主”“谁污染，谁治理”和“强化环境监督管理”三项环境基本政策。这三项环境政策已成为我国制定环境法律、法规、制度和标准的基本准则。为了使这三大基本原则得以落实，要在具体实施环境保护的各项工作时能有一套更具有针对性、约束性和操作性的制度措施，经过长期调查研究、总结经验和多次筛选，在 1989 年召开的第三次全国环境保护会议上，八项制度被正式确立。会后，国务院作出决定在全国范围内推行。这八项制度是环境影响评价制度、“三同时”制度、排污收费制度、环境保护目标责任制度、城市环境综合整治理定量考核制度、排污许可证制度、污染集中控制制度和污染限期治理制度。

2.2.1 环境影响评价制度

环境影响评价制度是指在进行建设活动之前，对建设项目的选址、设计和建成投产使用后可能对周围环境产生的不良影响进行调查、预测和评定，提出防治措施，并按照法定程序进行报批的法律制度。

环境影响评价制度的实施，无疑可以防止一些建设项目对环境产生严重的不良影响，也可以通过对可行性方案的比较和筛选，把某些建设项目的环境影响减少到最小。因此，环境影响评价制度同国土利用规划一起被视为贯彻预见性环境政策的重要支柱和卓有成效的法律制度，在国际上越来越引起广泛的重视。

2.2.2 “三同时”制度

“三同时”制度是在我国出台最早的一项环境管理制度。它是我国的独创，是在我国社会主义制度和建设经验的基础上提出来的，是具有中国特色并行之有效的环境管理制度。

《中华人民共和国环境保护法》第四十一条规定：“建设项目中防治污染的设施，应当与主体工程同时设计、同时施工、同时投产使用。防治污染的设施应当符合经批准的环境影响评价文件的要求，不得擅自拆除或者闲置。”

在建设项目正式施工前，建设单位必须向环境保护行政主管部门提交初步设计中的环境保护篇章。在环境保护篇章中必须落实防治环境污染和生态破坏的措施以及环境保护设施投资概算。环境保护篇章经审查批准后，才能纳入建设计划，并投入施工。建设项目的主体工程完工后，需要进行试生产的，其配套建设的环境保护设施必须与主体工程同时投入试运行。

建设项目竣工后，建设单位应当向审批该建设项目环境影响报告书（表）的环境保护行政主管部门，申请该建设项目需要配套建设的环境保护设施竣工验收。环境保护设施竣工验收应当与主体工程竣工验收同时进行。需要进行试生产的建设项目，建设单位应当自建设项目投入试生产之日起 3 个月内，向审批该建设项目环境影响报告书（表）的环境保护行政主管部门申请验收该建设项目配套建设的环境保护设施。分期建设、分期投入生产或者使用的建设项目，其相应的环境保护设施应当分期验收。环境保护行政主管部门应当自收到环境保护设施竣工验收申请之日起 30 日内出具竣工验收手续；逾期未办理的，责令停止试生产，可以处 5 万元以下的罚款。对建设项目需要配套建设的环境保护设施未建成、未经验收或者经验收不合格，主体工程正式投入生产或者使用的，由审批该建设项目环境影响报告书（表）的环境保护行政主管部门责令停止生产或者使用，可以处 10 万元以下的罚款。

《建设项目环境保护管理条例》（2017 年修订）第七条规定："国家根据建设项目对环境的影响程度，按照规定对建设项目的环境保护实行分类管理。建设项目环境影响评价分类管理名录，由国务院环境保护行政主管部门在组织专家进行论证和征求有关部门、行业协会、企事业单位、公众等意见的基础上制定并公布。"第九条规定："依法应当编制环境影响报告书、环境影响报告表的建设项目，建设单位应当在开工建设前将环境影响报告书、环境影响报告表报有审批权的环境保护行政主管部门审批；建设项目的环境影响评价文件未依法经审批部门审查或者审查后未予批准的，建设单位不得开工建设。"该条例还规定了建设项目环境影响报告书，应当包括建设项目概况，建设项目周围环境现状，建设项目对环境可能造成影响的分析和预测，环境保护措施及其经济、技术论证，环境影响经济损益分析，对建设项目实施环境监测的建议以及环境影响评价结论。

2.2.3　排污收费制度

排污收费制度是我国环境管理的一项基本制度，是促进污染防治的一项重要经济政策。《中华人民共和国环境保护法》规定："超过国家规定的标准排放污染物，要按照排放污染物的数量和浓度，根据规定收取排污费"。其他环境保护法律也对此作出了明确规定，从法律上确立了我国的排污收费制度。

《排污费征收使用管理条例》（2003 年 1 月，以下简称《条例》）构筑了以总量控制为原则、以环境标志为法律界限的新的排污收费框架体系。其核心内容体现在三个方面，主要如下：

（1）实现了排污收费标准的四个转变，即由超标收费向总量收费转变；由单一浓

度收费向浓度与总量相结合的收费转变；由单因子收费向多因子收费转变；由低收费标准向补偿治理成本的目标收费转变。《条例》明确规定，将原来的污水、废气超标单因子收费改为按污染物的种类、数量以污染当量为单位实行总量多因子排污收费。2003 年 2 月发布的《排污费征收标准管理办法》规定，直接向环境排放污染物的单位和个体工商户，必须按规定缴纳排污费。具体按照排放污染物的种类、数量和国家规定的征收标准计征排污费。

（2）排污费征收使用实行收支两条线管理。按照“环保开票、银行代收、财政统管”的原则，征收的排污费一律上缴财政，纳入财政预算，列入环境保护专项资金进行管理，全部用于污染治理，包括重点污染源防治，区域性污染防治和污染防治新技术、新工艺的开发、示范和应用等。

（3）在加大环保执法力度、规范执法行为、构建强有力的监督、保障体系、突出政务公开等方面也做了明确规定。《条例》及其配套规章加大了排污收费工作的执法和监督力度，对排污费缴纳、征收、管理及使用等环节的违法行为，均规定了严厉的法律责任。对不缴或者欠缴排污费的，应责令限期缴纳，逾期拒不缴纳的，处应缴纳排污费数额 1 倍以上 3 倍以下的罚款，并报具有批准权的人民政府批准，责令停产停业整顿。

2.2.4　环境保护目标责任制度

环境保护目标责任制是以社会主义初级阶段的基本国情为基础，以现行法律为依据、以责任制为核心，以行政制约为机制，把责任、权利、义务有机地结合在一起，明确了地方行政首长在改善环境质量上的权利、责任。在现有的环境质量和所制订的环境目标之间铺设了一座桥梁，使人们经过努力，能够逐步改善环境质量，达到既定的环境目标。它确定了一个区域、一个部门乃至一个单位环境保护的主任责任者和责任范围，推动环境保护工作的全面深入发展。环境保护目标责任制度在现行的环境管理工作中发挥了重大作用。最重要的两点是：第一，它明确了保护环境的主要责任者、责任目标和责任范围，解决了“谁对环境质量负责”的这一首要问题，按要求是一把手负总责；具体来说就是省长对本省的环境质量负责，州长对本州的环境质量负责，市长对本市的环境质量负责，各排污企业的法人要对本企业的排污负责，企业的法人要确保企业污染物达标排放，有总量控制任务的企业还要达到总量控制要求；第二，责任的各项指标层层分解、落实，各级政府和有关部门都按责任书项目的分工承担了相应的任务，使环境保护由过去环境部门一家抓，逐步发展为各部门各司其职，各负其责，齐抓共管。因此，全面推行环境保护目标责任制度，对多层次、全方位推进环境保护工作有着十分重要的意义。

2.2.5　城市环境综合整治定量考核制度

所谓城市环境综合整治，就是把城市环境作为一个系统，一个整体，运用系统工程的理论和方法，采取多功能、多目标、多层次的综合战略、手段和措施，对城市环境进行综合规划、综合管理、综合控制，以最小的投入换取城市质量优化，做到经济建设、城乡建设、环境建设同步规划、同步实施、同步发展，从而使复杂的城市环境问题得以解决。这项制度要对环境综合整治的成效、城市环境质量制定量化指标，并进行考核，每年评定一次。

2.2.6　排污许可证制度

《中华人民共和国水污染防治法》第二十一条规定："国家实行排污许可制度。直接或者间接向水体排放工业废水和医疗污水以及其他按照规定应当取得排污许可证方可排放的废水、污水的企业事业单位，应当取得排污许可证；城镇污水集中处理设施的运营单位，也应当取得排污许可证。排污许可的具体办法和实施步骤由国务院规定。禁止企业事业单位无排污许可证或者违反排污许可证的规定向水体排放前款规定的废水、污水。"

《中华人民共和国大气污染防治法》第十九条规定："排放工业废气或者本法第七十八条规定名录中所列有毒有害大气污染物的企业事业单位、集中供热设施的燃煤热源生产运营单位以及其他依法实行排污许可管理的单位，应当取得排污许可证。排污许可的具体办法和实施步骤由国务院规定。"

《中华人民共和国环境保护法》第四十五条规定："国家依照法律规定实行排污许可管理制度。实行排污许可管理的企业事业单位和其他生产经营者应当按照排污许可证的要求排放污染物；未取得排污许可证的，不得排放污染物。"

2.2.7　污染集中控制制度

污染集中控制制度是要求在一定区域，建立集中的污染处理设施，对多个项目的污染源进行集中控制和处理。这样做既可以节省环保投资，提高处理效率，又可采用先进工艺进行现代化管理，因此有显著的社会效益、经济效益、环境效益。污染集中控制制度是从我国环境管理实践中总结出来的。多年的实践证明，我国的污染治理必须以改善环境质量为目的，以提高经济效益为原则。就是说，治理污染的根本目的不是追求单个污染源的处理率和达标率，而应当是谋求整个环境质量的改善，同时讲求经济效率，以尽可能小的投入获取尽可能大的效益。但是，以往的污染治理常常过分强调单个污染源的治理，追求其处理率和达标率，实际上是"头痛医头""脚痛医脚"，零打碎敲，尽管花了不少钱，费了不少劲，搞了不少污染治理设施，可是区域

总的环境质量并没有大的改善，环境污染并没有得到有效控制。

2.2.8 污染限期治理制度

污染限期治理制度，是指对严重污染环境的企业事业单位和在特殊保护的区域内超标排污的生产、经营设施和活动，由各级人民政府或其授权的环境保护部门决定，环境保护部门监督实施，在一定期限内治理并消除污染的法律制度。

限期治理制度的主要特点如下：

(1) 有严厉的法律强制性。国家行政机关作出的限期治理决定必须履行，给予未按规定履行限期治理决定的排污单位的法律制裁是严厉的，并可采取强制措施。

(2) 有明确的时间要求。这一制度的实行是以时间限期为界线作为承担法律责任的依据之一。时间要求既体现了对限期治理对象的压力，也体现了留有余地的政策。

(3) 有具体的治理任务。体现治理任务和要求的主要衡量尺度，是看是否达到消除或减轻污染的效果和是否符合排放标准；是否完成治理任务是另一个承担法律责任的依据。

(4) 体现了突出重点的政策，有明确的治理对象。

1) 位于居民稠密区、水源保护区、风景名胜区、城市上风向等环境敏感区，严重超标排放污染物的单位。

2) 排放有毒有害物，对环境造成严重污染，危害人群健康。

3) 污染物排放量大，对环境质量有重大影响。

2.3 环境保护法

环境保护法是为保护和改善生活环境与生态环境防治污染和其他公害，保障人体健康，促进社会主义现代化建设的发展而制定的。《中华人民共和国环境保护法》是我国的一部综合性环境与资源保护的法规。第十三条规定："环境保护规划的内容应当包括生态保护和污染防治的目标、任务、保障措施等，并与主体功能区规划、土地利用总体规划和城乡规划等相衔接。"第三十条规定："开发利用自然资源，应当合理开发，保护生物多样性，保障生态安全，依法制定有关生态保护和恢复治理方案并予以实施。引进外来物种以及研究、开发和利用生物技术，应当采取措施，防止对生物多样性的破坏。"

环境与资源保护单行法分三类，即环境污染防治法、自然资源法和生态保护法。

2.3.1 环境污染防治法

环境污染防治法是指国家为防治环境污染和其他公害，对产生和可能产生环境污染和其他公害的人为原因活动实施行政控制，以达到保护生活环境，进而保护人体健康、财产安全和保护生态环境的目的而制定的同类法律的总称。例如《中华人民共和国水污染防治法》《中华人民共和国大气污染防治法》《中华人民共和国环境噪声污染防治法》。

2.3.2　自然资源法

自然资源法是指国家为对开发自然资源的行为予以控制和管理，以达到保持对自然资源的永续利用，保障自然环境不因开发自然资源而造成破坏而制定的同类法律的总称。例如《中华人民共和国水法》《中华人民共和国矿产资源保护法》《中华人民共和国渔业法》。

2.3.3　生态保护法

生态保护法又称“自然保护法”，是指国家为了保存人类赖以生存和发展的环境和生态条件以及保护生物的多样性，对在科学、文化、教育、历史、美学、旅游等方面具有特殊价值和作用的动植物物种、自然环境地带、原始生态地带等地的人类行为实施控制，以保持该地域的自然环境和生态系统不受人为活动影响而制定的同类法律的总称。

《中华人民共和国野生动物保护法》（2018 年修正）第十三条规定：“县级以上人民政府及其有关部门在编制有关开发利用规划时，应当充分考虑野生动物及其栖息地保护的需要，分析、预测和评估规划实施可能对野生动物及其栖息地保护产生的整体影响，避免或者减少规划实施可能造成的不利后果。禁止在相关自然保护区域建设法律法规规定不得建设的项目。机场、铁路、公路、水利水电、围堰、围填海等建设项目的选址选线，应当避让相关自然保护区域、野生动物迁徙洄游通道；无法避让的，应当采取修建野生动物通道、过鱼设施等措施，消除或者减少对野生动物的不利影响。建设项目可能对相关自然保护区域、野生动物迁徙洄游通道产生影响的，环境影响评价文件的审批部门在审批环境影响评价文件时，涉及国家重点保护野生动物的，应当征求国务院野生动物保护主管部门意见；涉及地方重点保护野生动物的，应当征求省、自治区、直辖市人民政府野生动物保护主管部门意见。”

《中华人民共和国自然保护区条例》（2017 年 10 月修订）第三十二条规定：“在自然保护区的核心区和缓冲区内，不得建设任何生产设施。在自然保护区的实验区内，不得建设污染环境、破坏资源或者景观的生产设施；建设其他项目，其污染物排放不得超过国家和地方规定的污染物排放标准。在自然保护区的实验区内已经建成的设施，其污染物排放超过国家和地方规定的排放标准的，应当限期治理；造成损害的，必须采取补救措施。在自然保护区的外围保护地带建设的项目，不得损害自然保护区

内的环境质量；已造成损害的，应当限期治理。限期治理决定由法律、法规规定的机关作出，被限期治理的企业事业单位必须按期完成治理任务。”第三十三条规定：“因发生事故或者其他突然性事件，造成或者可能造成自然保护区污染或者破坏的单位和个人，必须立即采取措施处理，及时通报可能受到危害的单位和居民，并向自然保护区管理机构、当地环境保护行政主管部门和自然保护区行政主管部门报告，接受调查处理。”

《关于加强自然保护区管理有关问题的通知》（环办〔2004〕101号）提出切实强化涉及自然保护区建设项目的监督管理。近年来，各种开发和建设活动对自然保护区形成了很大冲击，有的甚至造成了保护区功能和主要保护对象的严重破坏。各地要严格遵守《中华人民共和国自然保护区条例》的有关规定，不得在自然保护区核心区和缓冲区内开展旅游和生产经营活动。经国家批准的重点建设项目，因自然条件限制，确需通过或占用自然保护区的，必须按照《国家级自然保护区范围调整和功能区调整及更改名称管理规定》履行有关调整的论证、报批程序。地方级自然保护区调整也要参照上述规定执行。涉及自然保护区的建设项目，在进行环境影响评价时，应编写专门章节，就项目对保护区结构功能、保护对象及价值的影响作出预测，提出保护方案，根据影响大小由开发建设单位落实有关保护、恢复和补偿措施。涉及国家级自然保护区的地方建设项目，环评报告书审批前，必须征得国家环境总局同意；涉及地方级自然保护区的地方建设项目，省级环保部门要对环境影响报告书进行严格审查。

《中华人民共和国野生植物保护条例》（2017年10月修订）第十三条规定：“建设项目对国家重点保护野生植物和地方重点保护野生植物的生长环境产生不利影响的，建设单位提交的环境影响报告书中必须对此作出评价；环境保护部门在审批环境影响报告书时，应当征求野生植物行政主管部门的意见。”

《中华人民共和国海洋环境保护法》（2017年修正）第十一条规定：“国家和地方水污染物排放标准的制定，应当将国家和地方海洋环境质量标准作为重要依据之一。在国家建立并实施排污总量控制制度的重点海域，水污染物排放标准的制定，还应当将主要污染物排海总量控制指标作为重要依据。排污单位在执行国家和地方水污染物排放标准的同时，应当遵守分解落实到本单位的主要污染物排海总量控制指标。对超过主要污染物排海总量控制指标的重点海域和未完成海洋环境保护目标、任务的海域，省级以上人民政府环境保护行政主管部门、海洋行政主管部门，根据职责分工暂停审批新增相应种类污染物排放总量的建设项目环境影响报告书（表）。”

《海岸线保护与利用管理办法》（2017年1月19日起施行）第十三条规定：“省级海洋行政主管部门应当根据海岸线保护与利用规划、海岸线开发利用现状和本省自然岸线保有率管控目标，制定自然岸线保护与控制的年度计划，并分解落实。”第十四条规定："严格限制建设项目占用自然岸线，确需占用自然岸线的建设项目应严格进行论证和审批。海域使用论证报告应明确提出占用自然岸线的必要性与合理性结论。不能满足自然岸线保有率管控目标和要求的建设项目用海不予批准。"第十五条规定："占用人工岸线的建设项目应按照集约节约利用的原则，严格执行建设项目用海控制标准，提高人工岸线利用效率。"第十六条规定："占用海岸线的建设项目应优先采取人工岛、多突堤、区块组团等布局方式，增加岸线长度，减少对水动力条件和冲淤环境的影响。新形成的岸线应当进行生态建设，营造植被景观，促进海岸线自然化和生态化。"

第3章　风电场建设自然环境影响

与火电相比，风电排放的污染物更少，是一种对环境较为友好的清洁能源。但是风电场大多分布在生态环境没有受到人为干扰或干扰极少的偏远地区，这些地区多数属于生态环境重点保护区，有的地区甚至已列入国家级自然保护区，因此，风电场建设对生态环境产生了影响。同时，风电机组在运行时产生的噪声会给周围居住者及生物带来影响。风电场从施工到运营都会对环境产生直接或间接的影响，其对自然环境的影响主要体现在声环境、大气环境、水环境、土壤环境以及生物环境等方面，对此应进行相应的预测与评价，采取相关措施来减小风电场对自然环境的影响。

3.1　声环境影响

3.1.1　风电机组噪声

因为风能是清洁、可再生能源之一，因此通常受到极大的欢迎。但有人抱怨它们会给居住在风电机组附近的居民带来噪声影响。通常风电机组离居民房子最近的距离是300m或更远。在这个距离，风电机组的声压水平为43dB。如图3-1所示，平均空调的噪声可以达到50dB，大多数冰箱的运转速度在40dB左右。到500m（约0.3mi）远，声压水平下降到38dB。GE可再生能源公司的KeithLongtin认为，当背景噪声在40～45dB，这意味着风电机组的噪声会消失在其中。对于较安静的农村地区，背景噪声是30dB，在这种情况下，大约1.61km（约1mi）远的距离下不会听到风电机组的噪声。

风电机组的噪声主要有机械噪声和气动噪声两部分。

风电机组的机械噪声是由机械部件的运动或相互间作用产生振动而形成的，主要来自风电机组机舱内的齿轮箱、传动系统、发电机、液压系统、冷却系统和偏航系统等部件，其中齿轮箱是主要的机械噪声源。机械噪声可以通过空气传播，也可以通过构件传播。通过空气传播的噪声可以在噪声源周围采用隔声措施加以控制，但通过构件传播的噪声一般不易控制。机械噪声的频率或声调（例如，齿轮的啮合频率）通常是可以识别的。

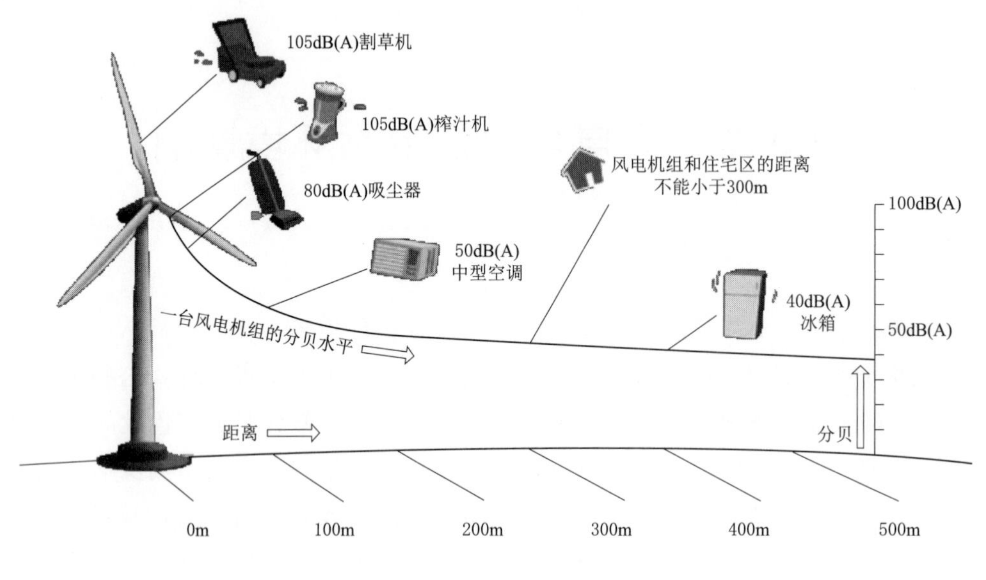

图 3-1　噪声示意图

风电机组的气动噪声按噪声产生的机理可分为低频噪声、来流湍流噪声和翼型自身噪声三种。

（1）低频噪声是由于塔影效应、风剪切效应和尾流效应等引起来流速度的变化，使叶片与周期性来流相互作用产生压力脉动，形成周期性的离散噪声，其频率为叶片在 1s 内通过的次数。例如，下风向水平轴风电机组的叶片周期性地通过塔架的尾流时便会形成这种噪声。

（2）来流湍流噪声是一种宽带噪声。由于空气的黏性在气流中发生，从而导致大气边界层的形成。边界层中由于黏滞和湍流剪切应力而发生动量交换，导致湍流涡流的形成，叶片与这种湍流相互作用产生来流湍流噪声。来流湍流噪声与叶片转速、翼型剖面和湍流强度有关。

（3）翼型自身噪声是由翼型自身产生的，即使是在稳态、无湍流扰动的情况下也会产生，主要是宽带噪声，也包括音调噪声。

3.1.2　噪声评估与度量

3.1.2.1　声压

通过介质波动传播的声音称为声波。在观察者位置上感受到由声波扰动引起的压强变化称为声压。声压可以被描述成不同频率和振幅的谐波信号的叠加。这种谐波信号是声音的基本模式，称为纯音。声压是有关时间的函数，称为瞬时声压，用 $p(t)$ 表示。声学中，常用瞬时声压来描述声波的变化，即

$$p(t)=A\cos(2\pi ft)=A\cos\left(2\pi\frac{t}{T}\right)=A\cos(\omega t) \tag{3-1}$$

式中 A——振幅，Pa；

f——频率，表示每秒的周期数，Hz；

ω——角频率。

正常人耳能听到的声音频率范围为20～20000Hz。频率低于这个范围称为次声波，若高于这个范围则称为超声波。

3.1.2.2 声波

声波在介质中传播时根据其粒子的运动方式分为横向波和纵向波。横向波要求介质能承受横向（剪切）应变，因此只能发生在固体中。在流体中，声音以纵向波形式传播。在传播方向上，介质周期性地变得越来越密集或稀少。密度和压力的周期性变化也与流体粒子的周期性（来回地）运动有关。

波速的定义和计算为

$$c=\frac{\lambda}{T}=\lambda f=\frac{\omega}{k} \tag{3-2}$$

式中 c——声速，m/s；

λ——波长，指分布在波形上两个峰顶或沟槽之间的距离；

k——波数。

波的运动可以表示为时间和空间的谐波函数，用 $p(x, t)$ 表示，即

$$p(x,t)=A\cos\left[2\pi\left(\frac{x}{\lambda}\pm\frac{t}{T}\right)\right]=A\cos(kx\pm\omega t) \tag{3-3}$$

式中 +、-——声波运动的正负方向；

T——周期，与频率 f 互为倒数。

在干燥的空气中，温度为20℃时，声速为343m/s。不同介质中的声速见表3-1。

表3-1 不同介质中的声速

状态	介质	声速/(m/s)	状态	介质	声速/(m/s)
气体（0℃）	二氧化碳	259	固体	铅	1200
	空气，20℃	343		木材	～4300
	氦气	965		钢铁	～5000
液体（25℃）	乙醇	1207		铝	5100
	淡水	1498		耐热玻璃	5170
	盐水	1531		花岗岩	6000

3.1.2.3 声压级

人耳对声压振幅的听觉反应具有非线性特性。由此，人们便根据人耳对声音强弱变化响应的特性，引入声压的对数来表示声音的大小，这就是声压级 SPL，单位用分贝（dB）表示，即

$$SPL=20\lg\left(\frac{p}{p_{\text{ref}}}\right) \tag{3-4}$$

式中 p_{ref}——空气中的参考声压，一般取 2×10^{-5}Pa。

0dB 是听力的临界值。当声压振幅增加 1 倍，相应的声压级增加 6dB。每增加大约 10dB，音量会增加 1 倍。人耳对不同频率的敏感性不同，为了反映人耳实际感受到的声音大小，引入了 A、B 和 C 加权声级。其中，最常用的是 A 加权声级。A 加权声级的测量单位为 dB(A)。

3.1.2.4 频程和频谱

为了描述声源，必须确定发出声音的频谱。频谱表明了哪些频率普遍存在于声压信号中，它可以显示是否存在音调或宽带振荡，频谱的测定被称为频率分析，频谱的频率范围被划分成几个波段，每个波段的声级是通过滤波器来滤除波段外的所有频率得到的。窄带频谱、1/3 倍频程和 1/1 倍频程为三种常用波段。

对于窄带频谱，每个频带都具有相同的宽度 Δf。这样的频谱能给出最详细的声音信号的图像。这对于包含强周期或音调成分的信号十分有用，例如，螺旋桨噪声。其中要注意必须明确带宽 Δf。1/3 倍频程和 1/1 倍频程被用来表示没有流行频率的宽带信号。1/1 倍频和 1/3 倍频通过上下频率的比例来描述被限制的频率带。

在一个 1/1 倍频程中，上边界频率是下边界频率的 2 倍。在乐谱中，这样的间隔被称为八度音程，因为它包含八个注释。在一个 1/3 倍频程中，上频率是下频率的 $\sqrt[3]{2}$ 倍。每个 1/1 倍频程由三个相同的、连续的 1/3 倍频程组成。相应的定义见表 3-2。

表 3-2 中心频率和上下边界的定义

波 段	中心频率	下 边 界	上 边 界
1/3 倍频	$1000\times10^{0.1i}$	$1000\times10^{0.1(i-0.5)}$	$1000\times10^{0.1(i+0.5)}$
1/1 倍频	$1000\times10^{0.3j}$	$1000\times10^{0.3(j-0.5)}$	$1000\times10^{0.3(j+0.5)}$

高分辨率的频谱可以转换成分辨率较低的频谱，反之亦然。为了获得某一频率的声级，需要将该波段中所有单个声强相加，即

$$L_{\text{sum}}=10\lg\left(\sum_{i=1}^{n}10^{0.1L_i}\right) \tag{3-5}$$

频率分析可以通过调节不同部分的频率范围来得到。在仪表消除或过滤掉除了选定波段之外的所有声音组件的频率后，就可以有选择地测量不同波段的声级，并把整个可听范围内连续频段中的一部分声级当成频率分布。

频率分析的第二个功能是用DFG（离散傅里叶变换）和FFT（快速傅里叶变换）的方法，对磁带上的信号进行周期性采样并分析。但是，必须要注意选择合适的采样率以便能正确区分所有在有限测量时间内产生的光谱的频率。

3.1.2.5 声功率

声功率 W 是在单位时间内辐射的能量，单位为W。声功率级 L_w 可表示为

$$L_w = 10\lg\left(\frac{W}{W_0}\right) \tag{3-6}$$

式中 W——声功率；

W_0——基准声功率，$W_0 = 10^{-12}$ W。

与基准声压对应，基准声功率又被称为听阈功率，其单位为分贝（dB）。

3.1.2.6 加权声压级

实际测量中，为了使接收的声音按不同用途进行滤波，参照等响度曲线，一般声压计设置A、B、C、D计权网络。

A计权网络是利用人耳对40方纯音的响度设计过滤，该网络对人耳不敏感的低频段在通过接收时有较大的衰减；反之，对人耳比较敏感的高频段则基本上无衰减，这更符合人耳的实际感觉。因此，近年来人们在噪声测量中往往采用A计权网络方法。

除了声压，人耳所听到的声音还与频率有很大关联。因此，考虑人耳的实际感受，一般A加权声压级被用来对噪声进行评价，所得的等效A加权声压级 L_{Aeq} 为

$$L_{Aeq} = 10\lg\left(\frac{1}{T}\int_0^T \frac{P_A^2}{P_0^2}\mathrm{d}t\right) \tag{3-7}$$

式中 P_A——A加权瞬态声压；

P_0——基准声压，$P_0 = 2\times10^{-5}$ Pa。

L_{Aeq} 的单位为分贝dB(A)。不同频率有不同滤波值，A加权响应值见表3-3。

表3-3 A加权响应值

1/3倍频程中心频率/Hz	A加权响应值/dB	1/3倍频程中心频率/Hz	A加权响应值/dB
200	−10.9	1250	0.6
250	−8.6	1600	1.0
315	−6.6	2000	1.2
400	−4.8	2500	1.3
500	−3.2	3150	1.2
630	−1.9	4000	1.0
800	−0.8	5000	0.5
1000	0		

除了等效加权声压级，对于噪声的主观评价还可以采用加权声功率级来评价，其计算方法与A加权声压级类似。

3.1.3　气动噪声测试和实验研究

随着理论研究的不断深入，风电机组形式的不断更新，理论方法的局限性越来越明显，且更多的理论结果需要实验结果的对比验证。从 20 世纪 70 年代末起，作为一种研究气动噪声的有效、科学的方式，风电机组气动噪声的实验研究得到应用且逐渐成为重要手段。

风电机组气动噪声的实验研究建立在气动性能的研究基础之上，其主要步骤包括风电机组流场测量、气动噪声源的定位和气动噪声场的实验测量，皮托管测速、热线测速、激光多普勒测速和粒子成像测速等流场测试技术目前已经比较完善且广泛应用。气动噪声声源的位置确定是测量风电机组气动噪声的一个难点，目前声源定位最常用的是波束成形算法，该方法可以给出不同频率下声源成形面上各噪声源点的方位。波束成形的基础算法由 Oerlman 给出，经过进一步实测分析，他也给出了运动情况下声源位置确定的修正模型。气动噪声场的实验测量目前主要是麦克风阵列方法，实验过程中，流场中的阵列麦克风与风电机组风轮平面垂直，通过传感器，每个麦克风根据距离声源位置和方向角的不同分别得到不同位置的声源数据，最后经过数据处理解析得到不同噪声源的气动噪声数值和相应的频谱图。

风电机组气动噪声的实验研究最早从较为简单的翼型自噪声的实验研究开始，20 世纪 70 年代初，通过应用传感器对远场噪声的测量实验研究，Paterson 等发现，在空气来流湍流度较低的情况下，翼型后缘涡脱落噪声主要以离散的单峰值的频率噪声为主。基于 Paterson 等的研究，Wright 等对于纯音噪声的形成条件做了相关实验研究，其研究显示了纯音分量的频率与来流速度之间的关系。Tam 研究认为，该类音调噪声主要是由翼型边界层和尾迹区声场形成的声学反馈机制而产生，但是由于缺乏足够的速度的实验数据尚未得到完全的验证。通过对翼型后缘远声学场的测量实验，Arbey、Bataille 给出了雷诺数、翼型迎角和尾缘形状对尾缘噪声的影响，研究发现，当雷诺数高于一百万等量级时，尾缘的气动噪声具有宽频带特征；相反的，若远方来流的雷诺数值较低时，在某些频率下，会有纯音调的峰值出现在频谱图上，此时翼型尾缘噪声呈窄频带噪声源特征，所得结果与 Nash 等利用激光多普勒方法测量 NACA0012 翼型近尾缘处的平均速度分布结果一致。Nash 等的研究结果表明，纯音调气动噪声是由翼型压力面上方的分离剪切层引起的 Tollmien－Schlichting 类型不稳定性形成的，并且该类噪声在翼型尾缘处得以增强放大。Brooks 等首次利用带有传感器的麦克风对 NACA0012 翼型气动噪声进行了实验研究，结合大量实验数据给出了翼型自噪声的半经验公式，给出了中高频气动噪声快速预测方法。Moroz 通过对直径为 7.6m 的风电机组进行远场声学测定实验，得到了钝尾缘叶片会导致纯音调气动噪声的结论。通过不稳定的旋转实验研究，Kameier、Neise 给出了不稳定旋转对叶尖涡气

动噪声的影响效果。进入 21 世纪以来，随着实验设备和实验条件的不断提升，风电机组整机或缩比模型气动噪声实验越来越多地被实验研究采用。荷兰航空航天实验室的 Holthusen 和 Sijtsma Oerlemans 在 2001 年合作利用阵列方法测量了风洞实验中的直升机和风电机组模型的气动噪声。2004 年，利用附带 152 个麦克风的阵列测量模型，Oerlemans 等对 58m 直径风电机组进行了实验测量，结果表明尾缘宽频带噪声是风电机组气动噪声的主要噪声源。除了叶片噪声，湍动来流的气动噪声也得到了相关的实验研究，通过轴流式风电机组和塔架的气动噪声实验研究，Marcus、Harris 给出了两者干涉气动噪声的脉冲特性，同时还表明该噪声与风电机组转速、塔架气动力有关。为了得到湍动来流干涉噪声的主要特性和影响，Jacob 等利用 PIV 技术进行了圆柱/翼型干涉模型实验，发现主要气动噪声源是由圆柱脱落涡与翼型相互作用产生的。对于低频噪声实验研究，Leventhall 通过实验发现风电机组的主要低频噪声源是由旋转叶片和塔架相互影响而成。Jung 等对风电机组尺度与低频气动噪声的影响进行了实验，结果表明低频噪声随着风轮尺寸的不断增大而增大，这为以后大型风电机组的低频噪声预测提供了基础。

目前，风电机组噪声实验一般采用翼型段测量或者风电机组缩比模型，等比例模型的风电机组气动噪声测量还有很大的难度，随着风电机组技术的不断升级，风电机组的尺寸也越来越大，且在测量过程中实测噪声值还夹杂着机械噪声，因此，整机风电机组气动噪声的测量也变得更加困难，需要测量技术的进一步发展。

3.1.4 气动噪声理论计算方法

目前风电机组气动噪声计算方法主要分为半经验模型方法和计算气动声学方法（computational areoacoustic，CAA）。CAA 方法是利用理论方法求解风电机组叶片的绕流流场，并且在流场模型的基础上模拟声学场，其主要的目的是获得合适的解析解，求解过程需要引入一定的假设。而半经验模型方法则是在大量的实验数据基础之上，结合相应的理论分析推导融合而成，计算效率远高于 CAA 方法，相比于 CAA 方法，该方法适用面更广，但是需要进行曲线拟合等大量的数据处理并且符合相应的科学理论。

3.1.4.1 半经验模型方法

针对风电机组噪声机理，美国可再生能源实验室的 Brooks、Pope 和 Marcolini 提出了一个半经验公式风电机组翼型噪声预测模型（BPM 半经验模型）。BPM 半经验模型是对一组 NACA0012 翼型的不同弦长进行大量的气动和声学测量总结得到的，其给出了反映风电机组叶片翼型自激励噪声的五种半经验关系的数学描述。该模型对无大分离流动的噪声预测的计算速度和精度均可满足工程的实际需要，因此得到大范围的应用。但对于风电机组来说，叶片展向位置不同、翼型形状不同，来流情况也不同，根据半经验公式对这些翼型边界层参数的预估则可能存在一定的偏差，对于翼型

噪声的计算具有较大的局限性，因此需要对公式进行改进，将其表示成与这些因素有关的函数，使其能够广泛地计算出各种工况下不同翼型的噪声预测模型。

可以把翼型的声源分为五个主要部分，具体见表3-4。

表3-4　翼型的声源

	声　源	描　　述	
1	湍流边界层尾缘气动噪声 SPL_{TBLTE}	当附着在叶片上的湍流边界层流经尾缘与尾缘相互作用就会产生湍流边界层尾缘噪声。在一定的攻角和雷诺数下，在翼型表面的某个位置层流会发生转捩变成湍流，而湍流会在尾缘的压力面和吸力面产生波动的压力，在攻角较小时，压力面和吸力面的噪声是主要的噪声源	湍流边界层 后缘 尾缘 翼型
2	气流分离失速噪声 SPL_{SEP}	当攻角较大时，边界层发生分离，吸力面部分的涡流将会增大。随着攻角增大到一定程度，边界层发生大规模分离，此时翼型也可能产生失速状态	边界层分离 翼型 失速涡 翼型
3	层流边界层涡脱落噪声 SPL_{LBLVS}	涡脱落噪声主要是由尾缘的涡脱落以及起源于尾缘上游层流边界层的不稳定波动循环流动引起的	层流边界层 涡脱落 翼型 不稳定波
4	钝尾缘涡脱落噪声 SPL_{TEBVS}	当尾缘厚度增大到一定值时，涡从钝尾缘处脱落，就会产生这种噪声，若尾缘厚度和尾缘边界层厚度相差很大时，它在总的辐射噪声中会占有很大的比例。这种噪声源的频率和振幅主要是由尾缘的几何形状决定的	钝尾缘 翼型 涡脱落
5	叶尖涡噪声 SPL_{TIP}	它是由叶尖处的尾缘与叶尖涡相互作用产生的，与其他噪声源不同，它的实质是三维立体噪声	叶尖 叶尖涡

整个叶片的气动噪声分为入流气动噪声和翼型产生的气动噪声两部分。将风电机组叶片沿着展向非均匀地划分成若干叶素，然后，将翼型产生噪声的模型应用到每个叶素上，在每个叶素上，相对速度和当地马赫数是由叶素-动量方法求得，计算得到

边界层参数，最后，再将各叶素上的噪声源进行叠加，从而计算出整个风电机组的声压级或声功率级，即

$$SPL^{i}_{\text{Total}}=10\lg\left(\sum_{j}10^{0.1(SPL_{j}+K_{\text{A}})}\right) \tag{3-8}$$

式中 SPL^{i}_{Total}——第 i 个叶素所有噪声源产生的噪声；

j——不同的噪声源；

K_{A}——A-加权过滤。

整个风电机组的声压级为

$$SPL_{\text{Total}}=10\lg\left(\sum_{i}10^{0.1(SPL^{i}_{\text{Total}})}\right) \tag{3-9}$$

整个风电机组的声压级是对所有叶素上的噪声源叠加而得到的。

3.1.4.2 CAA 方法

近年来，高速发展的计算机技术给大网格条件下计算复杂流体流动所产生的气动噪声提供了可能。CFD 技术经历了长时间的发展已经趋于成熟，然而基于流体计算的 CAA 方法自 20 世纪 90 年代才被分离为一个单独学科，发展时间较短。到目前为止，风电机组气动噪声的 CAA 数值模拟计算主要分为直接法和混合法。混合法的主要思想是将流场和声学场分开求解，首先运用成熟的 CFD 方法求解流场气动参数得到计算气动噪声最主要的压力脉动信息，然后结合选取的噪声源的参数求解得到气动噪声的传播方式。不同于纯理论方法或者半经验方法，混合法省去了过多的模型假设，更符合实际情况，目前多被用于求解远场噪声特性。直接法是利用高精度的 CAA 方法直接求解 $N-S$ 方程，在求解流场信息的同时求解声学场，该方法目前多被用于模拟气动噪声的形成和传播。与混合法不同的是，该方法直接建立在 $N-S$ 方程求解基础之上，计算过程中无任何声学简化模型，因此更为准确但也对网格和数值模拟方法的要求更高。

3.2 大气环境影响

3.2.1 大气环境污染

大气环境污染的形成过程首先是由于污染源排放污染物，这些污染物进入大气环境后，在大气的动力和热力作用下向外扩散。当大气中的污染物积累到一定程度后，就改变了背景大气的化学组成和物理性质，构成对人类生产、生活乃至人群健康的威胁，这就是大气污染的基本过程。

3.2.1.1 大气环境污染参数

描述和评价大气环境状况的参数，按评价对象可以分为下述三类。

1. 评价煤烟型污染的参数

这类参数选用的因子为 SO_2 和颗粒物，用以评价北方地区燃煤引起的空气污染程度。

2. 评价光化学烟雾和煤烟污染的参数

这类参数选用的因子有 SO_2、TSP、CO、NO_x、O_3 和烃类等，主要评价光化学烟雾和煤烟污染程度。这类参数在西方中纬度地区用得较多。

3. 评价当地多种大气污染物的参数

这类指数包括格林大气污染综合指数（*I*）、污染物标准指数（*PSI*）、上海大气质量指数等，在我国用得较多的有沈阳大气质量指数、上海大气质量指数。这类指数选用的因子是当地的主要大气污染物，如上海大气质量指数选的是飘尘、铅、SO_2 和 NO_2。

格林大气污染综合指数小于25时，说明空气洁净；当指数超过50时，说明空气有潜在危险性，建议当指数达到50、60、68时，发出不同警报，并采取减轻污染的有关措施。这种大气污染指数适用于寒季或以燃煤为主要污染源的场合。

美国污染物标准指数 *PSI* 将大气分为五级：*PSI*10～50为良好；*PSI*51～100为中等；*PSI*101～200为不健康；*PSI*201～300为很不健康；*PSI*301～500为有危险。*PSI* 广泛用于报告、预报一个城市或一个区域的逐日大气污染状况，也可用于报告有无开发行动时大气污染程度的变化。

3.2.1.2　风能对大气环境的影响

风能属于清洁能源，整个生命周期中产生较少的对大气环境有害的物质，表3-5给出了各种能源在生命周期中产生每单位千瓦时电量过程中所产生的排放量。

表3-5　各种能源在生命周期中产生每单位千瓦时电量过程中所产生的排放量

发电类型	CO_2 排放 /[g/(kW·h)]	SO_2 排放 /[mg/(kW·h)]	CO 排放 /[mg/(kW·h)]	甲烷排放 /[mg/(kW·h)]	颗粒物 /[mg/(kW·h)]
水电	2～48	5～60	3～42	0	5
现代化烧煤发电	790～1182	700～32321+	700～5273	18～29	30～663+
核电	2～59	3～30	2～100	0	2
天然气（联合循环装置）	389～511	4～15000+	13～1500+	72～164	1～10+
生物质能林业废物燃烧	15～101	12～140	701～1950	0	217～320
风能	7～124	21～87	14～50	0	5～35
太阳能光伏	13～731	24～490	16～340	70	12～190

相对于太阳能和生物质能来说，风能是在全生命周期中温室气体排放量较少的一种能源。风电场对大气环境的影响集中于施工期，主要影响源是运输设备的车辆和进场道路的挖填、基础施工以及混凝土拌和进料，受影响的主要包括部分居民区的环境空气、风电场及输电线周围。因此，风电场建设对大气环境的影响只需考虑施工期，并进行相应的预测与评价。

3.2.2 大气环境法规及评价标准

根据《环境空气质量标准》（GB 3095—2012），我国空气质量功能区分为三类：一类区为自然保护区、风景名胜区和其他需要特殊保护的地区；二类区为城镇规划中确定的居住区、商业交通居民混合区、文化区、一般工业区和农村地区；三类区为特定工业区。

环境空气功能区按质量要求分为一类区和二类区，一类区适用一级浓度限值，二类区适用二级浓度限值，具体质量要求见表 3-6 和表 3-7。

表 3-6 环境空气污染物基本项目浓度限值

序号	污染物项目	平均时间	浓度限值	
			一级	二级
1	二氧化硫（SO_2）/（μg/m³）	年平均	20	60
		24h 平均	50	150
		1h 平均	150	500
2	二氧化氮（NO_2）/（μg/m³）	年平均	40	40
		24h 平均	80	80
		1h 平均	200	200
3	一氧化碳（CO）/（mg/m³）	24h 平均	4	4
		1h 平均	10	10
4	臭氧（O_3）/（μg/m³）	24h 平均	100	160
		1h 平均	160	200
5	颗粒物（粒径小于等于 10μm）/（μg/m³）	年平均	40	70
		24h 平均	50	150
6	颗粒物（粒径小于等于 2.5μm）/（μg/m³）	年平均	15	35
		24h 平均	35	75

表 3-7 环境空气污染物其他项目浓度限值 单位：μg/m³

序号	污染物项目	平均时间	浓度限值	
			一级	二级
1	总悬浮颗粒物（TSP）	年平均	80	200
		24h 平均	120	300
2	氮氧化物（NO_x）	年平均	50	50
		24h 平均	100	100
		1h 平均	250	250
3	铅（Pb）	年平均	0.5	0.5
		季平均	1	1
4	苯并[a]芘（BaP）	年平均	0.001	0.001
		24h 平均	0.0025	0.0025

风电场对大气的环境影响主要表现在施工期的一些扬尘及运输车辆的尾气排放等，风电场施工的周期短，且施工结束后污染物的排放也会减少，所以在大气环境质量要求上可采用一般等级进行分析。

3.2.3　大气环境影响预测与评价

3.2.3.1　大气环境影响预测

目前大气环境影响预测重点在于大气污染物的时空分布及浓度值，其内容包括：短期污染物平均浓度分布，如任何一次检测浓度和日平均浓度，日平均浓度一般是按典型日的气象条件进行；长期平均浓度分布，指月、季、年的平均浓度分布，预测时需要相应的年、季、月的风向、风速、稳定度的联合频率。

预测模型应适合评价区的地形和气象条件，应根据污染物排放方式（点、面、线、连续、瞬时排放）、气象条件（有无风及风的流动场均匀程度）、地形条件（平坦或山区或更复杂些）、污染物性质（气态、颗粒物）等因素来选择各种预测模型。

大气环境影响的预测技术主要是对污染源、污染气象和大气化学的参数进行处理，建立数学—物理模型的过程。有些项目的参数变化具有周期性，须确定其时间分布规律。为了提高污染影响的空间预测能力，还需要了解污染源的空间分布规律。污染气象参数是大气环境影响预测的关键因素。例如，在经常使用的高斯模式中就必须知道当地的风向、风速和地面层的大气稳定度。大气化学参数是对次生污染物质形成的一种化学描述，它对光化学污染和酸雨的预测有重要的作用。

3.2.3.2　大气环境影响评价

大气环境影响评价是在工程分析和影响预测的基础上，以法规、标准为依据，解释拟建项目引起的预期变化所造成影响的重大性，同时辨识敏感对象对污染物排放的反应：对于拟建项目的生产工艺、总图布置和选址方案（通常是在可行性研究报告中提出的）等提出改进意见；提出避免、消除和减少大气环境影响的措施或对策的建议；最后做出评价结论。

1. 环境目标值和允许排放量判别法

（1）大气环境目标值判别法：评价区域的大气污染物Ⅰ的环境目标值，依据当地大气环境规划中确定的功能区分类，按 GB 3095—2012 确定的浓度标准值为环境目标值。将预测浓度及基线浓度之和与浓度的目标值进行比较，如果两者比值不大于 1，表示无大影响；如比值大于 1 且不大于 1.5，表明有较大影响；如大于 2，表示有重大影响。

（2）允许排放量判别法：区域的总容许排放量一般是在区域环境规划中确定的，而对一个具体拟建项目的容许排放量则是由地方环保管理部门依据区域总容许排放量、现状总排放量以及当地的环境状况具体确定的。如果项目排放量超过容许排放

量，表明影响重大。

2. 判别污染物排放对敏感对象的影响

评价拟建项目排放的一些量虽少但危害性大的污染物（如苯并［a］芘、二噁英等）的影响重大性，可以通过其对敏感对象，如老、弱、病、幼人群的健康以及某些品种的植物或农作物生长的影响程度而判别出来。

3.2.4 大气污染的防治措施

风电场施工期可以采取相应的防治措施来减少对大气环境的污染，主要措施如下：

（1）施工现场垃圾渣土要及时清理出现场。

（2）高大建筑物清理施工垃圾时，要使用封闭式的容器或者采取其他措施处理高空废弃物，严禁凌空随意抛撒。

（3）施工现场道路应指定专人定期洒水清扫，形成制度，防止道路扬尘。

（4）对于细颗粒散体材料（如水泥、粉煤灰、白灰等）的运输、贮存要注意遮盖、密封，防止和减少飞扬。

（5）车辆开出工地要做到不带泥沙，基本做到不洒土、不扬尘，减少对周围环境的污染。

（6）除设有符合规定的装置外，禁止在施工现场焚烧油毡、橡胶、塑料、皮革、树叶、枯草、各种包装物等废弃物品以及其他会产生有毒、有害烟尘和恶臭气体的物质。

（7）机动车都要安装减少尾气排放的装置，确保符合国家标准。

（8）工地茶炉应尽量采用电热水器，若只能使用烧煤茶炉和锅炉时，应选用消烟除尘型茶炉和锅炉，大灶应选用消烟节能回风炉灶，使烟尘降至允许排放范围。

（9）大城市市区的建设工程已不容许搅拌混凝土。在允许设置搅拌站的工地，应将搅拌站封闭严密，并在进料仓上方安装除尘装置，采用可靠措施控制工地粉尘污染。

（10）拆除旧建筑物时，应适当洒水，防止扬尘。

3.3 水环境影响

水环境对人类生活生产影响重大。水污染是由有害化学物质造成水的使用价值降低或丧失。污水中的酸、碱、氧化剂，以及铜、镉、汞、砷等化合物，苯、二氯乙烷、乙二醇等有机毒物，会毒死水生生物，影响饮用水源、风景区景观等。污水中的有机物被微生物分解时消耗水中的氧，影响水生生物的生命，水中溶解氧耗尽后，有机物进行厌氧分解，产生硫化氢、硫醇等难闻气体，使水质进一步恶化。

3.3.1　水环境污染的现状

地球上的水大约有 14 亿 km^3，在全球总水资源中，有 98.2%是咸水，无法直接用作饮用水，在余下的 1.8%的淡水中，有 87%的淡水同样无法被人类利用，所以人类真正可利用的水量仅占全球总水资源量的 0.234%。自进入第二次工业革命以来，科技快速发展，但污染也开始慢慢累积。污水中的重金属、有机物和一些病毒会对人体造成重大危害。

水是生命之源，水安全将影响到社会的稳定和国家安全。我国水资源面临严峻形势，人均淡水资源量低于全球平均水平，淡水资源的地理分布不均衡，因此我国实际上是一个缺水国。不少地区和流域水污染呈现出支流向干流延伸，城市向农村蔓延，地表向地下渗透，陆地向海洋发展的趋势。由于在经济发展早期不注重生态保护和生态修复，垃圾随意堆放，污水随意排放，污水未经处理直接排放的情况大量存在，水生态环境遭受极大污染和破坏，全国大部分地表和地下水资源遭到不同程度的污染。虽然目前我国已有很多应对措施，如南水北调工程等，但很多地方仍存在人畜饮水困难的问题，一些地区由于长期的地下水超采而导致水源枯竭、水源污染。

水环境污染会对生态系统、水产养殖、农业、海洋以及人类造成影响。

水污染对鱼类等水生生物的影响最大，水是鱼类生存的环境，水受到污染后会含有大量重金属和有机物。其中的重金属会对鱼类的呼吸、生长和嗅觉器官造成影响，而有机物会对鱼类的心血管系统和胚胎神经系统造成影响。曾有人做实验，鱼类在受污染的河水中存活时间在一周左右。

当水污染中存在大量的氮和磷元素时，会引起藻类以及其他浮游生物迅速繁殖，在水面形成一层“绿色浮渣”，导致水无法从空气中获取氧分，使水中含氧量下降，鱼类以及其他水生物大量死亡。当水体中含氧量过低时，使厌氧生物得到大量繁殖，而厌氧生物活动会分泌硫化氢等气体，而这些气体具有臭味和毒性，会使水体彻底失去利用价值。2007 年，江苏太湖蓝藻水污染事件造成自来水厂停运，生活和生产用水暂停供应，极大地影响了人们的正常生产生活。

农作物的生长是离不开水的，而用污水灌溉农作物之后会使农作物产量减少并使其质量下降，而水污染中过量的氮、磷、钾元素会使农作物发生倒伏、徒长、抗逆性等问题，工业污水中含有大量的盐分，当水中含有高浓度的盐分时，农作物便无法吸收水分甚至脱水，最终导致死亡，使农作物产量减少。

海水看似和人类活动没有多大影响，但海水污染对人类的影响也是不可小觑的。沿海企业将污水排入大海、许多生活垃圾被倒入海水中和海上石油泄漏等，造成海洋污染。水体中的污染物过多会对鱼类及其他生物的生命健康产生威胁，然后危害人类

健康。如日本之前爆发的水俣病，就是因为患者食用了被甲基汞污染的鱼类贝类等，从而导致了严重的神经系统疾病。

3.3.2 发电站对水环境的污染

工业废水是我国水污染的主要来源之一，主要由工业“三废”直接产生。工业废气如 SO_2、CO_2、NO_x 等物质会对大气产生严重的一次污染，而这些污染物又会随降雨落到地面，对地表径流和地下水造成二次污染：未经处理的电镀废水、酸洗污水、冶炼废水、石油化工有机废水等有毒有害废水造成的水污染；工业废渣如高炉矿渣、粉煤灰、硫铁渣、洗煤泥、选矿场尾矿及污水处理厂的淤泥等，由于露天堆放或地下填埋隔水处理不合格，经风吹、雨水淋滤，其中的有毒有害物质随降水直接对地表径流或渗入地下水形成水污染。

燃煤电厂存在多种废水，水质和水量各不相同。按照废水的来源划分，主要的废水包括主机循环水处理、粉煤灰冲洗水、工业制冷废水、油库清洗水、水处理中的酸碱水、脱硫石膏废水、生活污水等。电厂生产运营用水量比较大，同时产生的工业废水成为水环境污染的主要因素。废水种类有很多种，但相对来说，灰水是危害最大的。粉煤灰冲洗水排放量较大，重复利用率不高，废水中的有害物质类别较多，在未进行处理之前直接排放会超出标准，对水环境产生污染。电厂中的废水主要影响指标是酸碱度和重金属含量。

(1) 酸碱度。化学水处理系统、粉煤灰冲洗、脱硫系统等产生的废水还会造成土壤酸碱平衡破坏。我国的工业化学处理后废水排放的标准是 pH 值范围为 6～9。酸碱度呈强酸或者强碱性，都会抑制植物的生长，破坏海洋生态。同时，可能造成桥梁和船舶的腐蚀。

(2) 重金属含量。粉煤灰冲洗水中含有很多种类的重金属，如 Hg、Cr、Cd、As、Pb 等，如果不进行处理直接排放，最后会通过水体或者植物根系的富集作用，借助食物链危害人体，造成机体中毒。

风电项目不同于火力发电，风电不会产生工业废水和冲灰、冲渣废水，不像核电产生放射性废水，也不会同水电一样改变水生态。风电项目对水环境影响主要是生活污水。

风电场施工期会产生少量的生产废水及施工人员的生活污水；风电项目运行期输电线路无废水产生，因此主要产生废水的地点为风电场，废水类型主要为生活污水。

生活污水主要来自粪便污水和洗涤废水，污染因子为 BOD_5、COD、SS、总磷、总氮、大肠菌群等。电厂内定员数越多，日排生活污水越多。水环境影响发生在施工期和运营期，影响范围是风电场及输电线周围。

3.3.3　海上风电对水环境的影响

陆上风电对水环境的影响主要体现在施工期和运营期人员的生活污水，其影响较小。海上风电机组一般直接与海水接触，且基础深入海底，对水环境的影响比陆上风电要大很多。在海上风电项目海洋环境影响评价中水环境的影响需要考虑海上风电机组工程、海底电缆工程、填海造地工程、升压变电站工程对海洋水质环境以及海洋沉积物环境的影响。

3.3.3.1　海上风电水环境影响评价等级

依据海上风电项目类型、工程规模和工程所在区域的环境特征和海洋生态类型划分为三个评价等级，其中一级评价最详细且要求最严格，二级评价次之，三级评价较简单。海上风电水环境影响评价等级见表 3－8。

表 3－8　海上风电水环境影响评价等级

海上风电项目工程类型	工程规模	工程所在海域特征和生态环境类型	海洋水环境影响评价等级		
			水文动力环境	水质环境	沉积物环境
海上风电机组工程	装机容量≥300MW	海洋生态环境敏感区	1	1	1
		近岸海域且非海洋生态环境敏感区	2	1	2
		其他海域	2	2	2
	100MW≤装机容量＜300MW	海洋生态环境敏感区	1	1	2
		近岸海域且非海洋生态环境敏感区	2	2	2
		其他海域	3	3	3
	装机容量＜100MW	海洋生态环境敏感区	2	2	2
		近岸海域且非海洋生态环境敏感区	3	3	2
		其他海域	3	3	3
海底电缆工程	长度≥100km	海洋生态环境敏感区	1	1	1
		近岸海域且非海洋生态环境敏感区	2	2	2
		其他海域	2	2	2
	20km≤长度＜100km	海洋生态环境敏感区	2	1	2
		近岸海域且非海洋生态环境敏感区	3	2	3
		其他海域	3	2	3
	5km≤长度＜20km	海洋生态环境敏感区	2	2	2
		近岸海域且非海洋生态环境敏感区	3	2	3
		其他海域	3	3	3

3.3.3.2　不同阶段的影响分析

施工期环境影响分析。重点分析海上风电机组、集电线路（海上风电场集电线路、陆上集电线路）、升压变电站（海上升压变电站、陆上升压变电站或集控中心）、

配套工程、施工辅助等工程施工和事故阶段产污环节和各种污染物产生量、排放量、排放去向和排放方式等。可采用类比分析法、经验公式计算法确定采取污染防治措施后的污染物产生量和排放源强，并列出污染要素清单表。结合项目区环境保护和敏感目标，分析项目施工和事故各阶段对区域海上敏感目标、海洋生物、鸟类及其栖息生境、海洋开发活动等的影响途径、方式、性质、范围和可能产生的结果，并列表表示。

营运期环境影响分析。重点分析海上风电运行、维护检修和事故等各阶段的主要污染源、污染物及其产生量（或强度）、排放量、排放去向和排放方式等，并列出污染要素清单表。

3.3.3.3 水环境现状调查与评价

1. 海洋水质与海洋沉积物的调查站位

海洋水质与海洋沉积物的调查站位设置：一级评价应不少于 20 个调查站位，至少进行春、秋两季调查；二级评价应不少于 12 个调查站位，至少进行春季或秋季调查；三级评价应不少于 8 个调查站位，至少进行一季调查。

2. 调查的参数

海洋水质环境调查参数为酸碱度、水温、盐度、悬浮物、化学需氧量、溶解氧、无机氮（硝酸盐氮、亚硝酸盐氮和氨氮）、活性磷酸盐、石油类、重金属（Hg、Cu、Pb、Zn、Cd、Cr、As）、挥发酚等。

海洋沉积物环境调查参数主要为有机碳、石油类、硫化物、重金属（Hg、Cu、Pb、Zn、Cd、Cr、As）、挥发酚等。

3. 评价方法

海洋水质评价一般采用单因子标准指数法和超标率统计法进行评价。

海洋沉积物环境质量评价一般采用单因子标准指数法、超标率统计法和类比分析法进行评价。

4. 评价内容

确定评价海域内海水的主要污染因子、污染程度和分布；分析各种污染物质的超标原因；综合评价海域海洋水质环境现状。

评述调查海域沉积物各环境参数污染水平及其分布状况；分析各种污染物质超标原因；综合评价海域海洋沉积物环境质量。

3.4 土 壤 环 境 影 响

3.4.1 风电场土壤环境影响概述

土壤是地球陆地表面具有肥力、能生长植物的疏松表层。它由岩石风化而成的矿物质、动植物残体腐解产生的有机质以及水分、空气等组成。一个区域栖息和生长的动物种类和土壤性质往往有密切联系。土壤的侵蚀模式是历史上人类活动和自然过程用互作用的结果。土地开发、资源开采、固体废物的处置等项目都会引起土壤的用途和性质的改变。

风电场在建设时占有耕地、园地、林地、草地等多种土地类型，施工扰动较大，会对土壤性质有一定程度的影响，从而使该地区周围的植被破坏，引起水土流失。土壤环境受到影响主要表现在施工期地基开挖、施工道路、取土场、弃土场、施工机械车辆碾压及风电机组基础压占等。水土流失会引起生态失调从而引起生态环境问题加剧。在建设风电场时要根据国家标准进行分析，提出水土保持措施，尽量减少和避免土壤性质变化而带来的水土流失。

风电场在建设期的土建期是破坏地表植被、改变地表形态，导致水土流失最严重的时期，因此这个阶段的水土保持措施一定要做好。风电场建设过程中，虽然风电机组、箱变等占地面积不大，但运输、安装吊装以及临时道路的施工等使整个风电项目的扰动面积大，对土壤的影响面积更大，导致水土流失面积影响增大。发电机组、箱变和升压站的基础开挖、回填及施工场地的平整，料场的开挖、渣场的弃料堆存及施工中大量回填土、材料的临时堆存，这些点状区域极易成为水蚀和风蚀的水土流失策源地；集电线路和场内道路的基础开挖、回填等，因场内道路长，地形起伏大，在道路修建中通常采取挖高垫底的方式施工，故对原有植被破坏较大，使土壤抗蚀能力明显减弱，加剧了水土流失的发生、发展。风电场施工结束后，由于地貌、土壤性质等变化会使植被出现大规模的破坏，土地肥力退化、裸地面积增加，植被的恢复难度也将增加。

3.4.2　土壤环境影响预测与评价

3.4.2.1　土壤环境质量法规

根据《土壤环境质量　建设用地土壤污染风险管控标准》（GB 36600—2018），建设用地根据保护对象暴露情况的不同，可划分为两类。第一类用地包括《城市用地分类与规划建设用地标准》（GB 50137—2011）规定的建设用地中的居住用地，公共管理与公共服务用地中的中小学用地、医疗卫生用地和社会福利设施用地，以及公园绿地中的社区公园或儿童公园用地等。第二类用地包括 GB 50137—2011 规定的建设用地中的工业用地、物流仓储用地、商业服务业设施用地、道路与交通设施用地、公用设施用地、公共管理与公共服务用地以及绿地与广场用地等。

在该标准中，用于评价建设用地土壤污染物的污染风险筛选值和管制值，污染物可分为：

（1）重金属和无机物，如 As、Cd、Cr、Cu、Pb、Hg、Ni 等。

（2）挥发性有机物，如 CCl_4、$CHCl_3$、CH_3Cl、CH_2Cl_2 等。

（3）半挥发性有机物，如 $C_6H_5NO_2$、C_6H_7N、C_6H_5OCl 等。

根据《生产建设项目水土流失防治标准》（GB/T 50434—2018），项目水土流失防治责任范围内扰动土地应全面整治，新增水土流失应得到有效控制，原有水土流失应得到治理。生产建设项目按建设和生产运行情况，可划分为建设类项目和建设生产类项目。建设类项目防治标准应按施工期、设计水平年两个时段分别确定；建设生产类项目防治标准应按施工期、设计水平年和生产期三个时段分别确定。风电场建设包括施工和运营生产，所以应属于建设生产类项目。

建设生产类项目水土流失防治标准等级应分为一级、二级、三级。水土流失防治标准指标应包括水土流失治理度、土壤流失控制比、渣土防护率、表土保护率、林草植被恢复率、林草覆盖率。水土流失防治指标值应按水土保持区划分为东北黑土区、北方风沙区、北方土石山区、西北黄土高原区、南方红壤区、西南紫色土区、西南岩溶区、青藏高原区八个区分别制定。

建设生产类项目水土流失防治标准等级应根据项目所处地区水土保持敏感程度和水土流失影响程度确定，并应符合下列规定：

（1）项目位于各级人民政府和相关机构确定的水土流失重点预防区和重点治理区、饮用水水源保护区、水功能一级区的保护区和保留区、自然保护区、世界文化和自然遗产地、风景名胜区、地质公园、森林公园、重要湿地，且不能避让的，以及位于县级及以上城市区域的，应执行一级标准。

（2）项目位于湖泊和已建成水库周边、四级以上河道两岸 3km 汇流范围内，或项目周边 500m 范围内有乡镇、居民点的，且不在一级标准区域的应执行二级标准。

（3）项目位于一级、二级标准区域以外的，应执行三级标准。

风电场建设一般会避开一级标准区域，主要以二级和三级标准区域为主，不同水土保持区的标准不同，具体水土流失防治指标值可参考《生产建设项目水土流失防治标准》（GB/T 50434—2018）。生产期新增扰动范围的防治指标值不应低于施工期指标值，其他区域不应低于设计水平年指标值。

3.4.2.2 土壤环境影响预测

1. 土壤侵蚀和沉积预测

建设项目对土壤环境的一般影响是由于施工开挖、土壤裸露造成了侵蚀；也由于项目建成后，土壤植被条件的变化改变了地面径流条件而造成了侵蚀。估算侵蚀作用常用美国的通用土壤流失方程（USLE）。此方程不适用于预测切沟侵蚀、河岸侵蚀、耕地侵蚀和流域性土壤侵蚀量的计算。

2. 废水灌溉的土壤影响预测

当利用拟议项目排放的污水灌溉时，污染物在土层中被土壤吸附，被微生物分解，被植物吸收，同时还发生一系列化学变化；此外，地表径流及渗透也使污染物发生迁移。土壤灌溉几年后，污染物就会在土壤中累积，其累积量计算方法可参考有关专业书来获得。

3. 土壤环境容量的计算

某些重金属或难降解污染物在土壤环境中的固定容量的计算为

$$Q_i=(C_i-B_i)\times 2250 \tag{3-10}$$

式中　Q_i——土壤中某污染物的固定环境容量，g/hm^2；

C_i——土壤中某污染物的允许含量，g/t；

B_i——土壤中某污染物的环境背景值，g/t；

2250——每公顷土地的表土计算重量，t/hm^2。

由式（3-10）可见，在一定区域的土壤及其环境条件之下，B_i 值确定之后，土壤环境容量的大小和土壤临界含量（污染物允许含量）密切相关，因而，制定适宜的土壤临界含量极为重要。根据土壤污染的程度，推测土壤达到严重污染的时间，并可从总量控制上提出环境治理、环境管理的途径和措施。

3.4.2.3　土壤环境影响评价

1. 评价拟建项目对土壤影响的重大性和可接受性

根据土壤环境影响预测与影响重大性的分析，指出风电场工程在建设过程和投产后可能遭到污染或破坏的土壤面积和经济损失状况。通过费用—效益分析和环境整体性考虑，判断土壤环境影响的可接受性，由此确定该拟建风电场项目的环境可行性。

任何风电场开发行动或拟建项目应该有多个选址方案，从整体布局上进行比较，从中筛选出对土环境的负面影响较小的方案。

2. 避免、消除和减轻负面影响的对策

拟建工程应采用的控制土壤污染源的措施有：

（1）工业建设项目应首先通过清洁生产或废物最少化措施减少或消除废水、废气和废渣的排放量，同时在生产中不用或减少用在土壤中易累积的化学原料。其次是采取排污管终端治理方法，控制废水和废气中污染物的浓度，保证不造成土壤的重金属和持久性的危险有机化学品（如多环芳烃、有机氯、石油类等）的累积。

（2）危险性废物堆放场和城市垃圾等固体废物填埋场应有严格的隔水层设计、施工，确保工程质量，使渗漏液影响减至最小；同时做好渗漏液收集和处理工程，防止土壤和地下水污染。

（3）对于在施工期破坏植被、造成裸土的地块应及时覆盖沙、石和种植速生草种并经常性管理，以减少土壤侵蚀。

（4）在施工中开挖出的弃土应堆置在安全的场地上，防止侵蚀和流失；如果弃土中含污染物，应防止流失、污染下层土壤和附近河流；工程完工，弃土应尽可能返回原地。

(5) 加强土壤与作物或植物的监测和管理。在建设项目周围地区保障森林和植被的生长。

3.4.3 风电场水土流失防治措施

风电场项目水土流失防治的范围主要包括建设区和直接影响区。建设区包括风电场风电机组及箱变设施、塔架等永久占地以及风电机组安装场地、场内道路、临时宿舍及办公室、简易材料场地、简易设备场地、木材、钢筋加工厂、混凝土搅拌站等临建施工场地。风电机组及箱变基础、吊装场地、铁塔及施工生产生活区直接影响区为周边外围 2m，施工道路、电缆沟直接影响区为两侧 1m。

根据主体工程布置、施工特点和地形地貌及植被等特征，风电场建设项目水土流失防治分区通常划分为风电机组区、交通道路区、集电线路区、施工生产生活区，采用点、线、面相结合，全面防治与重点防治相结合，建立布局合理、功能齐全的水土流失防治措施体系。水土流失防治措施体系框图如图 3-2 所示。

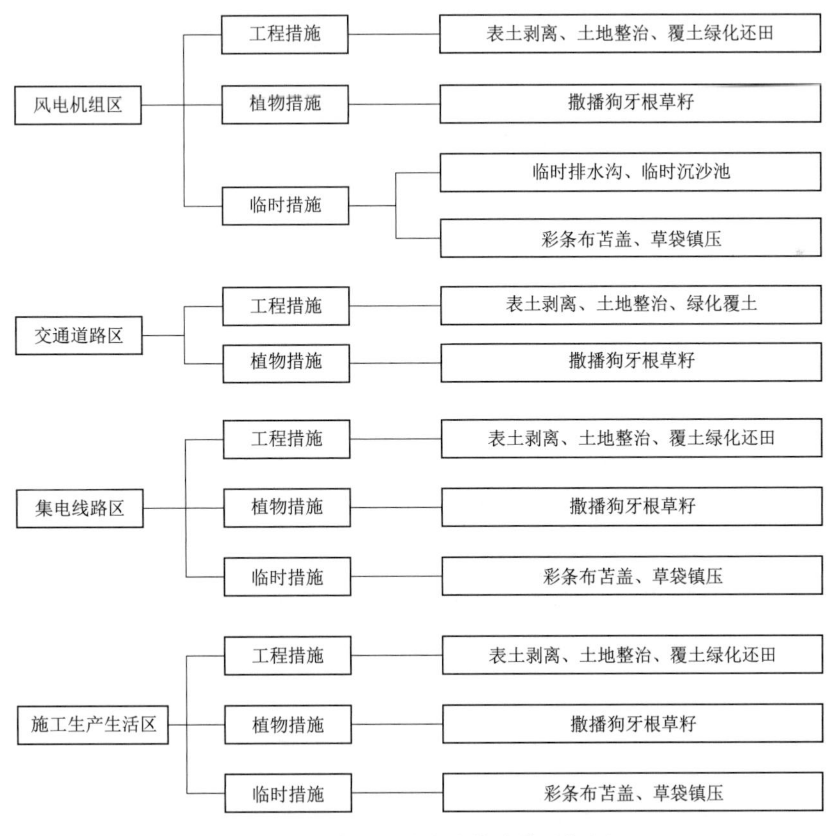

图 3-2 水土流失防治措施体系框图

1. 风电机组区

对风电机组基础及安装场地平整之前先进行表土剥离。施工过程中为防治水土流失加强临时措施，在安装场地及风电机组基础外侧设置临时排水土沟，使场地汇水经沉沙后排到周边河沟，减轻工程施工对周边河道的影响。根据场地排水沟淤积情况及时清理。对用于回填的临时堆土围绕风电机组开挖的圆形基坑分三块弧形堆放，三块堆土场之间留出2m宽的基坑向外的施工通道。基础浇筑完成后回填土方，回填后剩余的土方最终用于风电机组及箱变周边的基础抬高填方和施工道路填筑。为了控制土方回填前堆置期产生的水土流失，对已经堆放的临时堆土采取规则堆放，表面苫盖彩条布，周边坡脚每隔2m放1个装土草袋进行镇压。

施工结束后对风电机组6m管径和2m硬化周围及吊装场地用机械方式进行整治，表土回填，按照挖填平衡、风电机组与箱变中间高、周边略低的要求抬高基础；利于排水的安全。植物措施主要布置在风电机组周边、吊装场地，主要以种草为主。

2. 交通道路区

施工前根据实际情况进行表土剥离，对场内道路两侧区域进行土地整治，为下一步工作创造条件。土地整治结束后，对道路两侧等区域覆原表土，本区植物措施主要布设在道路两侧。为保持道路两侧自然生态系统稳定性，草籽选当地适生草种狗牙根。

3. 集电线路区

施工前对电缆沟及塔架基础进行表土剥离，对集电线路区用地进行土地整治，为下一步绿化、复垦创造条件。土地整治结束后，对集电线路开挖区域覆原表土。本区植物措施主要布设在填埋好的电缆沟上。本区植被恢复选用种草，草籽选用耐盐碱、耐贫瘠的当地适生草种狗牙根。对集电线路区开挖土方进行临时防护，直埋电缆长30.5km，分两段施工，每段开挖3000m左右铺设1次电缆，彩条布和草袋本次均可重复使用。

4. 施工生产生活区

施工生产生活区使用前先进行表土剥离，施工结束后对场内覆土进行土地整治后恢复原有土地利用类型。工程剥离的表土如临时堆放于本区域空地上，堆放时间较长极易产生水土流失，应及时采取临时措施，用草袋装土进行拦挡。同时为防止强降雨及大风产生的水土流失，需用彩条布进行苫盖。施工期间在施工生产生活区周边设置临时排水沟，为防止排水沟中的泥沙进入当地水系造成水土流失，在临时排水沟的末端设置砖砌沉沙池，定期清除沉沙池内的堆积物。

3.5 生物环境影响

风电场对生物环境的影响主要体现在鸟类和海洋生物两方面。

3.5.1 对鸟类的影响

单一风电场对鸟类的影响相对较小，但随着风电产业的快速发展，风电场数量的

增加，其累积效应造成鸟类种群数量降低或波动的可能性较大。风电场对鸟类的影响的问题受到越来越多人的关注。风电场对鸟类的影响主要表现在：风电机组与鸟类发生撞击事件、风电场及其附属设备的修建使鸟类栖息地和觅食地丧失或改变、风电场的存在影响鸟类的迁徙活动。

3.5.1.1 鸟机相撞的影响

风电场的建设给鸟类带来的最直接、最严重的影响是鸟与风电机组相撞导致撞伤或死亡。鸟类与风电机组相撞的风险很大程度上取决于鸟类的飞行高度。据统计资料显示，一般鸟类在直接的长距离迁徙飞行过程中飞行高度通常较高，绝大部分鸟类的飞行高度在150m以上，其中：大型鸻鹬类在150～400m，鹭类在150～600m，鹳类在350～750m，鹤类在300～700m，鸭类在150～500m，雁类（包括天鹅）在350～12000m。风电场风电机组叶片距地面的最高高度在30～150m，低于正常情况下鸟类迁徙飞行高度，加之鸟类的视觉极为敏锐，具有一定的智慧，反应机警；因此，一般情况下风电场风电机组对鸟类迁徙影响不大。鸟类由于觅食的需要，通常会在觅食地和栖息地之间往返迁飞，这种迁飞由于飞行距离一般较短，其飞行高度通常要低于100m，因而增加了与风电机组相撞的风险概率。当然随着海上风电机组容量的增加，扫掠面积和高度都会增加，鸟类撞击到风电机组上而死亡的风险也会随之增加。

鸟撞风电机组也与环境因素有关。在天气晴好的情况下，即使在鸟类数量非常多的海岸带区域，鸟类与风电机组撞击的概率基本为零。而大风、雨天、起雾天气和漆黑的夜晚会降低鸟类对飞行的操控能力，在这些条件下迁徙鸟类的飞行高度会降低，增加了鸟类与风电机组撞击的风险；而且在恶劣天气条件下，风电机组上的灯光对鸟类的吸引会增强，变成影响夜间迁徙鸟类安全的一个非常重要的因素，增加了鸟撞风电机组的风险。

3.5.1.2 对鸟类栖息地的影响

风电场对鸟类的干扰影响随着建设区域生境的差异、风电场选址和规模的不同以及区域分布鸟类种群对风电场敏感性的不同而不同。风电场对鸟类栖息地的影响主要表现为：鸟类失去繁殖地、觅食地和停歇地，最终导致鸟类种类和数量减少。经常栖息于风电场的鸟类容易受到叶片运动和风电机组噪声的惊扰，打乱其生活习惯。同时，风电机组在转动过程中，风电机组叶片偶尔会与觅食的鸟类发生碰撞，致其死亡。

风电场的施工阶段也能对鸟类的种群数量产生影响。对比英国15个在建风电场和3个已经建成风电场中10种鸟类，发现在风电场的施工阶段，柳雷鸟苏格兰亚种（Lagopus lagopus scoticus）、扇尾沙锥（Gallinago gallinago）和白腰杓鹬（Numenius arquata）的密度均出现下降，而施工后只有柳雷鸟的密度有所恢复，其他两个物种未能恢复，说明风电场会对某些鸟类的种群数量造成不可逆的影响，而一些鸟类还

是具有一定的恢复能力，所受影响较小。美国明尼苏达州的研究也表明，鸟类和其他野生动物会尽量避免在风电场的风电机组附近区域栖息。欧洲风能协会的调查强调，风电场的存在会迫使鸟类离开其最优栖息地，从而导致可利用栖息地减少，最终影响其繁殖成功率和种群数量。

风电场的建筑群也会造成鸟类栖息地破碎化。在美国堪萨斯州的研究表明，单机容量1.5MW的风电机组将产生半径为1600m的回避距离，而草原松鸡(Tympanuchus cupido)不会在此范围内筑巢及育雏，从而导致其适宜栖息地越来越少。此外，风电机组转动产生的噪声会严重影响草原昆虫或湿地中鱼类的活动规律和分布，从而降低了草原食虫鸟类和湿地食鱼鸟类的栖息地质量。虽然鸟类可能会逐步适应风电场的存在，但食物匮乏也迫使它们离开这些栖息地。

关于风电场的存在对鸟类的影响程度没有确切的说法，有研究人员认为风电机组也能为鸟类提供觅食、躲避潮水的场所，对其干扰不大，甚至有的风电机组塔架上还有鸟巢。此外，鸟类活动的时间基本都在白天，鸟类拥有敏锐的视力，看得清前方的障碍物，容易反转方向而避之；如果天气晴朗，就算有成批鸟类飞行于风电场区域，鸟类与风电机组也很难发生撞击。风电机组运转对周围觅食的鸟类影响较小，特殊情况下还会保护鸟类，有助于维护生态平衡。

3.5.1.3　对鸟类迁徙的影响

鸟类在风电场建设初期对风电场表现出趋避特征比较明显，但是随着时间的推移，部分鸟类会对风电场内的环境会产生适应性，从而在数量上会有所增加。风电场建设给鸟类迁徙带来的不利影响，主要表现为鸟类的趋避行为会使鸟类选择远离风电机组飞行，从而在一定程度上减少了鸟类的活动范围，这也是风电场的屏障效应；但从另一个角度来说，鸟类对风电场的这种趋避行为也可以减少鸟类碰撞风电机组的风险。风电场对鸟类的干扰程度取决于一系列的因素，包括季节、鸟类物种、鸟类的集群规模、鸟类的适应程度、鸟类对风电场建设区域的利用格局、风电场建设区域到重要栖息地的距离、风电场周边可替换栖息地的可提供性、风电机组的类型以及鸟类所处的生活史周期（越冬、换羽、繁殖等）等。

我国鸟类迁徙有东、中、西三条主要通道，东部通道即沿海海岸及海上岛屿；中部通道即内蒙古东部、中部草原，华北西部地区及陕西地区；西部通道即甘肃、青海、宁夏和内蒙古西部地区。我国风能资源较为丰富的地区是“三北”地区及沿海地区，这与鸟类的迁徙通道重叠，风电场建设占用土地将会产生占用鸟类迁徙通道。从已建的江苏大丰风电场和东台风电场的鸟类观测发现，风电场建设导致鸟类的活动场所的减少，对鸟类的栖息、觅食产生一定的不利影响，风电场建设区域鸟数量明显少于未建风电场的区域。

许多鸟类从越冬地到繁殖地需要上万里的长途迁徙，迁徙过程中要消耗大量能

量，需要在迁徙途中的停歇地进行补充和蓄积，从而保证下一步迁徙和迁徙后的繁殖顺利完成。所以，风电场占用鸟类迁徙通道上的停歇地、觅食地和繁殖地，对鸟类能否顺利完成迁徙和迁徙后的繁殖会带来直接影响。因此，风电场的建设应该尽量避开鸟类的停歇地、觅食地和繁殖地。

3.5.2 对海洋生物的影响

随着海上风电的大规模发展，海上风电场对海洋生物的影响也受到了关注，大多数海上风电场都建在浅水区，但因该区域海洋生产力较高，是各种海洋生物近岸海域的栖息地，所以大型风电机组的运行对海洋生态环境的影响不容忽视，也是海上风电开发过程中不得不面临的问题。海上风电对海洋生物的影响体现在噪声和电磁干扰两方面。

3.5.2.1 噪声对海洋生物的影响

海上风电噪声在整个运行期都是存在的，对海洋生物的影响是长期性和累积性的，主要包括对鱼类和海洋哺乳动物的影响。

鱼类的听阈范围在不同物种间存在较大差异，一般在 30～1000Hz，最佳听力范围为 100～400Hz。依据鱼类的听力敏感度可将其分为听力敏感种和非听力敏感种，不同种对风电机组运行噪声的探测范围不同，就目前的研究显示，鱼类的最大探测距离为 0.5～25km。其中，听力敏感种，如大西洋鳕（Gadus morhua）和鲱（Clupea harangus）对风电机组运行噪声的探测距离为 4.6～13km；非听力敏感种，如比目鱼（Limanda limanda）和大西洋鲑（Salmosalar）对噪声的探测距离为 0.5～1km；金鱼（Carassius auratus）的探测范围为 15～25km。当噪声源处于鱼类可听区范围内，可能引起鱼类的行为或生理反应。鱼类的行为反应研究主要是利用超声波遥感来观测其是否改变游泳行为，或者对比风电场外、风电场内风电机组运行和停止时的捕获率，来判断其是否具有逃离噪声源的倾向等。研究表明，当鱼类在风电机组运行过程中游近风电机组时，并没有大幅改变游泳行为；且风电机组在运行过程中，风电场内的鱼类捕获率较风电机组停止运行时或风电场外低；当风电机组停止运行时，风电场内的捕获率比风电场外高。由此可见，风电机组运行噪声会对鱼类产生一定的影响，使鱼类远离风电场。同时，人工鱼礁效应增加风电场内食物量，使鱼类在风电机组停止运行时游近风电场。从目前研究来看，风电机组运营过程中产生的噪声远达不到引起鱼类生理反应的声压水平；因此，即使距离风电机组很近，也不会对鱼类产生有害的生理影响。

海洋哺乳动物听阈范围较鱼类更为广泛，且种间差别较大。因海上风电场多在近海海域，所以重点关注近海海洋哺乳动物斑海豹（Phoca ritulina）和鼠海豚（Phocoena phocoena）的研究，这二者是欧洲诸多海域的代表种，且斑海豹听力敏感，因此有较

强的代表性。斑海豹对噪声的探测范围大于 1km，鼠海豚为 50～500m。海洋哺乳动物行为反应影响研究主要是通过海上观测、航空观测、经纬仪跟踪监测、声呐监测等方法，探究其是否逃离声源或增加回波定位频率等。研究表明，在风电机组运行过程中，斑海豹有明显的小幅逃离声源的行为，且风电场建设过程中的打桩噪声对其影响较大；而鼠海豚没有改变游泳路径，仅缩短回波定位的时间间隔，即增加回波定位频率。除上述影响外，也有学者认为海洋哺乳动物能很好地适应风电场噪声。Susi 对全球最大的海上风电场 Nysted（距离 Rodsand 海豹保护区仅 4km）建设前期、建设中期和运营期的海豹，包括斑海豹和灰海豹（Halichoerus grypus），进行为期 3 年的观测：认为该区域海豹对人类活动较为熟悉，所以对反复出现的干扰有较强的忍耐，而不构成威胁。此外，由于人工鱼礁效应增加风电场内食物供给，可能导致斑海豹向着风电场区活动。

3.5.2.2　电磁对海洋生物的影响

海底电缆对海洋生态环境产生的影响，主要是海缆工频磁场的影响。海洋的生态环境是海洋生物生存繁殖的地方，海上风电场的建立会对海洋生物生活的环境产生一定的影响，从而导致它们的生存环境、生态系统发生改变，这些外界环境可能会影响到它们的生理、生存、繁殖等行为。比如有的鱼类对磁场比较敏感，而海缆的存在会影响到他们的空间定位。

电磁环境问题会对生物生理上产生一定影响，比如有意大利的专家认为儿童白血病是由于长期接触较强电磁场导致的；在美国，有相关癌症研究部门发现长期辐射在强电磁场中的患者癌细胞生长速度是正常人的 25 倍；但是也有一些不同的声音，例如我国做过在工频磁场影响下的相关研究显示，电磁环境并没有给人体健康带来危害。海洋生物与人类不同，有很多生物对磁场本身就比较敏感，加之其免疫系统也不同于人类，那么工频磁场可能会给它们带来不同程度的影响。因此，关于电磁环境影响的问题，未来也需要做更广泛的研究。

有一些相关研究表明，磁场之所以能够影响一些鱼类，是因为这些鱼的体内有磁体物质，这些磁体物质可用于识别地理磁场，从而协助它们进行空间定位，在所有重要的硬骨鱼体内都有少量的磁体物质并且遍布全身。例如，鳗鲡的头骨、脊椎骨和胸骨中均有磁性物质；黄鳍金枪鱼的头骨中也贮存有磁性物质；大鳞大麻哈鱼和红大麻哈鱼不但具有铁磁性物质，而且这种物质恰好具有识别磁场的性质。鳗鲡的生活习性是生活在淡水区，在长大后洄游到海洋深处至远方产卵场，其迁徙是依靠地磁场进行精确导航的；而海底电缆作为干扰因素，可能对其会有影响。国外许多研究学者研究了鳗鲡对磁场反应，例如，日本鳗鲡洄游数千千米进行产卵时，对磁场变化会产生反应；欧洲鳗鲡通过实验发现其对磁场具有一定的敏感性；然而美洲鳗鲡进行磁场变化条件测试时得出的结果却是不明确的。在黄鳍金枪鱼对磁场的反应研究里，发现黄鳍

金枪鱼能够在两个磁场间进行辨别。也有学者发现当地与磁场相关的磁场强度增加2个数量级时，马苏大麻哈鱼的空间定位并没有发生什么改变。

除了对海洋生物行为的影响研究，在生理上也有一些相关实验研究。研究溪红点鲑在磁场中暴露时发现，其夜间松果体和血清褪黑激素水平会明显增加。低值的恒定磁场暴露能减缓鳟和虹鳟的胚胎发育。甚至有的研究实验发现，在某一强度磁场中，会有海洋生物的生物量下降，同时死亡率升高，如欧洲鲇鱼。但也有研究发现一些海洋生物在生理上不会受磁场作用的影响，如幼体鲽鱼。一些海洋藻类也会受影响，如射频电磁辐射、极低频电磁场和交变电场三种典型电磁环境胁迫对铜绿微囊藻细胞氧化应激的影响作用。

从这些相关的研究结果可以看到磁场对海洋生物并不一定都会产生影响，这可能与实验磁场强度不同、生物的种类不同有关。在国内，有学者对如东龙源风电示范区常见的12种海洋生物进行研究，分别研究了海上风电磁场对鱼、虾、蟹和贝四个大类的存活、行为等方面的影响。实验是对35kV海底电缆的磁场做了简单计算，得出了距离海底电缆不同距离的磁感应强度大小，通过磁场发生装置亥姆霍兹线圈模拟现实的磁场环境。其结果表明在短期时间内，风电磁场对这几种海洋生物的存活、行为都有明显的影响，当磁场撤销后影响则会消失。因为这个研究的再现性差，针对性、系统性、可操作性弱，所以其研究结果也存在一定的争议。后来又有学者进一步对海洋生态与生物资源的分布规律进行研究。研究发现海洋生态及生物资源的分布与距离风电场的远近无相关显著性，可能是磁场随距离衰减极速，对海洋表层、中层的海洋生态和生物资源影响不大。该研究为评价风电磁场对海洋生物的影响奠定了基础。

需要指出的是，在建设期间，海底设施（如桩基底座、相关设施、海底电缆铺设等）周围的底栖生物的生态环境可能会遭到永久性的破坏，且在该范围内的底栖生物不可恢复。

3.5.2.3 海上牧场

海床上的风电机组桩基基础会被底栖生物当作栖息地，甚至吸引非本地物种定居，这种生物聚集现象被称为“礁石效应”，是海上风电项目对海洋生态的最重要的影响之一，这使得其与水产养殖具有协同发展的可能性。近年来法国沿岸开发的海上风电项目迅速增加，其中英吉利海峡因其优越的风能资源而成为重点规划海域。研究发现，处于运行期的海上风电机组的桩基下会聚集鱼类，能起到类似人工鱼礁的作用。因为海上风电开发区域往往限制划船或者钓鱼；所以，风电场给鱼类和海洋哺乳动物提供了一个休息区，甚至是避难所。海上风电＋海洋牧场模式示意图如图3-3所示，其基本原理是将鱼类养殖网箱、贝藻养殖筏架固定在风电机组基础之上。

图3-3 海上风电场+海上牧场模式示意图

3.5.3 生物环境影响评价

3.5.3.1 评价内容

（1）调查拟议资源开发行动或工程建设区一定范围内的生态系统情况，包括评价区及其周围一定范围内的地形地貌、水文和气候条件、野生动植物种类、数量或覆盖率、土壤质量，特别是国家和有关部门规定为重点保护的珍奇、濒危、受威胁的动植物物种、自然保护区和重要的物种栖息地及湿地生态等，为评价工作和以后的生态系统管理提供背景资料和依据。

（2）分析和预测拟议行动或工程在施工和运行期对评价区的生态系统，包括生物物种及其栖息地的潜在可能影响及影响方式、范围和程度，为拟议开发行动的多个替代方案选择的决策和以后生态环境管理创造条件。

（3）提出保护和管理生物资源并消减不良影响的措施，提出相关的监测要求。

3.5.3.2 评价等级及范围

生物影响评价的开发行动或建设项目可分为自然资源的开发项目和中小型资源的开发项目两类。

生态系统在自然和人类的影响下发生的变化十分复杂，为生物影响评价划定一个确切的范围是很困难的。道路、管线工程对生态系统影响的评价范围一般取沿线两侧200～400m以内。其他开发建设项目生物影响评价范围应根据项目厂址与自然或人工

生态系统位置的相对关系、项目影响生态系统的方式及受影响生物种群的具体情况确定。一般应包括：

（1）直接作用区，指生态系统可能受到拟议项目各种活动的直接影响的地区。

（2）间接作用区，指与污染物在环境中的输运、食物链转移及动物的迁移或洄游行为有关的间接影响地区。

（3）对照区，是作为对比和提供某些背景资料而选择的，它应是与评价区自然生态条件相似的其他地区。

自然资源开发的一级、二级、三级评价项目，要以重要评价因子受影响的方向为扩展距离，一般分别不能小于8～30km、2～8km和1～2km。典型自然资源开发项目中的生态影响评价范围随项目性质而异。

3.5.3.3 评价方法

1. 定性描述的物种清单

列出评价区域的动植物物种的清单，并尽可能给出物种的分布密度，然后就其环境要素关系给出简要定性说明。

2. 结构化的资料报告

描述物种的详细背景情况，比物种清单具备更多的信息。报告有下述多种表达形式。

（1）生态地区法。该法是将地表形式、土壤、土地利用方式、蕴藏的自然植被等确定生物生存的关键因素相近的地块，按地理位置划分为生态地区，在报告中按生态地区来汇总取得的资料。

（2）食物网联系法。该法是将评价区域内具体的生态系统中的植物和动物以食物网络联系起来。食物网关系代表生态系统内不同植物和动物之间相互依存的关系。这种系统性的陈述有助于理解生物环境在一个方面的改变会导致其他生物状况的变化。

（3）指数法。物种多样性指数和其他生物指数，也可用于描述物种情况。这时可采用水生或陆生生态系统的生态敏感性评分法来反映系统对外界干扰的恢复能力或灵敏度。水生生物和陆生生物的生产力数据也可在分析中引用。此外，对河流、湖泊和河口系统的现状描述采用“光合作用和呼吸作用的比值”也是有指示作用的。

3.5.4 减少生物环境影响的措施

3.5.4.1 减少对鸟类的影响措施

1. 风电场的选址

减轻风电场鸟类碰撞的策略主要集中在风电场建设之前。风电场位置的科学选择，能大大减轻其对鸟类和其他野生动物影响，从而避免建成之后的补救措施以及用于补偿措施的经费。

多年来，美国、欧洲和澳大利亚等风电场发展指导方针中都要求认真考虑其对野生动物的影响。在建设风电场的计划阶段必须把风电场置于一个广阔的环境中考虑其对生物的影响。需要说明的是，短期研究很难搞清所提议位置是否存在潜在的碰撞危险，必须进行长期监测，包括建设前和建成后鸟类死亡率的对比等，从而提出更好的保护建议。

风电场选址尽量避开鸟类迁徙通道、鸟类栖息地、觅食地等鸟类集中活动区域。应在风电场修建前期收集测风数据时向鸟类学专家咨询有关鸟类影响的问题，并在鸟类学专家的指导下由鸟类学专业人员收集风电场附近的鸟类基础资料，在此基础上，选择适宜的风电场场址，以减少对鸟类的影响。

2. 设计阶段

根据地形和鸟类分布区域情况合理布置风电机组，尽量减少风电场占地，风电场布设为块状区域，风电机组排列方向要与鸟类迁徙方向平行，在相邻的风电场之间要留有足够宽的飞行通道，防止几个风电场大面积连成片的规划。

合理选择风电机组类型，采用运行噪声低的风电机组，位于迁徙通道附近的风电场，对没有达到会影响飞机飞行高度的风电机组机身上一律不准设光源。确实需要安装防撞灯的，应考虑安装白色闪光灯，而且要安装尽可能少的灯，亮度也尽可能小，闪烁次数也尽可能少。

风电场集电线路尽量采用地埋电缆，确需设置架空线路的，要求两相电线之间要留有足够大的空隙，以便于鸟类飞行通过。

3. 施工阶段

风电场的施工期一般是 9～18 个月，在此期间，伴随着施工活动的进行会对鸟类产生短暂的负面影响。因此，需采取一定的保护措施，如对风电场施工机械及人员进行严格管理，合理安排施工时间，避免候鸟集中迁徙季节进行对候鸟有影响的施工，同时合理布置施工运输路线等措施，减小施工期对鸟类的影响。

4. 运营阶段

要对风电场的管理人员进行候鸟知识的宣传和相关指导，并和候鸟管理保护单位建立必要的工作联系，使其对候鸟的干扰降低到最低限度，发现珍稀保护鸟类受伤时，应及时进行救治，必要时，可设立观鸟台与候鸟救护站。

位于鸟类迁徙通道上的风电场，应根据区域鸟类迁徙季节变化情况、天气情况制订风电机组关停计划，在必要的在鸟类迁徙集中季节和大雾、暴雨、雷电等恶劣气象条件下，关闭可能对鸟类造成影响的风电机组，以防止风电场运行对鸟类造成影响。

风电场运行后委托相关科研机构开展鸟类监测研究工作，尽快开展风电场建设对鸟类影响的研究工作，并进行风电项目建设环境影响后评价工作，对风电机组运行噪声对区域鸟类的栖息地和觅食地产生的影响进行进一步研究。根据研究和工作成果，

对保护鸟类的环境影响减缓措施进行调整和补充。

3.5.4.2 减少对海洋生物的影响措施

海上风电场应远离海洋生物的栖息地、繁殖地、产卵地以及洄游路线，减少对海洋生物的干扰，避免改变或破坏海洋生物的生活习性，以致影响海洋生物的生活习性。

在风电机组的基础钢管桩等涂上警戒色，避免海洋生物被吸附或撞到基础钢管桩。基础打桩、电缆铺设应尽量避开海洋鱼类产卵的高峰期。

合理布置风电机组基础结构，使产生的人工礁成为海洋生物的避风港，有利于海洋生物的生活及生存。

利用工程技术降低叶片和发动机的噪声，减少风电机组噪声对海洋生物的影响，特别是对声音敏感的鲸类动物的影响。

第4章　风电场建设社会环境评价

风电行业在我国经济提升、科技进步、人类就业等方面做出了巨大的贡献。然而在风电场项目开发与建设不断探索的过程中，也给整个社会带来了生活环境、经济发展、科技教育、文化遗迹等方面的影响，为推动风电的进一步发展，减少其消极的影响，本章主要从人类生活环境和经济环境两方面对风电场建设中的社会环境进行评价与讨论，为在建或拟建的风电场提供这些问题中的参考。

4.1　人类生活环境的影响

国内早期的风电场主要在“三北”地区的戈壁滩、草原等地，那里风能资源丰富，但是人口比较稀疏，所以一般对人类的生活环境不会有影响。随着风电技术及装机容量的快速发展，沿海、平原、山地等人口密集区逐渐建设了大型风电场及风电基地。风电场附近甚至里面（如低风速分散式风电场）有居民居住，风电场建设过程中会对居民生活环境产生一定的影响，如建筑及生活用地、交通道路、听觉和视觉、电磁场等。

4.1.1　建筑及生活用地的影响

风电场在建设的过程中，风电机组的运输、安装时的吊装场地、临时施工道路等对道路宽度、转弯半径均具有特定要求。这些将扰动和损毁原地形地貌及植被，影响附近居民的建筑规划，对生活用地产生破坏或者局部的污染，严重的甚至打破原本的生态平衡，引起水土流失。

工程在开挖、压占等建设活动时，对建筑和生活用地的影响主要表现在以下几个方面：

（1）土地资源的破坏。由于开挖、占压破坏原有用地和植被，改变了原地貌、土壤结构和地面物质组成，造成土地肥力的严重退化，从而导致土地生产力降低，影响农作物的生长。同时，施工扰动了原土层，使裸地面积增加，为水力及风力侵蚀等创造了条件，造成水土流失。

（2）水资源的破坏。施工中，临时堆土如得不到及时有效的防护治理，在降雨、

风蚀和人为因素的作用下，泥沙直接流入临近的河道中，增加其含沙量。

(3) 周边环境的影响。临时开挖有可能影响居民的建筑用地，造成个别居民的搬迁，影响生活。此外，临时堆土增加了新的水土流失源，如果防治措施处理不当，将产生严重的水土流失，不仅污染区域环境，对周边生态环境造成威胁，同时影响周边居民正常的生产生活。

风电场建设工程会破坏大量的自然植被、产生一定程度的水土流失，风电建设项目的水土流失主要有以下特点：

(1) 侵蚀的面积有限，时间较为短暂，大多出现在风电场建设期。

(2) 侵蚀类型复杂化、多样化，主要有点状侵蚀和线状侵蚀。

(3) 侵蚀区域的差异性大。

(4) 施工结束后，植被的恢复难度较大。

风电场建设会对水文地质和泥炭产生影响，也会对建筑和生活用地等人类生活环境产生影响，影响包括：

(1) 公共、私人饮用水供应的污染，以及风电场施工期间开挖、堆放材料造成的沉积造成的河道中高浓度悬浮固体和浑浊度。

(2) 地表水和地下水污染，包括饮用水供应，在施工期间通过机械操作（例如燃料、油等的溢出）以及与现场操作相关的维护活动造成的污染。

(3) 由于临时和永久硬面层面积的增加，对自然排水模式的修改、径流率和流量的变化以及在风电场项目施工和运营期间洪水风险的增加。

(4) 泥炭/富碳土壤的损失/干扰。

(5) 因水流障碍（特别是在复杂地形条件下）引起的局部洪水和河岸侵蚀。

因此，风电场建设之前，需要根据审查现有数据和现场调查获得的信息，将对拟开发风电场的潜在影响进行评估。如果确定了潜在的重大影响，将提出缓解措施。例如，根据生态学家进行的全国植被分类绘图，对地下水依赖的陆地生态系统进行评估，如果中等或高陆地生态系统的重要区域位于拟建场地基础设施附近，则将进行额外的研究，以确定这些区域是否真正依赖地下水，完善其范围、概念，并评估是否对其有任何潜在影响。另外，需要对设计进行修改和改进，以尽量减少对这些功能的潜在影响。

在可能的情况下，拟建的风电场项目应该尽量避免敏感的居民区、水利风景区和生活用地。例如，泥炭的主要设计考虑因素是尽量减少基础设施和现场泥炭最深区域之间的重叠，避免被确定为最易受泥炭不稳定影响的区域，并尽量减少对自然排水通道的干扰。

4.1.2 交通道路的影响

在风电场施工和运营阶段，机组零部件的运输和机组运行维护，需要在风电场内部开辟新的道路或者拓宽原有的道路，以保证风电机组点对点的交通。位于山区、丘陵区、人口密集区的风电场，由于各种复杂的条件，道路设计的难度较大，工程量较大，造价偏高。所以正确选择交通运输路线，多方案比选进场道路路径，合理规划场内道路路径和交通流，可有效降低工程造价，使工程效益最大化，且将对人类生活的影响也降到最低。

风电场道路工程分为进场道路和场内道路两部分，必要时应对场外道路平面进行适当改造，纵断面进行适当填挖接顺，既有桥涵酌情给予加固处理。本节对风电场道路设计重要影响因素进行分析。

1. 大件运输路径的影响

大件运输指叶片、轮毂、机舱、塔架等风电机组大型零部件的运输。大件运输路径直接决定进场道路工程量，是风电场道路优化的重点。同时，大件运输路径决定进场道路沿线经过的村庄、桥涵、既有道路改造利用、农田、拆迁等，特别是与当地征地拆迁息息相关，利用老路还是新建道路，其风险因素都不一样，需要根据项目具体情况慎重选择。此外，大件设备运输前，承担运输工作的单位需详细制订运输线路，并要对汽车运输线路进行实地勘查，对道路设计提出合理化建议，以便满足运输的需要。

2. 大件运输方式的影响

大件运输一般分为常规运输和特种运输，丘陵和平原区采用常规运输，山区地形一般采用特种运输，道路条件较好时不排除常规运输。常规运输和特种运输的转弯半径、道路加宽、超重运输要求和超长运输扫尾等要求均有较大差异，需要根据不同大件运输方式进行道路设计。

3. 既有道路利用

进场道路为国道、省道、县道和乡道，由于施工重车的影响，在施工时会对道路有所破坏，县道和乡道的转弯半径较小，局部可能需要拓宽改造。如遇有桥涵，大件运输前需要相关专业单位进行专项评估，以确认其承载力是否满足本项目的大件运输要求，并取得相关行业主管部门的运输许可，需加固桥涵时，应明确责任单位和完工期限。

因此，设计人员需要对拟进场道路进行调查，特别是县道和乡道，需详细调查拓宽改造的段落、桥涵分布及具体情况、路面类型和状况、必须拆迁的建筑物等，作为工程数量提供招标清单。同时，建议业主在工程开工前与相关部门签署相关道路恢复协议，对现状进行充分调查并留存影像资料，避免完工后产生不必要的纠纷，从而使工程能够顺利实施。

4. 大型运输车辆掉头

车辆在道路中间掉头，以及车辆进入支线后在端头如何撤回干线道路的问题，大

型车辆主要有下述几种处理方式：

(1) 自行掉头：主要适用于地势平缓路段，仅局部路段存在自行掉头的条件。

(2) 吊车辅助：在支线尽头处，由吊车辅助运输车辆利用风电机组平台调转掉头。

(3) 原路退回：从支线端头原路退回至干线道路或有掉头条件路段掉头，但要求倒车技术水平较高，且较费事，安全风险较大，仅在迫不得已时采用。

(4) 增设环形回头道路：在合适的位置设计环形回头道路，以便大型运输车辆顺势进行掉头，但造价增加较大。

(5) 增设人字形进退道路辅助掉头：在合适位置的某侧或弯道外侧增设一条与车行道路近正交的辅助掉头道路，通过一进一出的方式进行掉头，所需增设道路长度较短，造价增加不大。

大型运输车辆掉头都有可能额外地增加对道路和交通的影响，需要结合实际地形、工程条件、造价等综合考虑。

5. 错车道设置

错车道是为车辆错车而在适当距离内设置的加宽车道，按规范要求，结合地形条件设置错车道，其间距根据错车时间、视距、交通量等情况决定。错车道需设在直线等有利地点，并使驾驶员能看到相邻两错车道间驶来的车辆。设置错车道路段的路基宽度不小于8.5m，有效长度不小于20m，有效长度至少能容纳一辆全挂车的长度。为了便于错车车辆的驶入，在错车道的两端应设不小于10m的过渡段。

由于地形条件受限，有条件设置错车道的位置较少，因此，错车道需要根据地形地貌和地质条件，结合平交口、吊装平台、转弯平台等综合设置。

6. 路基加宽支挡

由于风电场道路以满足超重和超长部件运输功能为主，路基加宽类型应采用Ⅲ类加宽或风电机组厂家道路运输要求的加宽值。由于加宽宽度较大，且风电场道路通过地形复杂，曲线段落占比较大，相较一般公路采用Ⅰ类加宽时，路基土石方和路面工程数量增幅较大。

根据地形地貌和路基横断面图，确需挡土墙收坡的，尽量设为路堤护脚挡土墙。一是由于路肩挡土墙直接承受大件运输荷载，且工程量偏大；二是由于路堤挡土墙以护脚拦挡土体为主，挡土墙高度可以不用太高，受荷载影响较小，工程造价较低。

7. 交通安全设施

与一般公路设计不同，设置交通安全设施的风电场道路不多。既有道路等级和使用功能方面的要求，更主要的是由于交通量较小，车辆行驶速度较低。但对于陡崖等易于发生安全事故的路段，仍然应该设置必要的安全防护措施。

4.1.3 机组噪声对周围居民的影响

在第3章介绍了风电机组噪声的来源、评估和度量的方法、测试与实验方法、理论计算方法等。正如前文所述，运行期间，根据风电场噪声的来源可分为机械噪声、气动噪声两个方面。

（1）机械噪声：例如齿轮箱、传动系统、发电机等部件发出的机械噪声。

（2）气动噪声：气动噪声是由很多原因造成的，如叶片风速的变化引起的低频噪声、流入的湍流噪声和空气动力本身的噪声等。

另外，风电场施工期间，噪声既可能来自现场活动，如施工现场通道、涡轮机基础、控制楼（变电站）等，也可能来自施工相关交通的移动，包括现场交通和进出现场的公共道路交通。

风电场噪声对人类生活的影响，主要是对附近居民健康的影响。风电机组噪声一般都是低频噪声，当人类长时间处于低频噪声的环境中会产生头晕、耳鸣、精神紧张等问题。噪声的大小与风速密切相关，人耳的感觉与距风电机组的距离相关，距离风电机组越远，噪声的影响越小，噪声对人的健康的影响也越小。在距离风电机组300m的位置，声压可以达到43dB左右。因此在设计风电场时，要充分考虑到噪声对附近居民的影响，保证风电机组与居民区有一定的距离，或者设置噪声屏障，另外合理设计风电机组叶片的气动外形，也可降低气动噪声。

根据报道，在日本静冈县风电场周围居住的100位居民中，超过20%的人会出现身体不适的情况，会在风电机组机械故障或其他原因停转时，上述症状会减轻。2015年1月16日人民网发表了《华能江苏启东风力发电场噪声扰民》的报道。当地东海镇兴旺村、兴垦村、吕垦村等五村村民饱受噪声困扰。华能公司针对噪声问题曾分两次共投入1000多万元对风电机组设备进行降噪处理，同时对受影响村民进行补贴，但噪声扰民问题和居民投诉情况依然未得到明显改善。

在欧洲、美国等部分地区，风电场也因噪声问题屡遭当地居民投诉。英国Solford大学对该国133个风电场附近居民进行走访调研，通过问卷调查的形式统计了风电场噪声对附近居民生活的影响，调研结果发现，存在噪声扰民的风电场占调查风电场总数的20%。

美国有医生经过5年的调查研究表明，风电机组会对附近居民健康产生一定程度的影响，“风电场综合症”会导致一系列健康问题。大量调查结果显示，风电机组的噪声会刺激人耳的前庭系统，从而引起耳鸣、眩晕、睡眠障碍、心率过速，并增加心脏病等危险。

加拿大卫生部社区噪声与健康研究曾经对生活在距风电机组0.25～11.22km的1238名随机选择的参与者进行了调查，调查风电机组对健康的影响（包括慢性疼痛、哮喘、关节炎、高血压、支气管炎、肺气肿、慢性阻塞性肺疾病、糖尿病、心脏病、偏头痛/头痛、耳鸣和头晕）以及对睡眠（睡眠障碍、睡眠混乱）和生活质量、感知压力的影响。除烦恼外，唯一与风电机组噪声显著相关的结果是睡眠药物的使用，在

暴露于风电机组噪声的人群中，睡眠药物的使用率增大。

由此可见风电场的建设可能对人们的身体健康有一些影响，在建设风电场时需要特别考虑脆弱的居民或可能受到潜在健康影响的居民。

在确定重大施工噪声和运营机组噪声影响的情况下，提出预防、减少和尽可能抵消这些不利影响的措施，可以采用的措施包括：

（1）限制施工期内施工时间以避免敏感期，如中午、晚上都应停工。

（2）安装具有适当噪声控制措施的设备（如消音器、消声器和隔音罩）。

（3）采用提高机械制造精度、改善润滑、减少摩擦和撞击等方法减少运营期的机械噪声。

（4）采用锯齿尾缘和加装毛刷减少运营期的气动噪声。

4.1.4 风电场对电磁的影响

风电场辐射源主要有风电机组、变电站、输电线路三个部分。风电机组在150m以外对人体所产生的电磁干扰几乎可以忽略不计。但风电机组叶片是由具有强反射能力的金属材料制成，对无线电信号的电磁干扰影响很大，主要表现在对电视广播、微波通信、飞机导航等无线通信的影响上；只有当波长大于风电机组总高度的4倍以上时，通信信号才基本不受影响。此外架设的高压输电线路处于工作时，相对地面将产生静电感应，形成一个交变电磁辐射场，对无线电形成干扰。相对于风电机组和输电线路所产生的电磁辐射，变电站产生的电磁辐射更容易人为控制和降低；当变电站进出线采用地下电缆时，运行时产生的电磁辐射对周围环境的影响几乎可忽略不计。

海上风电场的变电设备由于输电线路产生的工频电、磁场与陆上风电场大致相同，但由于输变电线路位于海中，电缆电磁场的传播介质为海水，海洋沉淀物对海底电缆产生的电磁场有屏蔽作用，同时绝缘电缆外包裹有金属屏蔽层，能够更好地衰减、屏蔽电磁场，所以海上风电场电磁污染较陆上风电场而言会相对小很多。

4.1.5 风电建设对景观的影响

在风电发展的早期阶段，因为风电场很少，人们感到新奇；因此，风电场不仅可以用来发电，而且还作为一个景观吸引了大量的游客。但随着风电装机容量增大，人们对其新鲜感逐渐消失。风力发电作为对电力补充与日常生活融合在一起，正朝着得到市民认可的方向而努力。然而，在特定区域大规模地建设风电场，风电机组林立往往会对景观产生一定影响。有些环保工作者对在田园附近的地区建造风电场也持反对意见，认为是对田园风光的破坏，是一种视觉污染，但最近也有些研究表明在美景如画的田园风光中点缀几台外观美丽的风电机组将起到画龙点睛的作用，使美丽的田园风光增添一些现代风味。

巨大的塔架和旋转的叶片，数十台甚至数百台的机群分布在广袤的土地上，必然改变当地的景观，如果规划合理，机组排列整齐或错落有致，塔架结构和尺寸相似，叶轮叶片数、颜色和旋转方向相同，在视觉上给人以整齐和谐的感觉，当地居民也会乐于接受，甚至成为吸引游客的旅游资源。但是在实际中往往受项目规模的限制，在同一地点分期建设项目选用的设备各异，机组有大有小，桁架式和圆筒式塔架混杂其中，叶片有两叶片的也有三叶片的，且有的逆时针旋转、有的顺时针旋转，显得杂乱无章，导致风电场景观很差。有的风电场白天阳光照在旋转的叶片下投射上来的影子在附近居民的房前屋后晃动，人们无论在屋内还是在窗外都被笼罩在光影里，光影一晃一晃，使人时常产生心烦、眩晕的感觉，影响居民的正常生活。因此这也成为许多人反对建设风电场的理由，即为风电机组布置不当导致对景观的影响。

避免和减少对景观影响的对策主要有：

(1) 在山地间规划建设风电场时，风电机组外观色彩上尽可能采用去掉光亮的淡灰色保护措施。

(2) 在进行风电机组的排列布置时，通常最受重视的是地形的限制和风力发电效率，但同时也要兼顾区域的景观视觉效果，为此，可将一排风电机组排列成弧状。

(3) 风电场建设之前，要根据当地的太阳高度角和叶片的长度计算出阴影的影响面积，避免影响附近居民的正常生活。

(4) 随着经济和社会文化的发展，人们的审美观念也将发生改变，保护自然景观和人文景观的意识正逐渐增强，风电场的选择要避开自然保护区和存在文物古迹的地方。

4.1.6　风电场对旅游的影响

随着智能网络大时代的发展，人们都习惯在网络平台记录自己的旅行，风电场也是一个新的旅行素材记录。在国内，风电场大部分建于广阔的平原、高山上以及近海，这些也吸引着越来越多的旅游者，成为受人青睐的旅游新景观，是一种工业旅游。例如宁波白岩山风电场，32 台风电机组屹立于山巅，曲折蜿蜒的公路将各风电基站串联，形成了蔚为壮观的公路风景，这条“最美风车公路”也成了“网红”打卡景点。风电场的旅游也能带来一定的经济效应。欧美一些国家在风电场旅游的发展比较快，主要是他们对这一新型旅游形式的社会和经济意义有比较充分的认识。现在人们的环保意识越来越高，通过设置一些风电场旅游项目，例如介绍风电机组运行原理、风电产业发展的优势、相关能源政策等，用美景与新知识来吸引更多的游客，通过旅游也可以带动风电场附近居民的经济水平。

不过有研究认为，风电旅游会对当地景观质量、文化、基础设施等产生负面影响。例如海滨风电场对海滨旅游、海滩休闲娱乐、海上休闲垂钓者的影响等。

4.1.7 风电场对文化遗迹的影响

风电场的建设可能会对20km范围内的一些文化遗迹的视觉效果产生影响。比如苏格兰Muaitheabhal风电场在5km范围内有一个暂定古迹，含有一个石制圆的部分遗迹；在20km范围内有1个A类建筑、1个花园和设计景观、1座中世纪教堂、2个石岭遗址以及第二次世界大战期间的海岸炮台。风电场的建设可能会给这些文化遗迹的视觉带来影响，尤其是一些比较敏感位置的遗产，从而影响其运营。所以该风电场建设规划时与苏格兰历史环境和考古学家协商，根据所考虑的主要文化遗产特征制作可视化效果，并进行分析。

为缓解对文化遗迹的不利影响，预防、减少或抵消这些影响的措施包括：

（1）风电机组及配套施工远离文化遗迹敏感位置。

（2）对文化遗迹工作区域附近的场地或特征采用围栏或标记警示。

（3）在重要的文化遗迹附近进行施工时，如有需要，提供考古调查简报。

（4）对拟建风电场直接影响的文化遗迹地区进行调查、挖掘和重新编码。

4.2 经济环境的影响

4.2.1 风电对社会发展的影响

众所周知，人类的生存和发展离不开能源，能源问题与人类文明的演进息息相关。随着社会和经济的发展，能源的消耗在急剧增加。目前，煤、石油、天然气是人类社会的主要能源，这些化石能源都是不可再生的。人类大规模开发这些能源的历史不过两三百年，却已将地球亿万年来形成的极为有限的化石能源几乎快要消耗殆尽。而风能作为一种可再生能源，对其开发和利用能够减少环境污染，调整能源结构，推进技术进步，实现低碳经济。

（1）为推动地方经济发展带来机遇。依托风电开发，通过产业配套及产业组合，能够实现风电全生命周期产业价值的集合，形成千亿元级产业集群。

（2）有助于促进前沿技术创新。由于涉及众多当代高端装备制造的顶尖技术，风电的快速发展能够推动我国在高端轴承、齿轮箱和大功率发电机等前沿技术上实现突破。同时开展具有前瞻性的研究测试，对我国实施强国战略、海上陆上经济开发具有重要带动作用。

（3）有效保障我国的能源安全。目前，我国能源对外依存度达到21%，原油和天然气更是分别突破70%、45%。能源对外依存度过高不仅会给我国带来政治风险，也会危及国家的经济安全。而风能资源储量大，适合大规模开发、就近消纳，充分挖掘这些资源，能够有效提高我国的能源供给安全系数。

（4）有助于减少碳排量，节约用水，保障生命。预计到 2040 年风能将满足全球约 34%的电力需求，可减少约 20%的碳排放量，相当于 50 亿 t 的二氧化碳（是当今全球汽车排放量的 2 倍）。大力可再生能源将共同减少空气污染，到 2030 年每年可挽救多达 400 万人的生命，到 2030 年，风电的发展可节约多达 160 亿 m^3 的水（约占死海总水量的 15%）。

（5）提高就业机会。风电行业的就业人数可在目前 110 万人的基础上增加 3 倍，即增长到 300 万人（直接和间接）。在支持性别平等的同时，可为大多数地区增加可观的经济价值。

（6）促进绿色投资。投资者越来越看重“绿色”资产。目前，90%以上的可再生能源投资（债务和股权投资）来自私营部门。2012—2018 年，全球可持续债务市场增长了 49 倍，达到 2470 亿美元。

4.2.2　风电场建设对社会经济的影响

随着社会和经济的快速发展，电力消费需求将不断增长，化石能源不断枯竭和环境污染日益严重成为人类面临的两大难题。能源尤其是电能作为经济发展的主要动力来源，对于经济的可持续发展发挥着举足轻重的作用。风能作为清洁无污染的可再生能源，因其资源分布广，发电成本低，具有丰厚的经济效益。为满足国民经济和社会发展对电力的需求，国家鼓励发展风电，中国风电建设前景广阔。各种能源发电形式的比较见表 4－1。

表 4－1　各种能源发电形式的比较

能源形式	发电成本 /[元/(kW·h)]	发电量占发电总量 /%	能源储量	是否属绿色电厂	发电形式优缺点
风电	0.6	0.5	可再生能源	是	无污染，但开发有限
核电	0.2	2.4	丰富	核燃料有放射性，对环境有巨大威胁	储量丰富，技术成熟，燃料费低；但核电厂造价高且存在一定的危险性
水电	0.4	14.6	丰富	是	无污染，但水力资源有限，水力发电随季节变化很大
火电	0.5	73	不足	发电厂中产生的二氧化硫、氮氧化物和粉尘造成空气污染	电厂造价低，技术成熟；但燃料费高且对环境危害大
光伏发电	2	0.7	可再生能源	是	无污染，但开发条件有限

资料来源：中国电力信息公开网。

风电的大规模发展在很大程度上取决于风电的经济性。风电场建设项目的经济效益主要由微观财务效益和宏观国民经济效益两部分组成。微观财务效益侧重于站在项目自身角度计算的财务指标，以考量项目实施后建设单位所获得的经济效益；宏观国民经济效益侧重于站在更宽泛的角度，超脱于建设单位自身的经济效益，用社会平均水平、项目对全社会的贡献角度来对项目的经济效益进行全面客观的评价。对于风电场建设这类项目，从一定意义上来说，其宏观国民经济效益的意义和重要性远远大于微观财务效益的意义。

社会经济评估将考虑拟议开发项目的建设和运营可能产生的社会经济影响，包括确定影响数量和影响质量。

潜在的社会经济影响包括：

（1）直接经济影响（正面和负面）：就业和总附加值全部或大部分与拟议开发项目的建设、运营和维护有关；考虑对就业和总附加值的潜在流离失所影响。

（2）间接经济影响（正面和负面）：研究区域经济中所产生的就业和总附加值在商品与服务的供应链中直接活动。

（3）诱发经济影响：由直接和间接员工在研究区域或更广泛的经济中的支出创造的就业和全球价值。

在风电场的建设和运营期间实施良好的实践措施，从而避免或减少许多潜在的不利于社会和经济的影响。可能的缓解和改善措施包括：

（1）在可行的情况下，对异常负载的运输进行规划，避开高峰或其他繁忙时段，以减轻拟定开发项目对特别敏感位置和道路走廊的影响。

（2）在可能的情况下，建筑材料要在当地采购，避免材料的进口或出口。

加强拟议发展项目所产生的积极影响，包括：

（1）在施工和运营阶段，促进本地合同和供应链的机会，以最大限度地利用本地商业和劳动力资源。

（2）技能发展和培训方案，以增加与拟议发展项目有关的培训、就业机会，提升项目在当地群众的接受程度。

（3）与当地就业中心、就业能力计划和合作伙伴建立有效联系。

（4）作为拟定开发项目营销的一部分，推广更广泛的领域及其机遇。

4.2.3 风电提供的主要经济效益

从全球气候角度来看，由于地球表面风带与气压带交错，受到寒流与暖流对冲以及沿海洋流的影响，风力发电规模化效益明显，并且受益于我国地形较好，风能资源相对集中而且质量优势明显，主要产生了项目投资、土地租赁款、税收收入、支持乡村地区经济利益。

1. 项目投资

我国扎实推进“四个革命、一个合作”能源安全新战略，聚焦绿色低碳转型，继续深化能源供给侧结构性改革，既保持了量的合理增长，又实现了质的稳步提升。能源供需总体平稳增长，结构进一步优化，单位GDP能耗持续下降。其中，风电产业得到进一步发展。中国风电产业逐渐成为全国的经济引擎，“十三五”期间，风能产业投资需求超过7000亿元。

2. 土地租赁款项

风电项目的价值不仅在于其直接经济投资，而且还体现在对当地团体每年的土地租赁付款、财产税支付和国家及当地的税收收入的促进。因为大量的风电项目都是建立在私人土地上的，所以风电项目中每年都要拿出部分费用给当地农民和牧场主。由于风电项目只需极少的土地，土地拥有者可以保持他们原有的农业和畜牧业，这使得风成为一个为他们提供额外收入的“商品作物”。

3. 税收收入

风电项目通常是一个地区税收的最主要来源，风电项目的税收在很多地区被用来建立学校、图书馆和医院等公共设施。在许多情况下，没有了风电项目，当地政府就缺少了足够资金来提供此类有价值服务。

4. 支持乡村地区

风能产业在乡村地区的投资巨大，大量的风电项目建设在乡村地区，风电的发展意味着给这些急需收入的地区带去了投资、税收、土地租款和就业岗位。

4.2.4　制造业日益增长的来源

制造业是国民经济的物质基础和产业主体，是富民强国之本，是国家科技水平和综合实力的重要标志；制造业是国民经济高速增长的发动机，是以信息化带动和加速工业化的主导产业，也是发挥后发优势、实施跨越战略的中坚力量；制造业是科技的基本载体和孕育母体，是在新科技革命条件下实现科技创新的主要舞台；制造业是国家国际竞争力的重要体现，是世界产业转移和调整的承接主体，决定着中国在经济全球化格局中的国际分工地位，中国制造业增加值占世界制造业增加值比率变化。

我国风电产业的不断发展，稳定的政策使得风电机组部件制造商能投入更多资金去推动风电制造业的发展，我国的工厂目前能制造风电机组的主要零部件（如发动机、齿轮箱、叶片、塔筒和变速箱）和内部零件（如轴承、滑环、紧固件和电源转换器等）。随着风电机组部件的制造规模持续扩大，也推动了经济的增长。

4.2.5　风电场的建设推动经济政治体系的完善

在新能源开发利用的背景下，建立一套完善的能源政治经济体制十分必要，有利

于促进经济的健康发展。

(1) 建立科学合理的电价机制，确保新能源健康发展的同时，也保障了投资者的利益。

(2) 落实净电流表政策，新能源产生的电能能够接入电网系统，从而实现新能源的利用。

(3) 政府出台相关政策、法规等，促进新能源装备的发展，进而完善新能源装备在能源、经济和政治体制下促进中国经济的发展。

第5章　风电场建设环境管理

风能虽然是绿色能源，但风电场建设引起的环境问题逐渐被社会关注。环境管理是风电企业实施可持续发展战略的重要保障，需要采用经济、科学技术、教育等多种手段，对风电发展影响环境的活动进行规划、调整和监督，以协调风电发展与环境保护的关系，维护生态平衡，以达到可持续发展的目的。风电场建设环境管理主要包括环境管理方案的制定、环境统计信息管理与决策、环境规划与对策等。环境管理是风电可持续发展的关键一环，同时也符合风电绿色发展的理念和初衷。

5.1　风电场建设环境管理总述

5.1.1　风电场建设环境管理的概念与特征

5.1.1.1　风电场建设环境管理的概念

美国的Sewell在《环境管理》(1975年版）一书中提到：环境管理是对人类损害自然环境质量（特别是大气、水和土地质量）的活动施加的影响，管理的方法是多种多样的。原联合国环境规划署执行主任Tolba在一篇关于环境管理的报告中指出，环境管理是指依据人类活动（主要是经济活动）对环境影响的原理，制定与执行环境与发展规划，并且通过经济、法律等各种手段，影响人的行为，达到经济与环境协调发展的目的。我国学者曲格平把环境保护归纳为环境管理和环境建设两个不同的概念。环境管理依照国家和保护的法律法规，监督规划目标的实施，并把环境管理确定为环境管理部门的基本职能。

5.1.1.2　风电场建设环境管理的特征

风电场建设环境管理与其他管理相比，风电场建设环境管理是风电企业管理的重要组成部分，具有明显的综合性特征以及区域性特点。

1. 环境管理是企业管理的重要组成部分

首先，环境管理的好坏直接影响到一个企业或一个地区可持续发展战略实施的成败，影响到人与自然间能否和谐相处、共同发展；其次，环境问题不仅仅是一个技术

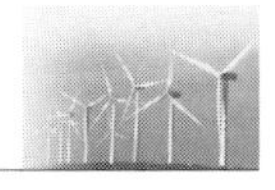

问题，也是一个重要的社会经济问题。需要采用各种手段，将其与社会经济发展相联系才能全面解决；最后，环境问题已成为同政治、经济密切相关的重大社会问题。基于上述各点，环境管理列为风电企业的重要职责。

2. 环境管理具有综合性特征

人类与自然系统是由许多相互依存、相互制约的因素组成的，这个系统可以由许多子系统组成，其中任何一个子系统发生了变化或者与其他子系统不协调，都有可能影响到整个系统的协调性，甚至失去平衡。例如，大气、水体、土壤、生物和非生物之类环境因素形成的子系统，城市、农村等构成的生态系统，草原、湿地、森林生态系统，人类形成的社会子系统等，情况各异；同时，还需要考虑环境问题反映出的问题的多样性，从而采用具有多样性和综合性的手段，例如需要综合运用经济、法律（刑罚、行政处罚、经济处罚与鼓励、税收、民事法律等方面）、科学技术、行政教育等手段才能奏效。

3. 环境管理具有区域性特点

我国幅员广大，地理地质环境情况复杂，环境问题本身具有明显的区域性。而且各地区的人口密度、气象水文情况、经济发展水平、资源分布、人的文化素质、管理水平等方面存在差异，因此环境管理必须根据不同地区的不同情况，因地制宜地采用不同措施。

5.1.2 风电场建设环境管理的原则与方法

风电场建设环境管理是风电企业管理职能的一个组成部分，因此，风电场建设环境管理应当遵循风电企业管理的一般性原则和方法。此外，根据前节所述的环境管理的特点，还应遵循一些特殊原则，并采用一些适于环境管理的特殊方法。

5.1.2.1 风电场建设环境管理的基本原则

1. 可持续发展的原则

可持续发展是环境管理的根本目标，应引入并贯彻到社会发展、经济发展、自然资源与环境保护、维持生态平衡和社会福利等各项立法和决策中。通过适当的经济、技术、法律、教育等手段以及政府干预，实现可持续发展。这些手段和干预使风电发展与人、自然、社会等关系趋于和谐，使社会经济和自然的发展接近平衡，减缓不可逆过程的速度。

2. 环境具有价值的原则

这条原则是环境管理的基础和前提。环境是资源，具有价值（包括资源价值和生态价值），因而表明环境管理具有经济属性。环境资源具有稀缺性（或有限性）、多用途性。这一原则要求风电企业运用经济规律和经济手段把生产中环境资源的投入和服务计入生产成本和产品的价格之中，逐步修改和完善度电成本体系；实行必要的激励机制，推动在开发和利用风能时，充分考虑环境资源持续利用问题，推广绿色技术，避免及自觉制止资源浪费、破坏或大量消耗。

3. 全局和整体效益最优的原则

这条原则表明了环境管理的生态属性，因而环境管理必须遵循这一原则。为了实现这一原则，必须把环境问题作为一个有机联系的整体，全面考察环境问题，揭示环境总体发展趋势及其运动规律，正确处理全局与局部、局部与局部关系，以取得最大的全局和整体效益。在制定和组织实施环境管理方案时，充分协调各种类型和层次的环境管理工作与各经济部门工作间的关系。加强环境规划和区域的综合防治工作，合理安排风电场影响区域内的生产、建设、生活等，统筹解决环境问题，利用多种手段做好环境管理。

4. 综合决策、综合平衡的原则

这一原则表明了环境管理的生态经济属性。风电场建设环境管理必须遵循生态经济规律。所谓生态经济规律，即风电场建设与环境保护必须有计划按比例平衡发展的规律；风电开发一定要保持生态平衡的规律；经济效益与环境效益必须统一的规律；资源的消耗和增生、利用和补给必须相互适应的规律。这条原则要求把环境保护管理纳入风电发展规划，协调和综合平衡风电发展与环境保护之间的关系；要求环境管理要有预见性和长远性，开展环境评价、环境预测和环境影响评价等工作，密切注视风电场建设发展可能对环境保护所产生的不良影响，以便及时提出环境对策；要求制定和实施综合的有效的法律、法规，强化环境管理。为此，应当建立包括计划部门、经济部门、环境管理部门和其他有关部门在内的大环境管理体系。

5.1.2.2　风电场建设环境管理的基本方法

1. 经济方法

经济方法是指利用价值规律去管理环境。建立相应的激励机制，以价格、税收、信贷、保险等为杠杆，调节建设者在风能开发利用中保护环境、消除污染的行为，以限制损害环境的建设环节，奖励积极治理污染、节约和合理利用资源的企业及部门。限制乃至淘汰污染严重的产品或生产工艺或设备。

2. 技术手段

环境问题解决得好与坏，在很大程度上取决于科学技术水平和采用的方法。同时，环境管理基础的许多环境政策、法律、法规的制定及其实施，都涉及很多科学技术问题。运用安全可靠的科学技术手段，实现环境管理的科学化；组织开展环境影响评价工作和编撰环境质量报告；总结推广防治污染的先进的科学的经验；开展国际间环境科学和防治污染技术的广泛交流合作活动；注意吸取其他学科的新理论、新技术，制定环境质量标准，制定环境技术政策等，一定要注意从人文科学和全局视

角（包括伦理学、经济学、技术经济学）去选择运用相关技术，真正做到辩证施治，减少盲目性和短视行为。

3. 宣传教育手段

宣传教育手段是实施政府干预和公众参与相结合这一原则的具体体现，也是环境管理一项战略措施。通过环境宣传向公众普及风电场建设环境影响的科学知识。环境教育的目的在于培养风电场建设环境保护的专门人才，因为环境保护涉及几乎所有学科，而环境保护工作不能只依靠少数专家、学者或少数管理人员，必须在全行业从业人员中培养环境保护意识，灌输风电场建设与环境保护的哲学思想，规范企业的自我行为，使得风电发展与环境保护能够共同发展，长期共存。

5.1.3 风电场建设环境管理的主要内容

风电场建设环境管理主要包括环境事故风险分析与评价、环境统计与预测、环境管理的决策与规划。

5.1.3.1 风电场建设环境事故风险分析与评价

风电场建设项目由于受不同建设环境的制约与影响，在建设期间可能会发生各类环境污染的事故。因此需要针对不同建设环境与施工方法进行环境事故风险分析与评价。为之后的统计、预测以及方案制定工作提供指导。

1. 陆上风电场项目

陆上风电场项目主要分为平原风电场项目与山地风电场项目。

平原风电场项目施工条件较优，但往往附近有居民生活区或是主要流域。在施工作业期间施工器械发出的噪声以及运营期间的气动噪声会对周边居民有较大影响，是需要主要考虑的环境污染因素。另外施工期间的工业用水与废水的排放可能会波及周边流域，也是对居民环境影响的重要因素。因此，此类风电场在进行环境事故风险分析与评价时应积极开展公众参与。项目环境影响报告书初稿形成后，在项目周边区域应开展现场问卷调查工作。现场问卷调查对象分个人和团体，个人调查对象通过现场走访，从在影响区域内工作、生活的公众中按比例随机抽取，并统计分析公众意见。

山地风电场项目地理位置较为严峻，建设施工用地与道路往往需要破除原环境以平整土地或开通道路。因此，此类风电场建设可能会对该地的生态系统有所破坏与影响。在进行环境事故风险分析与评价时应与当地生态管理部门协商，了解当地的生态保护政策，对资源开发利用的限度做明确规定。

2. 海上风电场项目

海上风电场项目施工期主要通过船舶进行海上作业，该项目运行期需通过船舶进行机组监测检修，需动用一定数量的各类施工船舶、车辆和机械，且需携带一定数量的燃料油。依据《建设项目环境风险评价技术导则》（HJ 169—2018）中给出的“物

质危险性标准”和《重大危险源辨别》（GB 18218—2000），汽油等燃料油属易燃物质，海上施工过程中各类船舶由于恶劣的自然条件、人为操作失当等发生通航安全事故及进而可能引发溢油事故。同时若项目附近有进出港航道，海域有一定数量的船只通航及停泊，涉海施工期间各类施工存在与运输船舶发生碰撞并造成油品泄漏的可能。

工程海域容易受潮汐和风浪影响，如遇特大风暴潮、雷击等灾害，会对工程的运行带来严重损害。此外，水道摆动和基础冲刷、海底电缆损坏、基础腐蚀风险、风电运行风险、火灾风险、通航安全等环境风险事故也有一定的发生概率。

5.1.3.2　环境统计与预测

风电场建设环境统计工作是根据国家和地方政府有关的法律法规对建设项目环境污染源、对项目环境造成污染、危害及其防治等环境现象的信息数据进行收集、整理和分析工作。目的是对环境污染的种类与程度有具体的了解。其主要内容包括项目建设土地环境资源统计、项目规划区自然资源统计、项目周边能源环境统计、项目周边人类居住区环境的统计、项目环境污染及其防治统计，包括大气水域、土壤等环境污染状况及污染源种类数量及其排放量和治理、物理因素危害状况、环境保护事业发展情况统计。

风电场建设环境预测是指运用科学的方法在项目初期对未来行为与状态进行主观估计，推测哪些行为会对环境造成哪些影响。利用此前的统计信息对事物的未来进行定量推测。同时也根据所掌握的当地过去与现在的环境方面的信息资料以及相似风电场的情况来推断未来环境质量的可能变化和发展。以便在时间与空间上作出具体的安排和部署，防止环境状况恶化，使环境质量保持良好或得到改善。

5.1.3.3　环境管理的决策与规划

风电场环境决策与规划是风电场环境管理的核心部分，是提出解决方案的部分，决策贯穿于规划的整个过程。

在风电场建设环境管理决策，要求企业在项目的开发、利用、生产等实践活动中，按照一定的环境管理目标，运用科学理论和方法，做出实现环境管理目标的多个决策方案或指令，并从中选出最优决策方案或指令的过程。正确的决策需要科学决策原则作指导，同时也需要正确的决策方法。

一般常用的环境管理决策方法有决策树法、决策矩阵法、单目标及多目标数学规划法等。决策树法与决策矩阵法多用于管理目标量纲一致的决策分析。单目标数学规划法常用于确定型决策，多目标数学规划法则运用于非确定型决策。

在风电场环境管理的规划中，完整的环境规划大致包括环境调查与评价、环境预测、环境规划目标、环境规划方案的设计、方案选择、实施规划的措施。在规划过程应严格遵守法律法规以及环境经济政策，具体内容将在之后章节展开描述。

5.2 风电场建设环境管理方案的制定

5.2.1 风电场建设环境管理方案制定程序

风电场建设环境管理是环境保护工作的一项极为重要的工作。由于环境问题涉及与人类活动密切相关的自然资源、大气、水、土地及能源等诸多方面；并且，涉及物理的、化学的、电磁的和生物的众多污染因素的综合作用；还涉及生产工艺，污染物处理工艺和污染防治方法、生活方式以及污染物质、污染因素迁移转化规律和它们对人类和生物作用造成的各种影响，因此环境管理是一项极为复杂并带有一定风险性的工作。为了预防环境问题的发生以及对已产生的问题采取适当而有效的措施，实施科学的管理，切实执行各项环境保护法律法规，有必要制定具有权威性的环境管理方案，并能根据需要和可能，实行风电场环境管理工作的持续改进，有必要按照一定的程序编制管理方案。通常，风电场建设环境管理方案的制定按下述程序进行。

1. 建立组织

为了确保切实可行的风电场建设环境管理方案得以制定，必须建立相应的、得到有关主管部门授权的组织，并根据需要进行分工，确立隶属关系、协作途径，制订必要的制度。

2. 人员培训

统一参与风电场建设环境管理方案设计工作的人员的思想，并对有关科学技术问题、使用的方法进行必要的培训。例如调查研究方法、数据处理方法、方案的评价方法、工作深度、相关的法律法规、国家或地区的国民经济与社会发展的规划、计划等。

3. 确定原则

制定风电场建设环境管理方案可供遵守的原则如下：

（1）遵守国家或地方有关当局的法律、法规和政令的原则。

（2）服从国家或地方的国民经济和社会发展规划与计划（对于企事业单位还应当考虑本单位的环境方针和发展计划）的原则。

（3）持续改进原则。

（4）需要与可能相结合的原则。

（5）整体利益与局部利益相统一的原则。

（6）长期利益与短期利益相统一的原则。

（7）突出重点、兼顾一般的原则。

（8）留有余地的原则。

（9）相关方参与的原则。

4. 明确问题

明确问题是制定方案的基础和前提，通常包括调查研究和确定问题的管理目标及所涉及的范围方面的工作。

（1）调查研究大致涉及以下方面：

1）调查研究的方法，例如统计调查法、抽样调查法、定点观察法等。

2）收集各种有关的环境信息和数据资料，包括新闻媒体报道、公民的信访、政府有关机构的环境信息和数据、劳动卫生部门的相关资料等。

3）研究问题的性质、产生原因、各种相关因素的作用以及相互影响程度等。

（2）确定管理目标和范围。管理目标的确定应当采取定量与定性相结合的方式进行。由调查研究得到的信息、数据经过必要的数据处理或专家评估，确定环境管理的目标。由于环境问题的复杂性，目标可能不止一个，应当根据目标的重要性排列顺序，以便确定主要目标和对主要目标有影响的相关目标。确定正确的目标，是风电场建设环境管理方案成败的关键，务必慎重对待。

5. 审议可能采取的方案

（1）提出两个以上可能采取的方案。按照有关决策的理论，必须有两个以上可供选择的方案。因此，当环境问题或管理目标确定之后，最好通过一定渠道或采取招标的方式，选择两个以上的社会有关组织或个人，根据他们的经验和已取得的资料数据，从各自的角度和各种途径综合拟订出满足管理目标要求的各种可能方案，以供决策。

（2）评定各种方案的费用和效益。在一定意义上来说，环境管理涉及的问题中相当一部分是技术经济和社会学问题。因此对各种管理方案的论证和评定，应当从社会效益、经济效益和环境效益统一的角度出发，进行经济评价和社会评价。

（3）决策。根据宏观与微观、全局与局部、近期与远期三个方面综合效益来确定能满足管理目标所要求的方案。

6. 拟订方案的实施计划

根据区域的功能或战略地位，区域的社会、经济和技术发展状况，区域环境质量以及所选定的环境管理的原则方案做好拟订方案的实施计划，并文件化。具体做法如下：

（1）确定响应的环境管理机构及其职责，明确各机构间的相互关系，建立管理体系。

（2）拟定出分期、分批实施管理目的短期计划和长远规划。

（3）进行项目分解。确定每一个管理子项目的序号、名称、目标、指标、资金来源、方法措施、执行部门、项目负责人以及完成期限。

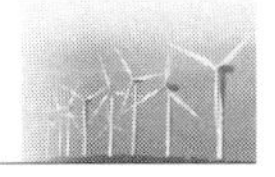

(4) 确定资金渠道、人员和物资管理的具体措施并制定必要的政策、制度和规定。

(5) 预测计划实施过程中可能出现的问题及其产生的影响和后果，拟订消除问题或后果的应急措施的备用方案。

(6) 提出为完成方案所必要的技术支持，例如环境监测、数据统计、环境信息的收集以及收集方法，处理与归档办法；环境管理系统的模拟和实验等。

7. 计划的实施

计划的执行实施过程中应当做好以下工作：

(1) 定期对各级环境管理项目的负责人和工作人员进行必要的培训，包括工作的总方针、环境目标与指标、环境技能、相关科学技术和环境方面的培训。

(2) 在计划实施过程中，必须进行定期的信息交流。

(3) 进行严格的文件管理和运行控制。

(4) 做好应急处理的准备工作、监测测量工作、违章事故的纠正与预防工作、做好记录工作，并对各种记录资料数据进行归档。

(5) 对有关资料数据进行定期分析，对管理计划进行修订、补充、完善。

(6) 在实施过程中，充分采取必要的奖惩机制。

8. 方案效果的评价

对方案效果宜进行中期和末期评价。中期评价的目的在于对方案执行计划进行修订；末期评价则为今后的环境管理奠定基础。

方案效果应从环境效益、经济效益和社会效益三个方面进行。

方案效果评价所采用的方法主要包括环境审计、项目的社会评价、环境影响评价、环境风险评价、财务评价、经济评价等。

5.2.2　风电场建设环境管理方案设计方法

风电场建设环境管理方案具有系统性，风电场系统是指风电场影响区域内（包括风电场内及外围一定的区域）所有相互联系、相互影响、相互制约的事物及过程诸要素的有组织分层次地结合在一起的整体。根据系统性的特性可将风电场建设环境管理方案分类法分为等级结构分类法和交叉分类法，从而产生相应的设计方法，主要包括历史比较法、专家评分法、系统综合分析法等。

5.2.2.1　环境管理方案的分类

依据不同的原理，有不同的环境管理方案类型，如等级结构分类法和交叉分类法，是比较好的方法。

1. 等级结构分类法

等级结构分类法是把一个风电场系统依据功能、作用以及行政区划、地理位置或地形地貌（所谓空间特征、时空特征或经济结构的状况）分解为不同类型、相互联系、相互作用的若干个子系统，从而由原来较为复杂的整体得到若干个比较简单的小的实体，还可以继续这一分解过程。使用这一分类法有利于弄清众多系统要素之间的相互关系，分清哪些是主要因素，有利问题的解决；也有利于促进系统的研究工作，以便节省时间和资金，减少工作量，提高环境管理系统对环境质量变化的反应灵敏度；还有利于许多平行的工作任务的协调完成，便于不同专业人员参与环境管理工作。

2. 交叉分类法

交叉分类法是把风电场系统运行过程用若干独立而又互相配合的过程来分类的方法，具体从一过程到另一过程所采用的分类法也不尽相同。使用过程分类法常常有利于采用黑箱法，即只需考虑每个模块的输入和输出，而不必考虑模块内部的结构和具体的作用过程就可模拟整个系统的运行机制和过程，有点类似于热力学所采用的方法。这种过程分类方法可以弥补等级结构法的不足。

5.2.2.2　环境管理方案的设计方法

环境管理方案的设计方法有很多种，这里仅介绍下述几种方法。

1. 历史比较法

历史比较法常用于宏观风电场建设环境管理方案的设计。对环境管理方案的设计从时间和空间两个方面进行比较即从历史与现实，过去、现在与未来，国内类似地区之间，国内与国外之间的分析比较。从中吸取历史上有益的、国内外已经取得的经验，防止不利的或失败的事件重现。通过历史比较和建立必要的模型并进行仿真，以达到方案的综合效益最优化。采用历史比较法所设计的方案，其质量高低和准确程度的大小与占有资料的多寡，数据的完整性、真实性、可靠性密切相关，也与设计队伍的知识结构和设计者的经验有关。

2. 专家评分法

专家评分法主要运用有关专家的知识和经验，把风电场建设环境评价定量与定性分析结合起来。这里所称的专家是指从事与环境管理治理工作相关行业10年以上，受过大学教育的管理人员、工程技术人员等。本方法实质上是根据研究对象管理方案的具体要求，确定若干个打分项目，由项目订出打分标准；然后由专家根据标准给予一定分数或指数；最后，求出总分数值，以得分多少为序决定项目方案的取舍。专家评分最好采取“背靠背”的方式进行，并且进行多次，再取其平均值，以减少偶然偏差的发生。专家人数不宜过少，过少易失真；但也不宜过多，过多则造成工作量过大，甚至出现分值分布过于分散的现象，不利于决策。在实际工作中，根据项目要求、精度和标准的不同，专家评分法又可分为加权评分法、连乘评分法、加乘评分法、加法评分法等多种方法。

3. 系统综合分析法

系统综合分析是系统工程的一个重要内容。这种方法的特点在于把要研究的管理对象作为系统来进行描述。系统分析不同于一般的技术经济分析，必须从系统的总体最优化出发，采用各种分析工具和方法，对系统进行定性的和定量的分析。它不仅分析技术经济方面的有关问题，而且还分析政策方面、组织体制方面、信息方面、物流方面、资金流方面等各个方面的问题。由于系统分析方法必须随分析对象的不同和分析问题的不同而不同，因而没有一组特定的方法。在进行系统分析时要建立若干替代方案和必要的模型，进行仿真试验；把试验、分析、计算的各种结果同原先制定的计划进行比较和评价，最后整理成完整、正确和可行的综合资料，作为决策者选择最优系统方案的主要依据。环境问题已成为区域性乃至全球性的问题。环境问题涉及管理资源、环境和社会经济；涉及最佳地组织和利用人力、资源、资金以维持或改善人类空间的质量和生态平衡；涉及社会、经济、环境三种效益的统一，因而其规模宏大，影响因素众多。并且，许多因素之间相互作用至今不甚明了，某些问题对初始条件的敏感性，使环境管理变得异常复杂，从而使环境管理系统分析变得异常复杂，除需要线性科学的工具外，也需要运用非线性科学的成果，只有这样才有可能防止环境灾难事件的发生。由于需要许多教学工具和其他学科的成果（如数学建模、协同学等），因而具体的系统分析本书不做介绍。

除了上面介绍的三种方法，还有运筹方法、比较分析法、方案评价法、费用—效益分析法等。

5.2.3 风电场建设环境管理方案的比较评估

一个优秀的风电场建设环境管理方案应当是简单明了、便于实施，应当满足环境、社会与经济发展三个效益的统一，应当满足可持续改进、不断提高的要求。因此，必须对风电场环境管理方案进行必要的评估，从而为决策奠定必要的基础。

风电场建设环境管理方案的评估方法有多种，最常用的方法是经济评估方法，其中效益—费用分析方法的使用更为普遍。

5.2.3.1 风电场效益—费用分析在环境管理中的应用

风电场效益—费用分析在环境管理中的应用主要表现在以下方面：

（1）通过价值的形式把环境管理目标和资源开发与经济发展联系起来，以便做到：

1）帮助国家或区域计划部门在制定社会经济发展规划时，研究经济结构和布局的改进，制定相应的环境质量政策。

2）帮助环境管理部门根据技术、经济、物力、财力水平确定切合实际环境质量水平目标，阻止和减少有害环境、降低环境质量的项目的建设和生产。

3）帮助资源管理部门制止对风能资源的掠夺性开发，或无偿使用或不合理使用。

4）帮助企业确定环境管理中的优先治理项目。

（2）估算对环境的危害，以便防患于未然。

（3）把环境质量通过费用函数纳入项目总设计和评价之中，便于结合工程设计采用清洁生产等手段来减少对环境的影响。这样，使那些总净效益为负又无适当治理措施的项目都不能获准实施。通常将环保费用或治理费用纳入工程项目设计与建设的总费用之中。

（4）在制定国家或区域规划时，使用效益—费用分析法来综合评价各种经济活动对环境产生的直接或间接影响，寻求经济项目与环境质量的综合平衡。

（5）在自然资源开发管理中的应用，主要是利用效益—费用分析法对资源（包括不可再生资源、可再生资源以及可再利用的二次资源）生产的净效益进行比较，以选定经济而又合理的资源利用率，在此基础上做好资源的管理工作。

（6）在企事业组织建立符合 ISO 14001 环境管理体系中对各种管理方案进行评价、环境审计、清洁生产方法的推行等方面的应用。

5.2.3.2　风电场费用估计方法

1. 经济成本的计算

经济成本（即经济费用）是指风电场建设中实际耗用的包括基建费用和运转费用在内的资金。基建费用包括征用土地费和青苗费、迁移补偿费、建筑工程费、设备购置费、安装工程费、联合试运行费用等。运转费用包括人员工资、企业管理费（如办公费、差旅费等）、维修费、材料费、劳保费等，不包括资金的银行利息、建筑物及设备的折旧费用。在市场机制比较完善的条件下，经济成本的计算可采用市场价格作为计算价格，当市场不完善、不合理或者市场失灵时，只能采用影子价格作为经济成本计算的基础数据。另外时间因素对价格也有影响。为了消除时间因素对项目的支出（费用）和收入（效益）的影响，通常采用贴现的方法，把将来一定时期的收入和支出换算成现在某一时刻的价格（称现值）。这样换算时所采用的折扣率（也即一定时期的贴现利息同期票面金额的比值）常称为贴现率。通常在我国，贴现率采用银行的年储蓄利息率。

2. 影子价格

影子价格是指当社会经济处于某种最优状态下时，能够反映社会劳动的消耗、资源稀缺程度和对最终产品需求情况的价格，这是依据一定原则确定的、比财务价格更为合理的价格，它能更好地反映产品的价值、市场供应状况和资源的稀缺程度，从而使资源配置向优化方向发展。这是一种为得到社会合理价格而对计划价格进行必要修正后的价格。更严格地说，影子价格是指资源投入量每增加一个单位元带来的追加收益或资源投入的潜在边际收益。

3. 风电场环境价值评估方法

（1）市场价值法（或生产率变动法）。

市场价值法（或生产率变动法）把环境资源看成为一种生产要素，它的质量的变化会导致生产率和生产成本的变动，从而引起生产水平、生产成本、产值与利润的变化，可以用市场经济价值估计。因此市场价值法就是利用因环境质量变化引起的产值和利润的变化计量环境质量变化带来的经济效益或经济损失。

这一方法使用市场价格来确定环境资源的价值，并隐含假定了价格反映了资源的稀缺性，故为有效价格。如果存在价格扭曲，就应当以现存的价格进行调整。由于我国处于经济发展和体制转轨过程中，价格扭曲是比较普遍存在的。价格扭曲常由于税收、补贴、人为固定的汇率、受行政干预的工资和利率造成的。

使用市场价格确定环境资源价值的方法还有人力资本法、疾病成本法、有效成本法、置换成本法、预防性支出法、重新选址成本法及机会成本法。生产率变动法与上述方法相比，是最简单最有用的便捷方法。当环境变化的影响主要反映在生产率的变化上时，可以应用这种方法。应注意的是：用市场价格估计生产率的变化，必须对有关部门供求曲线的形状作出假设。使用市场价格确定环境资源价值的方法有两种情况：一是产品和要素的价格不变，则用预计的产量变化乘以市场价格即可得到环境质量变化的价值；二是产品和要素价格变化的情况，此时，如果能得到该产品需求和供给的价格弹性系数资料，则即可求得该产品在生产变化的价格效应存在下，其增产的总效益。使用市场价格确定环境资源价值的方法时下述几点十分重要：①因为市场竞争的不完全、税收和补贴等原因，市场价格有时不等于竞争的均衡价格，应当注意修正；②生产率变化包括现场的变化和场外的变化两部分，项目研究中必须包括场外变化（项目外的变化）的影响；③选中的及未选中的项目可能带来的生产率变化都要加以考虑；④必须对生产率变化的时间、计算时使用价格及相对价格的未来变化作出恰当的假设。

（2）替代市场法和假想市场法。

在环境管理方案评价中或环境影响评价中进行环境经济分析时，往往遇到所研究的对象本身没有市场价格来直接衡量的问题，解决这类问题时，可以寻找替代物的市场价格来衡量，有时连替代市场都难以找到的情况下，只能人为地创造一个假想的市场以衡量环境质量及其变动的价值，前一种方法称为替代市场法，后一种方法称为假想市场法。假想市场法是环境评价的最后的一道防线，任何不能通过其他方法进行的各种评价几乎都可以用这种方法来进行。因此，该方法是一种万能的方法。

属于替代市场法和假想市场法范畴的方法有旅行费用法、资产价值法、意愿调查法。

1）旅行费用法用旅行费用作为替代物来衡量人们对旅游景点或其他娱乐物品的

评价。

2）资产价值法是利用物品特性的潜在价值去估计环境污染（如空气污染、水污染等）对这一物品价格的影响。

3）意愿调查法是假想市场法的主要代表，是通过直接询问一组调查对象对减少环境危害的不同选择所愿意支付的价值来对决策方案进行评估的一种方法。这一方法与市场价值法和替代市场法的区别在于它不是基于可观察到的或预设的市场行为，而是基于被调查的对象所作出的回答。被调查的对象的回答告诉调查者在假想的情况下，他们将采取何种行为。直接询问调查的对象的支付意愿既是意愿调查法的特点，也是意愿调查法的缺点。意愿调查法在发展中国家常用于估价公共场合物品或私人物品。投标博弈法、比较博弈法、无费用选择法及优先性评价法等均属于意愿调查法。直接询问支付或接受赔偿的意愿用投标博弈法或比较博弈法；询问表示支付或接受赔偿的愿望的商品或劳务的需求量，并从询问结果推断支付意愿使用无费用选择法或优先评价法。

4. 环境损害

环境损害是指由于人类活动使环境的某些功能退化，引起了环境质量下降，从而给社会带来了危害，造成了经济损失。环境损害造成的经济损失包括国民经济损失（含由于环境变化引发的自然灾害引起的损失），以及社会心理损害及自然生态系统的损害引起的经济损失。国民经济损失比较具体，一般可由市场价格很方便地计算。例如，环保费用，农林牧副渔业减产，桥梁、道路交通工具的损坏、使用寿命缩短或引发事故引起的效益的降低，建筑物等使用寿命缩短或维护量增大，时间间隔缩短引起的费用的增加等都属于国民经济损失。社会心理损害及自然生态系统的损害引起的经济损失是一种间接损失，或因影响因素较多或因没有比较的参考物等原因，以及环境价值的多维性使其损失估价困难。只能通过其机会成本，影子价格、影子工程费用或意愿调查法间接地加以计算。

5.2.3.3　风电场环境经济效益估算

1. 风电场环境经济效益表示方法

风电场环境经济效益表示法主要有比率表示法和差额表示法两种。

（1）比率表示法，一般表示形式为

$$\text{环境经济效益}=\frac{\text{环境经济收益(或成果)}}{\text{资源消耗的总投入}} \tag{5-1}$$

其单位依环境经济收益（或成果）与资源消耗的总投入的单位所采用的是价值形式还是实物形式而定，可以是价值/价值（如元/元、元/百元等），或价值/实物单位（如元/亩、元/hm^2、元/t、元/工日等）或实物单位/价值（如t/百元、kg/元等），也可以是实物单位/实物单位（如t/hm^2 等）。

(2) 差额表示法计算公式为

$$\text{环境经济效益}=\text{环境经济收益(或成果)}-\text{资源消耗的总收入量} \quad (5-2)$$

其中各量的量纲必须为价值量的一次方，价值量如元、万元等。

环境经济效益的种类有许多。实际工作中，应当根据不同的环境管理方案所采用的不同指标或指标体系去选择和计算环境经济效益。

2. 风电场环境经济效益的指标体系

环境经济效益包括成果系列指标、管理方案或项目的消耗系列指标及环境经济效益指标系列。

(1) 成果系列指标，包括生态成果类指标、经济成果类指标以及社会成果类指标，每类指标均有若干个指标组成，到底有哪些指标，则依据具体方案予以确定。

(2) 管理方案或项目的消耗系列指标，包括劳动消耗类指标和物化劳动消耗指标。前者如人时、工资/(人·日)、人·日/亩等；后者如土地占用费（元/亩)、能量消耗量等。

(3) 环境经济效益指标系列，这个指标系列反映了环境管理实践活动所取得的实际成果与所消耗人力、物力、财力资源总量之比。环境工程投资效益率、环境费用效益率、工资效益率、社会效益率、项目工程的劳动生产率和劳动消耗率、项目工程工资的物资生产率和占用率、项目工程的资金收益率及项目工程利润率，它们的具体定义公式不一一列出，这里仅举其中几个为例说明，其余与此相似。

$$\text{环境工程投资效益率}=\frac{\text{环境经济收益价值(或成果)}}{\text{项目总投资(万元)}}\times 100\% \quad (5-3)$$

$$\text{社会效益率}=\frac{\text{项目给社会带来的全部效益(直接效益与间接效益之和)}}{\text{项目投资总额(万元)}} \quad (5-4)$$

$$\text{项目工程利润率}=\frac{\text{工程项目总收入}-\text{工程项目总费用}}{\text{工程项目总收入}}\times 100\% \quad (5-5)$$

直接效益包括：因劳动生产率提高，产品产量（含综合利用产品产量）的增加使收益单位实际利润增加；因环保设施运行而使直接环保费用的减少，这里所称的环保费用包括污染补偿费及罚款、预防与治理污染费、环境管理费等；因环保设施运行使资源、能源消耗或流失减少等所取得的效益。间接收益包括因环境质量改善而使受害单位生产营业状况和产品情况改善所得到的净利润增值；各种资源的恢复所带来的收益、由于污染而支付的防止污染费、医疗保健费的减少及受害单位环保费用的减少等。

5.2.3.4 效益—费用的时间因素

1. 现值的计算

在 5.2.3.2 中已对贴现率的概念作了初步介绍。考虑了一定贴现率的未来的费用或效益称为费用或效益的现值。贴现的目的之一是把不同时间（年）的费用或效益通

过贴现这部机器转化为同一年的现值，使整个时期的费用或效益具有可比性。有关的计算公式为

$$PVC(\text{总费用的现值}) = \sum_{t=0}^{n} \frac{C_t(\text{第 } t \text{ 年的费用})}{(1+r)^t} \tag{5-6}$$

$$PVB(\text{总效益的现值}) = \sum_{t=0}^{n} \frac{B_t(\text{第 } t \text{ 年的效益})}{(1+r)^t} \tag{5-7}$$

式中　r——贴现率；

t——时间变量，通常以年为单位，$t=0$，1，2，…；

n——服务年限。

贴现率 r 的高低对于投资有较大影响，高了不利于长远的投资，而低了有利于较长远的投资。影响贴现率的因素较多，通常取银行利息为贴现率。

2. 效益—费用的时间变化

工程项目的效益与费用可分为以下三个阶段：

(1) 计划与设计阶段，包括可行性研究和环境影响评价，需要不断地投入费用。

(2) 施工、安装和试车阶段，费用在逐渐增多达到最大值后开始下降。

(3) 运行使用或生产阶段，本阶段可分为三个小阶段：①开始：收到的效益低于运行费用；②中期：效益逐渐增多并超过费用。取得净效益，此段时间延续较长；③末期：效益减少，费用增大，净效益逐步下降，最后为零。

有鉴于此，计算不同时间点对应的总费用和总效益，并把它们折算成现值后，计算其总净效益，时间段的选取应当从实际论证阶段到净效益为零所对应的时间段，也即为其经济寿命周期。需要指出的是，贴现率的选取应当适中，过高的贴现率，常常容易使人们忽略环境远期影响不确定性和风险，尤其是许多风险因素间的协同作用以及可能产生的混沌现象，还限于目前科技水平，许多因素间的相互关系仍未明了的情况下更需要注意。高贴现率会促使人们盲目追求能快速产生效益的发展项目和方案，从而给生态环境系统带来不可逆转的危害。尽管选择过低的贴现率会对项目方案的长远危害有所兼顾，但是会导致高的投资率，从而给环境造成更大的危害。

5.2.3.5　风电场效益—费用分析结果的评定标准

对项目方案应用效益—费用分析法论证其优劣的评判方法常有下述三种。

1. 净现值法

在一定时间段内，按总净效益的现值大小排序，确定其优势。总净效益现值应当大于或等于零。总净效益现值为负的方案是不合理、不可行的方案；反之则是可行的、合理的。不同方案的比较中，以总净效益现值最大者为优。

2. 偿还期法

$$\text{偿还期(年)} = \frac{\text{生产的总费用投资}}{\text{生产后的年净效益}} \tag{5-8}$$

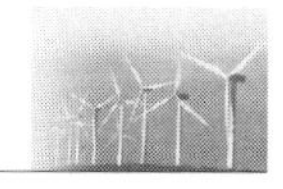

本法以项目投产后全部回收该项目方案所用投资费用（包括运转费用及折旧费用，现值为零）的年限（即偿还期）。其优点是本法估算简便，切实可行；缺点是精度较差，属于静态分析，而且市场变化影响对偿还期较大。

3. 效益—费用比值法

经济效果为

$$E=\frac{\text{方案的总效益}}{\text{方案的总费用}} \tag{5-9}$$

$E \geqslant 1$ 的方案是合理的，可取的；$E<1$ 的方案是不可取的。

5.2.3.6　风电场环境效益—费用分析的一般程序

风电场环境效益—费用分析的一般程序参考图 5-1 所示。

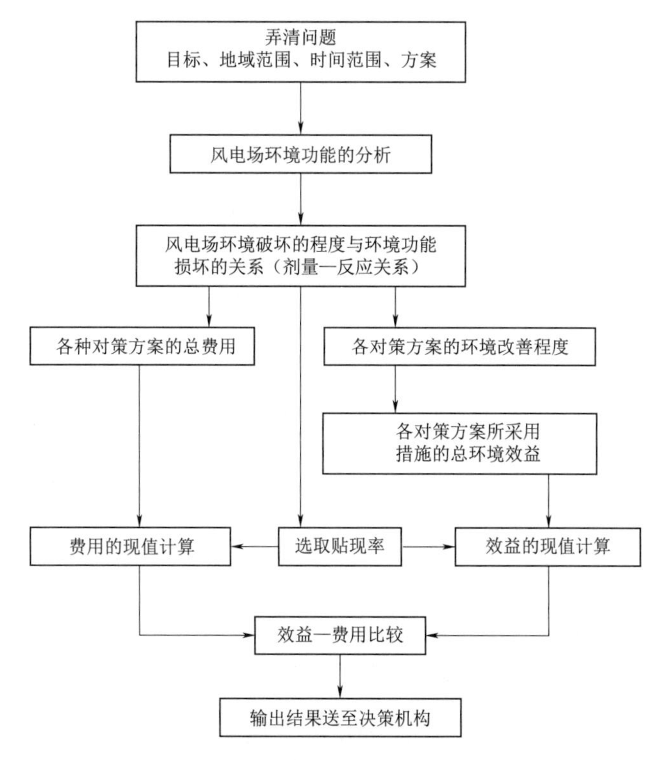

图 5-1　风电场环境效益—费用分析的一般程序

5.3　风电场建设环境统计信息管理与决策

5.3.1　风电场建设环境统计内容与指标

5.3.1.1　环境统计的目标

环境统计是由于环境保护管理工作的需要而产生的，其研究对象是大量环境现象的数量及其变化情况，也即环境现象的具体数字表现通过对环境现象的调查研究及统计，透过现象去认识环境发展变化的规律、原因及其对社会经济发展和人群健康、生态系统和资源保护的影响，以便及时采取有效对策，协调社会经济活动与环境保护的关系。

风电场建设的环境统计是风电场建设环境管理的一个重要环节，其基本的任务是准确、及时、全面、系统地收集、整理和分析在风电场建设过程中项目环境的数据资料，提供企业的或区域的乃至全国性的项目环境状况和环境保护现状，从而为建设环境的预测和决策分析制订环境综合整治计划、加强环境科学研究和环境管理提供依据；为完善环境保护的方针政策、法律、法规体系和标准体系提供依据；为环境计划执行情况、污染环境排放和资源利用情况进行调查、监督和考核提出了依据；为国家或地方的社会经济发展规划提供依据；也为企业开展环境经济效益分析，加强生产经营管理，推行清洁生产，实施 ISO 14000 环境管理标准，合理利用资源、能源，提高其社会经济和环境效益提供统计信息；为全面总结企业或区域环境保护的经验，认识其发展规律，积累系统资料，从而为实现可持续发展战略提供依据。

风电场建设环境统计数字的真实性与准确性是整个环境统计工作的生命，环境统计工作必须严格执行国家发布的《中华人民共和国统计法》及《环境统计管理办法》（国家环保总局令第 37 号）和国家规定的环境统计报表制度，认真理解由国务院环境保护行政主管部门依法制定的有关环境统计调查的指标涵义、计算方法、分类目录、调查表式和统计编码及其他方面的国家环境统计标准。坚持实事求是，准确、全面、及时地报送统计资料和统计报表。为了达到环境统计的这一要求，就必须做好环境统计的组织建设和业务培训，稳定统计人员队伍，提高统计人员的政治业务素质和职业道德水平，建立健全环境指标体系、原始数据记录及其管理和各项统计工作制度。

5.3.1.2　环境统计的内容

风电场建设环境统计的内容包括环境统计工作、环境统计资料和环境统计学。由于环境问题本质是社会经济问题，因此环境统计属于社会统计范畴。它的研究对象是环境，而它的内容则涉及人类赖以生存、进行社会活动的所有条件。

风电场建设环境统计工作是根据国家和地方政府有关的法律法规对建设项目环境污染源、对项目环境造成污染、危害及其防治等环境现象的信息数据进行收集、整理和分析工作过程的总称。环境统计资料是环境统计工作活动所取得的各项数字资料及相关资料的总称。环境统计学是数学统计学的一个分支，是环境统计实践经验按照有关统计原理进行理论概括而得到的用于指导环境统计工作的基本理论和方法。

联合国统计司在 1977 年提出的环境统计范围包括土地、自然资源、能源、人类居住区和环境污染 5 个方面。根据现阶段我国的实际情况以及风电场建设的特定情

境，环境统计工作涉及的范围大致有：

(1) 项目建设土地环境资源统计，包括土地与耕地实有数量、土地的构成，以及土地利用程度、年利用量和保护情况。

(2) 项目规划区自然资源统计，包括森林、草原、矿产资源（数量与种类）、自然保护区、生物种群与现有量，水资源及湿地数量、文物古迹、风景游览区现有量、利用程度和保护情况。

(3) 项目周边能源环境统计，包括各类能源开发利用情况。

(4) 项目周边人类居住区环境的统计，包括人类健康状况、营养状况、劳动与居住条件、娱乐和文化条件、绿地、淡水资源占有量及公共设施状况、城市气化率等状况。

(5) 项目环境污染及其防治统计，包括大气水域、土壤等环境污染状况及污染源种类数量及其排放量和治理、物理因素危害状况。例如，在风电场建设施工期间对水环境影响，包括对项目周边的主要水系、大型淡水湖泊、大型水库、地下水等排放的废水和主要污染物的量。大气环境指施工作业对空气排放的机械尾气化学产物与沙土微粒等主要污染物排放量；施工作业器械所造成的环境噪声污染、辐射环境和工业固体废物种类数量、城市垃圾，以及它们防治情况。

(6) 环境保护事业发展情况统计，包括环境保护机构自身建设状况，例如人员素质专业人员构成（学历、职称、年龄等）的情况、环境监测技术与装备；环境保护方针政策、计划的执行情况，环境管理情况，环境保护科学研究和新防治技术设备的开发、推广；清洁生产推行情况，ISO 14000 系列标准应用情况，环境事故与环境纠纷。

在一定时期，风电场建设过程的环境统计是按照统一规定的表格形式、统一的指标、统一报送程序、报送频率和报送时间，自下而上地报送的。2006 年国家环境保护总局发布的《环境统计管理办法》对上述程序等都做了明确的要求。由国家环境保护总局制定，并由国家统计局批准的企事业单位环境保护统计报表，反映了国家对企业单位的环境统计的部分要求。地方主管部门或企业也可以自己制定必要的报表，但须经上级主管部门审核批准。企业编制环境统计报表时，应当尽可能与 ISO 14000 环境管理体系的有关要求相结合，为今后实施这一系列标准做好准备。

为了保障原始数据的准确性、全面性和系统性以提高环境统计工作的质量，应当遵循以下原则：

(1) 少而精原则。抓住风电场建设环境统计中的关键问题（如土地资源、水环境、噪声污染），选择尽可能少但是又能反映整体情况的代表性原始数据记录的种类。

(2) 原始数据记录的表格应简单明了，项目含义确切，以利于统计人员掌握与填报。

(3) 原始数据记录的内容应当科学地反映环境状况。

（4）原始数据记录的内容要便于核算，保持报表与上级的统计报表要求基本一致，并保持相对的稳定性。

（5）原始数据要及时、完整，要实事求是地填报，并应当便于辨认，不得随意涂改。

5.3.1.3　环境统计的指标体系

风电场建设环境统计指标是指建设施工过程中的环境现象抽象为概念，并利用定义的描述语言，对环境统计内容的总体数量和质量进行正确描述的特征值。通常，环境统计指标包含：

（1）指标名称，常常规定了指标内容或所属范围。

（2）指标数值，常常反映了描述现象的状况及其变化。

环境统计指标按其作用可以分为数量指标和质量指标。根据我国现阶段环境问题和统计，这里介绍统计分析要着重分析的统计指标。

1. 生态指标体系

这一指标体系包括：

（1）形态结构指标，例如项目地点生态群落结构指标、各类土地面积指标（森林、草原、自然保护区、农田、城镇居住地、湿地、植被覆盖面积等）。

（2）能源结构指标，例如以标准煤折算的项目地区能耗以及各类能源比。

（3）区域物质结构指标，包括项目用地水分结构和营养结构指标。前者如降水量、工农业用水量、居民生活用水量及排水量等；后者如土壤氮、磷、钾及微量元素结构，农肥（包括化肥）、农药用量等。

（4）生态功能指标，包括能量利用率及利用效率，物质利用率及生态效益指标（例如山地风电场项目区原本的水源涵养量、森林净化力、水土保持量、水土流失治理面积等）。

2. 环境质量指标体系

这一指标体系包括：

（1）大气质量指标类，包括物理指标（如年平均气温年均温升、逆温高度、逆温天数、能见度），化学指标（如一氧化碳、二氧化碳、氮氧化物、臭氧、碳氢化合物、酸雨次数及雨量、酸雨 pH 值、颗粒物）。

（2）水质指标体系，包括地表水、地下水及海域在内，具体指标有 pH 值、水温、透明度、色度、悬浮物含量、各类有毒重金属离子的含量、BOD、COD、氰氧化物、酚、砷化物、氮磷含量、DDT、六氯环己烷（别名“六六六”）及其他有害农药含量。

（3）土壤质量指标，包括土壤 pH 值、建设施工残留有毒重金属元素的含量。

（4）环境噪声指标及辐射指标。

（5）污染物治理指标，包括项目地污染防治耗损指标（人、财、物方面）、项目地产污量指标、环境保护投资指标及环境经济效益指标。

3. 工业和第三产业“三废”排放情况或污染物排放水平及其影响的指标

这一指标体系主要有：

（1）区域污染负荷，指区域在风电场建设期内某种污染物排放总量与该区域面积之比，反映了区域污染负荷的平均水平、污染的程度和环境管理水平。

（2）污染物排放消减率或递增率，反映了污染的控制水平。

（3）物料耗用指数，反映了企业生产经营管理水平和潜在污染能力。

4. 环境污染防治水平和效益的指标

这一指标体系主要有：

（1）“三同时”执行率，“三同时”是指建设和环境管理同时设计、同时施工、同时投入使用。“三同时”执行率是指报告期内已严格执行“三同时”制度所规定的新建、扩建或改建基本建设项目和技术改造项目数占应执行“三同时”规定的项目总数的百分比，它反映了新污染源的控制水平。

（2）污染治理项目的竣工率，反映了报告期内治理计划的完成情况。

（3）综合利用率，指综合利用的废物量占排放废物总量的百分比，它反映了污染物回收利用水平以及环保科学技术的发展状况。

（4）处理率，指已处理的废物量（含噪声）占排放总量的百分比，废水、废气、固体废物、噪声分别计算。

（5）达标率，指达到排放（或控制）标准的废物（或噪声、辐射）量占排放废物（或噪声、辐射）量的百分比。

除上述所罗列的指标外，还有分析研究排放费征收使用情况以及重大环境事故次数、环保补助资金使用率、环保仪器购置费占用率等指标。

5.3.2 风电场建设环境统计信息传输与分析

5.3.2.1 环境统计信息的收集与传输

风电场建设环境统计信息的收集与传输包括收集环境信息和其他信息，信息的存储，信息的加工和处理，信息的输出等内容，这些过程与国家法律法规、国家或项目开发区域社会经济发展规划和环境决策与实施的关系如图 5-2 所示。

（1）输入信息，指所研究的项目建设区域的环境质量的变化，生态系统的反应，当地资源开发利用情况，地区的人口，社会经济发展规划，国家法律法规，国家或地区环保部门的指令以及环境科技开发成果和公众意见等其他有关信息。

（2）信息储存，指对项目建设期间的一系列环保决策、科技开发、环境管理等有重要意义的信息需保留起来，以备应用。

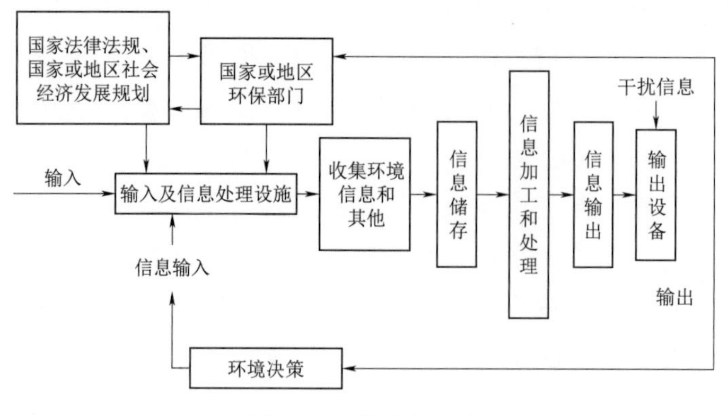

图5-2　关系流程图

（3）信息加工和处理，指对由施工现场直接取得的一次信息或数据进行简单整理汇总等加工，得到统计信息或二次信息，再进一步分析加工并进行概括综合，以得出规律性的认识以便决策参考，或管理措施对环境质量控制方案的过程。

（4）信息输出，指信息加工的结果（例如该区域环境政策、针对该风电场制定的环境规划方案、环境管理方案、环境工程和技术方案、环境经济分析等）向有关部门输出。

（5）环境决策与实施，指决策机关根据各种信息进行统计分析、综合后对某一环境问题进行决策并付诸实施。

5.3.2.2　环境统计分析

环境统计分析是整个统计工作的重要组成部分，在大量统计数字和资料的基础上作出科学评价，找出其中变化规律，为找出问题和提供对策创造条件。

1. 环境统计分析的主要原则

（1）用全面发展的观点去认识问题，注意质与量的辩证统一。

（2）深入群众，深入实际，具体问题具体分析，坚持实事求是。

（3）充分注意环境科学中多层次、多因素、多学科综合的特点，选用科学准确和有效的分析方法和先进工具的使用。

2. 环境统计分析的主要内容

（1）分析各种项目环境状况的数据和资料，揭示影响项目环境或建设生产的主要问题，为制定综合防治污染规划和国家宏观调控提供决策依据。

（2）分析各种污染物排放情况以及对周边的不良影响，便于项目的施工方式进行调整，推行绿色施工，为资源、能源的综合利用提供科学依据。

（3）为综合分析各种防治费用与社会效益、经济效益和环境效益之间的相互关系，寻求环境污染的综合防治方法提供依据。

（4）分析项目建设带来的影响并为预测未来运行期间环境变化趋势提供依据。

（5）根据统计分析结果，为主管部门改善环境质量提供建议与对策。

（6）为实行统计监督提供依据。

（7）为完善环境法律体系提供依据。

3. 环境统计分析的主要方法

与一般统计分析方法一样，风电场建设环境统计分析常常采用比较法、指数法、分组法及平衡法。这里仅就比较法和指数法作简要说明。

（1）比较法。这里指企业与企业、行业与行业、区域与区域之间的比较，也指企业自身、行业自身或区域自身作时间序列的比较。例如，与本企业或是其他企业情况相近的已投产风电场建设期的环境管理做参考比较，还指计划与实际的比较。运用本法时必须注意：

1）指标的可比性（如内容、口径、计算方法、量纲单位的可比性等）。

2）比较时，既要看绝对数值又要看相对数值，并注意变化的趋势。

（2）指数法。指数是说明社会、经济与环境现象和数量变动程度的相对数。其作用有：

1）用来说明不能相加或直接比较的复杂的经济总体、环境总体的总变动或平均变动。

2）用来说明在社会、经济环境现象总变动与平均变动中，各个因素影响作用的大小。

5.3.3 风电场建设环境管理决策程序与方法

环境管理实践活动中，环境管理决策是中心环节，也是进行有效的环境管理工作的重要前提。科学的正确的环境管理决策，是提高社会、经济和环境三种效益的根本保证。

5.3.3.1 风电场建设环境管理决策原则

在风电场建设环境管理决策，要求企业在项目的开发、利用、生产等实践活动中，按照一定的环境管理目标，运用科学理论和方法，做出实现环境管理目标的多个决策方案或指令，并从中选出最优决策方案或指令的过程。正确的决策需要有科学决策原则作指导。

1. 科学性原则

科学是运用系统的方法处理问题，从而发现事实变化的真相，并且进而探求其原理原则的学问。科学具有客观性、验证性和系统性特征。所谓科学的环境管理决策，必然满足上述有关科学含义和科学特征。决策方案的制定者以及决策者应当具有较高的科学技术知识、丰富的实践经验、良好的科学素养和心理素质，以科学的理论为指导，采用科学的决策方法和决策程序进行决策。

2. 信息准全原则

信息的准确、可靠与全面是正确决策的必要条件，因此环境管理决策必须在掌握风电场建设区域全面而可靠准确的环境统计信息的基础上进行，环境信息资料收集得越充分完整，其质量越高，越真实可靠，则决策的科学化程度也就越高，决策者的风险也就越小。当然，所谓的准与全是相对的。在建设施工中个别事件发生的信息，尽管可以收集得很全和很准，但并不能使风险变小。

3. 预测原则

环境管理决策的目标既不是对过去决策，也不是针对现在进行决策，而是针对未来环境保护问题进行决策。因此，要做好环境管理工作，就必须应用科学的预测方法，对风电场施工的不同阶段可能造成的环境方面的污染的类别、程度作出合乎逻辑推测和预言，为科学的环境管理决策提供未来的数据和走势，从而为正确决策提供科学的依据。

4. 优化原则

人类环境系统是一个系统，由许多互相联系又互相制约的子系统组成，其本身又是社会经济环境系统的子系统，因而受到社会系统与经济系统的影响。就环境系统本身而言，环境管理决策从系统的整体出发，使系统内部各子系统处于最佳的运行状态，实行整体最优化目标，当兼顾社会经济环境大系统时，有多种目标，此时应当进行多目标优化，寻找其非劣解。

5. 可行性原则

环境管理决策必须进行可行性分析，以便使决策得以顺利实施。可行性分析包括我国的国情特点和科学技术与生产发展水平，当前和整个建设施工期内人力、物力和财力等具体条件。

6. 可操作性原则

被确定的决策方案应当细化，并制定有分期、分批实施的子目标和子方案，注意子目标与子方案间相互关系，便于实施操作。可根据出现的新情况、新问题及新的条件及时修订决策方案，减少不利因素的影响，充分利用有利条件来完成决策目标。

7. 对比优选原则

只有单一备选方案的决策不能称为决策，至少是不能称为科学决策。为了减少失误，应当有两个以上的备选方案，以便比较选优，这对于环境管理预测是至关重要的。

8. 留有余地的原则

环境管理决策方案的制定过程中，必须为环境管理决策目标和实施所需要的人力、财力、物力和时间留有充分的余地。不留余地的方案不是一个好的备选方案。留有余地的原因在于建设施工环境问题错综复杂，在建设期内也将受社会经济政治等因素影响。对于风电场建设所造成环境问题的原因以及环境破坏带来的后果和各种因素间协同作用、制约作用、传递作用等不十分明确，有待于更加科学的发展和长期的实践考察，可采用此原则使决策降低风险。

9. 民主原则

环境管理决策方案制定和决策时，必须实行民主原则，在充分发挥民主集思广益的基础上才能进行科学决策。民主原则体现在两个方面：①建设集团内部要充分发扬民主，防止极端偏移现象的发生；②建设集团需要体现公众参与思想，要与社会的利益相关民众进行交流。

10. 集团决策原则

由于环境问题的复杂性，许多问题的决策已不再是决策者个人或极少数人所能胜任正确的决策，必须广泛吸收众学科的专家参与，并吸取集体的智慧结晶。

5.3.3.2 风电场建设环境管理的程序

科学决策是一个动态过程，其决策程序不可能是一成不变的，环境管理决策也不例外。一个决策程序包含有若干步骤，大致有问题的提出、确定目标、选择价值准则、收集信息并进行处理、拟定可行的决策方案、分析评价方法选择、分析评价、决策（即方案选择)、实验证实、计划实施等。

1. 提出问题

发现问题、提出问题是至关重要的，发现问题实际上是发现矛盾。任何决策工作都是从发现矛盾提出问题开始的。可以通过对风电场建设环境的统计分析、历史与现状的比较来发现问题提出问题。

2. 确立环境目标

这是环境管理决策的中心环节。只有确立了目标，才能有目的地进行一系列的环境管理决策，才能为最终衡量决策的科学性和合理性提供检验标准。目标错了必然会导致决策的错误。目标指在特定的项目环境和条件下，在对建设施工期间预测的基础上所希望追求达到的结果。环境目标有三个特点：可以用标准或指标计量其成果，可以规定其实现、达到预期效果的时间，可以确定责任者。要解决所提出的环境问题，其目标往往有多个，并形成目标集，或者说是目标体系，例如经济目标、环境质量目标、资源目标、生态目标等。这些目标之间有主次之分，有总目标与子目标之分，只有通过运用调查研究和科学预测的方法收集数据资料，采用恰当的方法进行细致分析和论证，才能确定主要目标与次要目标、总目标与子目标，才能确立达到的程度和完成的时间程序。

3. 选择价值准则

解决好对各种方案价值的估计是决策活动的一个重要步骤。选用不同的价值准则，其结果是不同的。例如有些风电场要求首先关注生态保持，而有些则要求优先控制噪声影响。在特定的价值准则下，可以选择一个代价最小的方案。价值准则通常有三项内容：①把目标分解为若干确定的指标；②规定这些指标的主次、缓急以及相互间发生矛盾时的取舍原则；③指明实现这些指标的约束条件。

4. 信息收集与处理

环境信息量的大小和可靠程度高低直接影响决策的质量甚至成败。在进行决策之前，决策部门的与信息收集与处理有关的人员，应当进行大量调查，吸收包括数据收集、咨询专家、模拟实验、实地考察等与决策问题相关的一切信息资料，包括定性的和定量的资料在内，也包括历史的、现今的和运用科学方法预测的信息资料，并运用科学的、恰当的方法予以归纳处理。经过处理后的信息才是决策者能直接用的信息。

5. 拟定可行的决策方案

根据收集和处理信息构成的决策信息结果以及项目筹建的内部和外部条件（例如物理的、时间的、资源的、资金的或制度等限制条件），进行可行性分析，并由有关决策单位或人员拟定出的两种以上的可行的决策方案。拟定决策方案时，应当尽可能从全局出发去满足各有关方面的要求，尽可能地协调各环境管理目标间的要求。

6. 选择适当的决策分析方法

根据所要解决环境问题的性质和其环境目标所属的类型。根据有关决策的理论，选择经有关各方均能认可的决策分析方法。

7. 分析与决策方案选择

在前述几个步骤的基础上运用有关的决策技术，对所拟定的所有决策方案进行决策分析，定量与定性相结合，综合考虑各个方案的优劣，权衡各相关方的利益，协调各种目标，最后选定适宜的有利方案。所需要的理论大致包括决策技术、效益—费用分析等经济理论以及可靠性分析技术。

8. 实验验证

当方案确定之后，为了防止出现偏差，必须进行实验验证。例如选择风电场中典型区域，进行试点实验。通过实验验证其方案运行的可靠性，如果实验成功，即可进入方案实施阶段，否则，应当通过实验反馈信息，检查并修订方案。问题严重时，应重新拟订方案。

9. 计划实施

这一步骤是决策程序的最后一步。在实验验证的基础上，选定的环境管理决策方案进入到实际运行状态。为了切实解决所需解决的环境问题，达到预期的环境目标，减少方案或实际情况变化间的差异造成的损失，方案必须用一定时间进行试运行，由运行结果去修订方案，再进入运行阶段，注意应随时跟踪，以保持环境管理系统持续有效运行。

5.3.3.3　风电场建设环境管理决策的方法

正如5.1.3.3所介绍，常用的环境管理决策方法有决策树法、决策矩阵法、单目标及多目标数学规划法等。决策树法与决策矩阵法多用于管理目标量纲一致的决策分析。单目标数学规划常用于确定型决策，多目标数学规划方法则运用于非确定型决

策。本节中，主要介绍决策树法。

1．决策树概念

由于决策过程常常可以表示一个一个带有“树枝”的树状的图形，因而这种对决策局面的图解为决策树。决策树可以使决策问题形象化。当决策对象可以按因果关系、复杂程度和从属关系分成若干等级时，可以采用决策树进行决策。

2．决策树法决策的原理

把决策对象作为一个总系统，这个系统又可分解成各级子系统，总系统起决策必须满足一个总目标，各级子系统的决策必须达到相应级次的规定的子目标。如果每一级子系统都能达到规定的目标，那么总系统也能达到既定的总目标。利用决策树进行决策的优点是可以使决策问题直观、明了，能够清晰地表明总目标与子目标的关系，清楚地反映决策对象的复杂程度和因果关系。它把各备选方案在不同自然状态下的各个子系统的损益值及其发生概率简明地绘制在同一张图上，通过对各个子系统、总系统的期望值的比较，最后找出最优方案，整个分析决策过程一般不需要高深的数学知识。

3．决策树图的结构和绘制

决策树构造示意图如图 5－3 所示。图 5－3 中 1 称为决策点，此点引出的分枝称为方案分枝，表示各个不同的供决策用的备选方案，分枝末端有一状态结点 i（比如 $i=2，3，4$，即如图 5－3 中的 2、3 及 4），也称为自然状态点，由此引出的分枝称为概率分枝。每一概率分枝代表不同的自然状态，概率分枝上方标出每种自然状态发生概率的大小，由此可以计算出环境效益，层层展开。“△”是决策树的终点，终点的数值表示自然状态下的损益值。

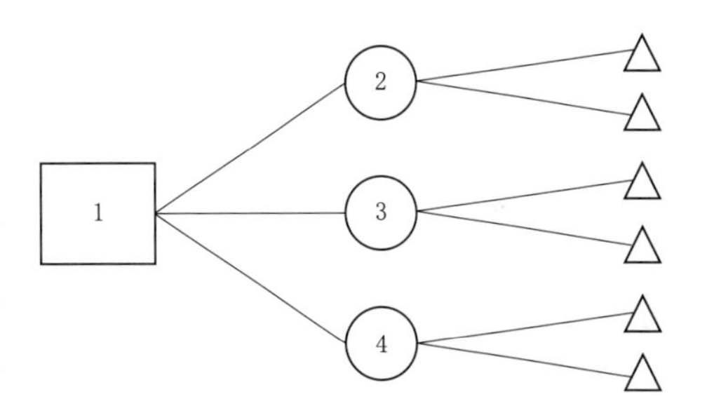

图 5－3　决策树构造示意图

用决策树进行决策时，首先由决策点开始，自左向右按照确定的那些备选方案及各种方案如果实行时会产生哪几种自然状态，画出方案分枝，如果遇到多级方案，则应该先确定它有几级，以及各级间的隶属关系与因果关系，逐级展开其方案枝、状态结点和概率枝。

5.4　风电场建设环境规划与对策

5.4.1　风电场建设环境预测

风电场建设环境预测是指运用科学的方法在项目初期对未来行为与状态进行主观

估计，推出哪些行为会对环境造成哪些影响。或者说预测是提前看到未来。统计预测属于预测方法研究范畴，用科学的统计方法对事物的未来进行定量推测。环境预测是统计预测的一种，它是根据所掌握的当地过去与现在的环境方面的信息资料以及相似风电场的情况来推断未来环境质量的可能变化和发展。环境规划所要求的环境预测，能预先推测出经济社会发展达到某一个水平年时的环境状况，以便在时间与空间上作出具体的安排和部署，防止环境状祝恶化，使环境质量保持良好或得到改善。

5.4.1.1 环境预测的依据

有关环境预测并没有单独的法规颁布，但在相关的法规中有表述。《环境统计管理办法》（国家环保总局令第 37 号）中规定了相关预测工作的职责、经费安排、奖励等。

（1）规划区内的环境质量评价是环境预测的基础性工作和依据。

（2）规划区内经济开发和社会发展规划中各水平年的发展目标是环境预测的主要依据。

（3）国家当年的行业指导规划，周边村镇、城市建设发展规划、城镇总体发展战略和发展目标、交通运输，气象预测等有关资料都是环境预测的依据资料。

5.4.1.2 环境预测方法分类

目前，一般认为预测方法有数百种，常用的有 19 种。环境预测是预测的一种，风电场建设的环境预测是环境预测科学在处理环境问题中的具体应用，因而各种环境预测方法大多可用于风电场建设环境预测。环境预测方法的分类方法有许多种，下面对其进行简要介绍。

1. 定性定量分类法

根据预测结果可以分成定性预测和定量预测两类。

（1）定性预测方法以逻辑思维推理为基础，对环境的未来状况做定性的预测，进行直观判断和交叉影响分析。这类预测方法的预测依据是预测者的经验、学识、专业特长、洞察力及敏锐的判断力、综合分析能力以及获取的风电场建设的施工器械、风电机组、人员等信息资料。定性分析特别适用于观察的数据不完备或较少。常用的定性预测法有专家会议法、专家调查法、主观概率法、相互影响分析法等。定性预测法的优点是简便易行、节省费用；缺点是受预测人员专业特长、经验经历、思维方式和决断能力等局限，带有主观性和可塑性。

（2）定量预测方法这类预测方法的理论基础是系统论、控制论、运筹学和统计学。通过建立各类模型并用数学或物理的仿真技术进行预测，这类方法能得出比较准确的预测值，能充分地发挥计算机的储存、更新信息、计算和辅助决策作用。常用的定量预测方法有回归分析法、因果关系分析法、时间序列分析法及弹性系数法。这类

方法一般用于短期或中期预测，长期预测偏差较大。

2. 常用分类法

这种分类法是根据各种预测方法的特点和属性将预测方法分成三类：直观预测类、约束外推预测类和模拟模型预测类。

(1) 直观预测类亦称定性预测。属于这类预测的方法有头脑风暴法、专家调查法、主观概率法、先行指标法和关联树法。

(2) 约束外推预测类这类方法都具有定量预测的特点。属于这类预测的方法有单纯外推法、趋势外推法、指数外推法和概率预测法等。

(3) 模拟模型预测类这类方法都具有定量预测的特点。属于这类预测的方法有回归分析法、最小二乘法、联立方程法、弹性系数法、投入产出法、灰色预测法等。

5.4.1.3 环境规划中常用的预测模型

现如今，计算机科学技术发展迅速，原本复杂的预测都可以通过建立符合规律的模型来辅助计算。下面介绍几种风电场建设环境预测中常用的几个模型。

1. 大气污染预测模型

$$Q_i = K_i W_i (1-\eta_i) \tag{5-10}$$

式中 Q_i——第 i 种污染物的源强，t/a；

K_i——该种污染物的排放系数，%；

W_i——含该污染物的燃料消耗量，t/a；

η_i——净化设备对该污染物的去除率，%。

2. 水环境污染预测模型

我国许多地方水资源短缺，预计当我国人口达16亿人（2030年左右），年人均用水量为1760m^3/(人·年)。预测废水总量及污染物排放总量应遵守《中华人民共和国水法》《中华人民共和国水污染防治法》和国务院印发（2000年11月26日）的《全国生态环境保护纲要》等重要措施也是制定环境规划的重要依据，对我国有着极重要的意义。

在风电场建设施工项目上主要的水资源污染为施工人员生活污水的排放以及其他污染物排放。

(1) 生活污水排放总量预测，用人均排污量测算为

$$Q_s = N_t G_t \times 10^4 \tag{5-11}$$

式中 G_t——预测年人均排放量，由历史资料或实际调查分析得到，t/(人·年)；

Q_s——预测年生活污水排放量，万 t/a；

N_t——预测第 t 年的施工人数。

(2) 污染物排放预测，主要是BOD与COD的排放量预测。

1) BOD排放总量预测模型。生活污染源的BOD排放量预测可由施工场地人数进行预测，通常每人每天随生活污水和粪便等排放的BOD约为36g。

2）COD排放量预测，包括生产与生活污水排放总量两部分。其计算原则与BOD排放总量预测相似。唯生活污水COD排放预测中年人均排放系数［t/(人·年)］不是常数，需要由统计调查分析确定。

3. 固体废物产生量预测

固体废物包括施工场地生产中的废料以及生活上产生的生活垃圾（含粪便）。由于固体废物种类繁多，性质各异，应当用不同的方法估算，以便综合回收利用。

（1）生活垃圾产生量，计算式为

$$V = N_d f_v N_z \times 10^{-7} \tag{5-12}$$

式中　V——生活垃圾总产量，万t/a；

N_d——预测施工天数，d；

f_v——每天的排放系数，一般每人每天生活垃圾为1.2kg，粪便为每人每天1kg，kg/人；

N_z——当天施工场地人数。

（2）固体废物的积存量的估算，可用下式：

$$V_{st} = \alpha V_0 (1 + \gamma_p)^{t - t_0} + V_{s0} \tag{5-13}$$

式中　V_{st}——第t预测年废渣的积存量，万t/a；

V_0——t_0基准年废渣积存量，万t/a；

γ_p——年废渣增长率，%；

α——产渣系数；

V_{s0}——t_0基准年积渣量，万t/a。

5.4.2　风电场建设环境规划

5.4.2.1　环境规划的含义与制定环境规划的原则

1. 环境规划的含义

环境规划是实施可持续发展战略的具体体现，是环境决策在时间、空间上的具体安排，是规划管理者对一定时期内的环境保护目标和措施所作出的具体规定，也是一种带有指令性的环境保护实施方案。环境规划是国民经济和社会发展重要的有机组成部分，是国家有关环境保护方面的法律规范及方针政策的具体体现。环境资源是社会经济发展规划的基础，社会经济发展规划以及生态理论和社会主义经济规律是环境规划制定的主要依据，体现了经济与环境的协调发展。环境规划的核心是环境决策在时空上所作出的具体安排。环境调查统计分析是环境预测的前提，而环境预测则是环境决策的主要依据之一，环境计划是对环境决策所选定的行动方案作出时空上的具体安排。《中华人民共和国环境保护法》要求风电场建设的环境保护规划必须符合国民经济和社会发展计划中的环境规划。

2. 制定环境规划的基本原则

制定风电场建设环境规划的目的的在于保证环境保护作为国民经济和社会发展计划的重要组成部分参与综合平衡，发挥计划的指导和客观调控作用，微化建设环境管理，推动项目建设期间的污染防治，合理开发和利用各种资源。并在建设期间改善和保护当地自然环境，维护自然环境的生态平衡，使人类和大自然和谐相处，达到人类生存与人类和大自然持续发展。为此，应当遵循下列基本原则和政策：

（1）以生态理论和社会主义经济规律为依据正确处理风电场建设活动与环境保护的辩证关系。只有这样才能正确处理好近期与远期、局部与整体、治标与治本的关系，促进生态系统的良性循环。也只有这样才能充分运用社会主义市场经济规律、价值规律等，把经济系统和自然环境系统作为一个整体，进行综合平衡，克服局限性和片面性，才能坚持环境保护与国民经济和社会协调发展，坚持经济建设、城乡建设和环境建设同步规划、同步实施、同步发展，才能制定出切实可行的环境规划。

（2）贯彻执行国家的法规、环境经济政策、技术政策和产业政策，以经济建设为中心，以经济社会发展战略思想为指导的原则。实行社会—经济—科技相结合、人口—资源—环境相结合、建设物质文明与精神文明相结合这三个相结合，作为环境规划制定的指导方针。

（3）环境目标可行性原则。只有对建设期间的环境目标明确，才能与社会经济发展中的社会经济目标综合平衡，才能与城市、区域、流域环境规划相衔接并做好五年环境保护与年度环境保护计划的衔接。

（4）合理开发利用资源的原则。征地进行风电场项目建设，并不意味着拥有项目地的财产权，对项目地的资源应当合理的利用。

（5）综合分析、整体优化原则。

（6）与各项环境管理制度和措施紧密结合，并以各项环境保护制度和措施作为实施环境保护计划的重要手段。

（7）持续改进原则。

5.4.2.2 环境规划的基本内容

一份比较完整的风电场环境规划（计划）大致要有以下基本内容：

（1）环境调查与评价。通过环境调查和环境质量评价，获得风电场建设中涉及的各种环境信息、数据资料，并对环境现状和已取得成果评定、描述（详见本书第3章、第4章相关内容）。

（2）环境预测。在环境调查所取得的数据资料信息基础上，对建设施工可能造成的影响作出预测，这是编制环境规划的先决条件。

（3）环境规划目标。明确在风电场建设施工中所要解决的环境问题和所要达到的指标。目标要适中，不宜过高或过低。要论证目标的可行性和先进性。注意总目标和子目标、子目标之间的相互适应性和协调性。例如，既要积极响应国家“十三五”生态环境保护规划的 12 个约束指标的总目标，也要在遵守地区、企业的控制目标。

（4）环境功能区划分。应当依据规划的风电场建设区域的自然环境特征、经济和社会发展状况与需要，把规划区域划分为不同特征的子区域，提出不同特征区域的环境目标和环境管理对策方案。

（5）环境规划方案的设计。应充分考虑国家或地区有关法律、法规、政策（包括产业政策）、规定、环境问题和环境目标、污染状况和污染物消减量、资金及效益以及有关功能区的功能、技术和经济状况，提出具体污染防治、生态环境保护或其他规划方案。

（6）方案选择。按照有关规定指标项目进行预测。例如，山地风电场的林木开发量、建设期间耗水量、污染物质种类，近海风电场对周围居民和渔民的噪声影响及其危害等，阐明未来区域环境的发展潜力或允许负荷量，据此制定实施规划可供选择的方案，经过对各方案定性与定量地比较分析，选择几个优秀的方案，由负责人按照决策理论进行决策。

（7）实施规划的措施。分解项目及指标要求，指明责任单位或责任者按程序层层下达，编制年度计划包括计划期预算和年度投资预算和技术保证，包括相应的考核、监督办法在内的各项管理制度等。

5.4.2.3　环境规划的基本编制程序

各省（自治区、直辖市）风电场工程规划报告由各省（自治区、直辖市）发展改革委负责组织有关单位编制，应当在规划编制过程中组织进行环境影响评价，编写该规划有关环境影响的篇章或者说明。省级国土资源管理部门负责对风电场规划用地的合理性进行审核，并做好与本地区土地利用总体规划的衔接工作；省级环境保护行政主管部门负责对规划的环境问题进行审核。

在编制程序上要遵循以下要求：

（1）风电场工程建设项目实行环境影响评价制度。风电场建设的环境影响评价由所在地省级环境保护行政主管部门负责审批。凡涉及国家级自然保护区的风电场工程建设项目，省级环境保护行政主管部门在审批前，应征求国家环境保护行政主管部门的意见。

（2）加强环境影响评价工作，认真编制环境影响报告表。风电规划、预可行性研究报告和可行性研究报告都要编制环境影响评价篇章，对风电场建设的环境问题、拟采取措施和效果进行分析和评价。

（3）建设单位在项目申请核准前要取得项目环境影响评价批准文件。项目环境影响评价报告应委托有相应资质的单位编制，并提交“风电场工程建设项目环境影响报告表”。

(4) 项目建设单位申报核准项目时，必须附省级环境保护行政主管部门审批意见；没有审批意见或审批未通过的，不得核准建设项目。风电场工程经核准后，项目建设单位要按照环境影响报告表及其审批意见的要求，加强环境保护设计，落实环境保护措施。按规定程序申请环境保护设施竣工验收，验收合格后，该项目方可正式投入运营。

具体规划内容的编制程序大致有编制环境规划的工作计划；区域环境现状调查与评价；环境预测分析；环境规划目标的确定；环境规划方案的设计；方案的申报与审批和方案的实施，环境规划编制基本程序如图 5-4 所示。

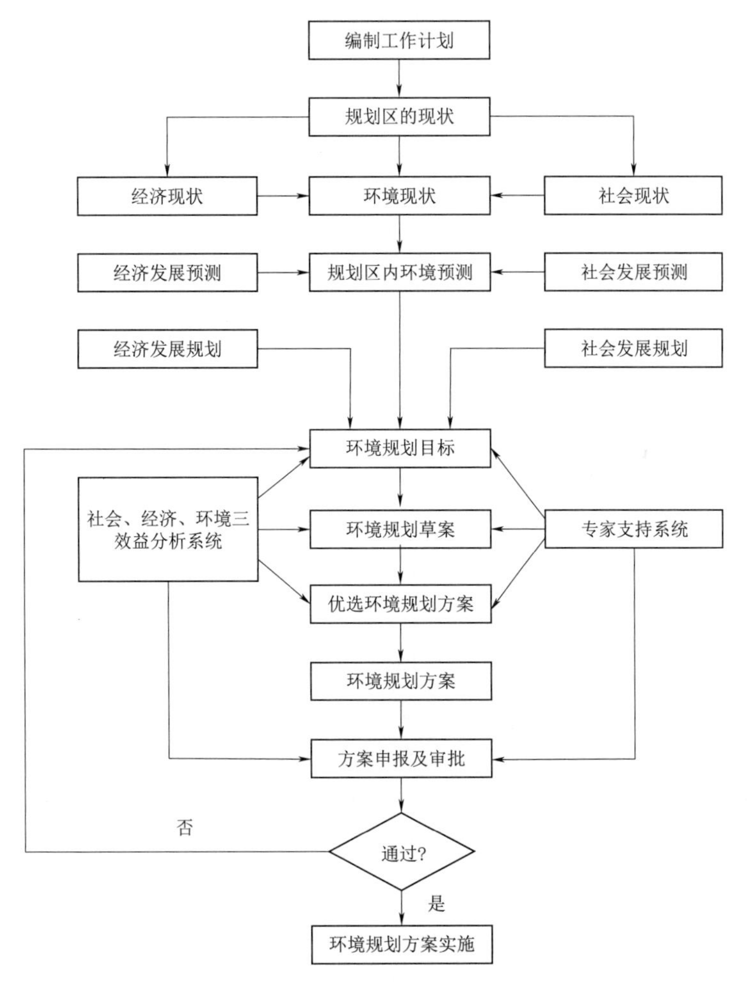

图 5-4　环境规划编制基本程序

(1) 编制风电场建设环境规划的工作计划。在开展规划工作之前，由环境规划部门的有关人员提出规划编写大纲，对整个规划工作进行组织和安排编制各项工作，包括工作内容、要求、完成时间、责任人员。

（2）规划区域的环境现状调查和评价。此项工作的目的是通过对规划区内的环境状况、环境污染和自然生态的调研，找出存在的问题，以便在规划中采取相应对策。环境调查包括环境特征调查、生态调查、污染源调查、环境质量调查、环境工程措施及其效果调查、环境管理现状调查。下面分别介绍如下：

1）环境特征调查，主要包括对自然特征、社会环境特征、经济和社会发展规划等调查。

2）生态调查，主要对环境自净能力、土地开发利用情况、气象条件、绿地覆盖率、人口密度、能耗密度及动植物种类、湿地面积等调查。

3）污染源调查，参照已建成风电场建设期的污染事件。

4）环境质量调查，主要调查对象是当地环保部门及风电场规划初期同风资源一同测量的监测资料。

5）环境工程措施及其效果调查，主要对现役环境工程项目及有关措施的调查，并对工程措施的消污量效果及其综合效益进行分析评价。

6）环境管理现状调查，主要对环境管理机构设置和人员构成、环保工作人素质，环境政策、法规和标准的实施情况，环境监督的实施情况（推行如清洁生产，ISO 14000标准的实施，环境审计）等调查。

（3）环境质量评价。此部分内容在本书的第3章及第4章有详细阐述，内容主要包括污染源的单项评价和综合评价和污染负荷的计算。

（4）环境预测分析。环境预测的基本内容要包括社会和经济发展的预测、污染物产生量、环境容量和资源的预测、环境污染预测、大气污染预测、水资源污染预测、固体废物预测，并对上述预测建立模型进行趋势分析，为环境规划找出未来可能出现的环境问题以及这些问题的时空分布。

（5）确定环境规划指标和目标。环境规划指标指一些能够直接反映环境现象及有关事物，用以共同描述环境规划内容、指标名称和这些指标的数量和质量的特征值。例如：废水排放量、环境噪声等（详见本书5.3）。通常环境规划指标分为指令性规划指标、指导性规划指标和相关性规划指标三类。环境目标是指在一定条件下，决策者对环境质量所要达到的状况或标准。“一定条件”的含义是指规划区域内的自然条件、物质条件、技术条件、经济条件和管理水平等；决策者指各级政府、城市建设部门、区域计划部门、环保部门或依法行使职权的其他单位或个人。环境目标可以分为总目标、单项目标和环境指标3个层次。环境规划总目标是指区域环境质量所要达到的要求和环境状态；单项目标是指依据环境要素环境特征和不同功能区域所确定的环境目标；环境指标是指体现环境目标的指标体系，对于某一单项要求，环境指标即成为环境目标。环境目标是环境规划的灵魂，因此必须审慎从事。确定环境目标应当注意考虑规划区的环境特征、性质和功能；考虑经济、社会和环境三种效益的统一，考虑人

们生存发展的基本要求和生活质量提高带来的新的要求；要有利于环境质量的全面改善；要与经济社会发展目标同步协调，要充分考虑经济与技术的可行性，要留有余地。环境目标可行性分析是环境目标确定中的重要环节，主要有环境规划中的环保投资性分析；依据区域污染负荷消减总量进行的环境目标可行性分析；根据环境管理技术和污染防治技术的提高（例如，大气、水、土壤等污染防治技术），进行环境目标的可行性分析。

(6) 进行环境规划方案的设计。其主要包括拟定环境规划草案、优选环境规划草案和形成环境方案。制定环境规划草案应以满足环境规划目标为目的来制定，从各个侧面和不同角度拟定几套草案，以备择优。拟定的根据是环境预测分析以及区域或部门的财力、物力和管理能力。环境规划工作人员对各种方案权衡利弊，选择出社会、经济和环境综合效益较高的规划方案。形成环境规划方案主要是对选出的规划方案进行修正、补充和调整，从而形成最后的环境规划方案。环境规划方案一般可分为污染综合防治方案以及资源开发和保护规划方案。污染综合防治方案是从区域环境和经济结构出发，以最经济、最有效的手段解决环境污染问题的优化组合方案。在设计这类规划方案时应当充分体现废物排放减量化、废物的资源化和废物的无害化。即尽量减少排污量、综合利用，对可回收的废物应尽可能回收，参与再循环，最终使一时难以回收的废物无害化；全面规划、合理布局，充分利用规划区域的环境自净能力，最大限度地减少人工治理量和处置量；区域内实行人工治理的，应当考虑区域的集中处理工程和分散治理相结合的原则。资源开发和保护规划方案，就是在对规划区域内自然资源调查分析的基础上，研究合理的生态结构，调整作物布局，开发新能源，合理开发利用自然资源，使生态环境逐步转变成良性循环，使自然资源中的可再生资源永续使用，不可再生资源延缓使用期限。最好的环境规划方案是污染综合防治与资源开发和保护相结合的，社会效益、经济效益和环境效益相统一的方案。技术与经济上最优的规划方案，是能在保证环境目标或不超过环境容量的前提下，使人类活动所产生的总效益（环境、社会和经济三种效益）最大的方案，它能够充分地体现人类活动“以最小消耗或代价换取最佳效果”的基本原则。

(7) 环境规划方案的申报与审批。这是环境管理中一项重要的工作制度，是整个环境规划编制过程中的重要环节，也是把规划方案变成实施方案的基本途径。各级环境保护规划（计划）是各级国民经济和社会发展计划的组成部分，编制出的方案仅仅是一个草案，因为尚未得到经法律授权的有关机构的审批。根据我国宪法规定，县级以上国民经济和社会发展计划和计划执行情况的报告，由同级的人民代表大会审查和批准，而计划的编制和执行则由同级的人民政府进行。

例如，我国的国民经济和社会发展计划是由国务院编制和执行的，而计划的审查批准权在全国人民代表大会。《中华人民共和国环境保护法》第 12 条规定：由县级以上人民政府环保行政主管部门会同有关部门对管辖范围内的环境状况进行调查和评价，拟订环保规划，经计划部门综合平衡后，报同级人民政府批准实施。例如天津市的环保规划由天津市环保局会同天津市计划委员会等对管辖范围内的环境状况进行调查和评价，拟订环保规划，由天津市计划委员会综合评定后，报天津市人民政府批准实施。只有获得批准的方案才能进入实施阶段，否则需要经过修订或重新编制后再按程序重新申请报批，直至获得批准，才能进入实施阶段。

5.4.3　风电场建设环境管理对策

风电场建设需要针对环境保护问题制定适当的管理对策，环境保护管理对策措施主要分为施工期和运营期，海上风电场建设还需要考虑船舶的污染控制措施和后期的水生生物恢复与补偿措施。

5.4.3.1　施工期环境保护对策措施

风电场建设施工期间，应该加强施工对环境的影响管理，从施工计划、施工方案、设备等方面综合考虑，提前制定安全有序施工而不破坏环境的方案，管理对策措施主要包括以下几个方面：

（1）合理安排施工进度，注意保护环境敏感目标。减少施工活动的影响程度和范围，如避开鱼类繁殖期、尽量与农业繁忙期错开等。

（2）优化施工方案，严格施工管理。优化风电场施工道路建设，减少对农田、山林、畜牧、养殖的影响；强化施工渣土管理，做到基础开挖和弃土回填同步进行，弃土临时堆放采取遮盖等避免流失的防护措施；对施工设备和人员做到严格管理和控制。

（3）施工污废水控制措施。施工期污废水包括生产废水和生活废水，采用不同的处理方法分别处理，污废水经过处理可以回用，用于施工机械、车辆的冲洗以及绿地浇灌等。

（4）施工固体废物控制措施。开挖土方尽量在风电场建设完成后再回填；生活垃圾需分类收集，纳入当地垃圾收集系统一并处理；不可回收利用的固体废物可委托当地环卫部门清运处置。

（5）施工船舶污染控制措施。对于海上风电场，施工船舶会对附近水域的水质、鱼类产生影响。要严格管理施工作业的船舶，禁止污染物向海域排放。

（6）施工期加强野生动物的观测。风电场建设会给当地的野生动物的生活带来影响，如鸟类、鱼类等，应该在施工现场附件设立爱护鸟类、鱼类和自然植被的宣传牌，严禁捕猎各种野生动物。

5.4.3.2　运营期环境保护对策措施

风电场运营期间的环境保护尤为重要，运营期环境保护管理对策措施主要包括以

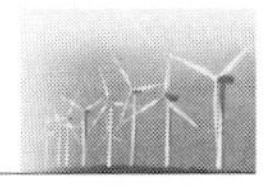

下几个方面：

（1）运行期污废水控制措施。运行期污废水主要来自工作人员的生活污水，生活污水处理工艺同施工期。此外，升压站内可设置事故油池，可将发生故障的变压器的油排入事故油池，经油水分离装置处理后变压器油全部回收，交有资质的专业单位处理，不外排。

（2）电磁影响防治措施。运营期升压站内外的高压设备、电气设备运行时会产生各种传播形式的电磁能量辐射，有可能影响到人体健康。

电力系统使用的频率是工频50Hz，按照电磁波传播的观点，50Hz的电磁波的波长大约是6000km，通常情况下人体长度最大为2m左右，比起波长6000km 50Hz的电磁波来说，电磁波穿过一个人几乎都是同相位的，另外，工频电磁辐射是一种极低频率的电磁场，空间传输能力差。在几十米的范围内，其能量几乎全部衰耗。因此，50Hz的工频电磁波产生的感应磁场对人体是无害的，其对周围的环境影响可以忽略不计。实际上，它对周边的影响主要以电磁感应效应为主，而并非电磁辐射。一般来说，变电站与居民住宅或其他环境敏感目标保持适当距离便不会影响周边环境，具体参考标准为：220kV为20m，110kV为15m。

电磁影响防治措施主要包括：保证设备接地良好；加强对设备及附件的日常维护管理；加强对工作人员进行有关电磁辐射知识的培训；电气设备的距离设置严格按照相关标准执行。

（3）噪声防治。风电机组在布置时，应根据噪声衰减曲线优化机组位置，以最大限度的减小机组噪声的影响范围。升压站应尽量选用低噪声变压器，尽可能将主变布置在所区中央以确保厂界噪声达标。

（4）生活垃圾处理。生活垃圾总量较少，分类收集，纳入当地垃圾收集系统一并处理。

（5）鸟类保护措施。采取措施包括：风电机组叶片呈警示色；架空输电线路呈警示色；在工程周边范围开展鸟类替代生境优化项目；开展长期的鸟类调查和监测项目。

（6）水生生物恢复与补偿措施。海上风电场建设涉及水生生物恢复与补偿问题。目前对海岸带生态恢复和补偿措施的研究，还主要集中在单个的生态因子上，对河口、海岸带生态系统的综合系统的恢复技术仍处在探索研究阶段。目前国内对于海岸带开发，采取的生态恢复及补偿措施主要有：海洋生物人工放流增殖技术、人工鱼礁技术、海岸带湿地的生物恢复技术。

5.4.3.3 风电场建设环境管理与检测计划

制定风电场建设的环境管理与检测计划，力求通过环境监测反映和掌握运营期污染物的排放情况、对周围环境的影响程度；为建设方的环境管理提供科学依据，通过环境管理与检测保证各项环境保护措施的落实，最终达到减缓工程建设对环境的不利影响、保护工程所在地区环境质量的目的。

根据风电场建设与运行的环境影响及污染物排放特征，要制定施工期和运营期的环保竣工验收清单，供环保部门竣工验收时参考。为研究工程施工期和运营期对环境产生的实际影响，需要制定环境监测计划，监测施工期和运营期以上各环境影响指标参数，为风电场建设环境评价提供依据。

第6章　山地风电场建设自然环境影响评价实例

随着近些年国内风力发电的大力发展，越来越多的风电场投入建设，导致风能资源丰富且建设条件佳的地理位置越来越少，不少开发商已经逐步重视起建设条件相对较复杂的山地风电场的开发。山地风电场的开发主要会对植被、野生动物、山体土壤等自然环境产生影响。本章以四川省西南部某山地风电场为例，讨论如何评价风电场建设对山地自然环境的影响。

6.1　风电场工程介绍

本山地风电场位于四川省西南部，属于四川盆地亚热带湿润气候区和川西高原气候区的过渡地带，场址面积约 $24km^2$，风电场场址海拔为 2900.00～3600.00km，属于高原地区，场址由一条南北走向的主山脊和三条东西走向的山脊组成，山脊可连成片，山脊及山丘顶部地势相对较开阔、平坦，风能资源具备工程开发价值，宜于风电机组的布置。场址西北面距城区 39km，东北面距城区 17km，西南面距城区 18km，风电场场址属性见表 6-1。

表6-1　风电场场址属性表

名　称	单　位	数　值
海拔	m	2900.00～3600.00
年平均风速（离地 80m）	m/s	8.39
风功率密度（离地 80m）	W/m^2	421.2
盛行风向	SSW～S	

风电场主要工程包括风电机组、箱式变电站、升压站、集电线路、吊装场、交通设施区、施工生产生活区、弃渣场和表土临时堆放区等。其中风电机组（含箱变）、升压站、集电线路为此项目主体工程，吊装场、交通设施区、施工生产生活区、弃渣场和表土临时堆放区为此项目辅助工程。经过优化，风电场共布置 35 台 2.0MW 的风电机组，随风电机组布置 35 台箱变，每个机组布置一个吊装场。集电线路沿风电机组路线布置，尽量靠近各拟选机位，便于风电机组的引接。

风电场施工期工艺流程如图 6-1 所示，施工期首先进行临时施工生产生活区、施工道路的修建，临时道路采用碎石路面，不进行硬化，对地基进行平整处理；进行

风电机组和箱变的基础开挖，开挖后的土方就近堆放在开挖处附近，混凝土运输车将搅拌站拌好的混凝土运送至风电机组及箱变处，用于基础及底座的浇筑，浇筑完成后将部分土方回填掩埋，剩余土方用运输车清运至弃渣场；土建部分完工后，将铁塔及风电机组部件运输至吊装场地，进行地面组装，然后用塔筒吊车进行机头等设备的安装；最后开挖地埋电缆管沟，埋设电缆及控制电缆，埋设完成后将土方回填掩埋，输送至升压站，最终进入四川电网。

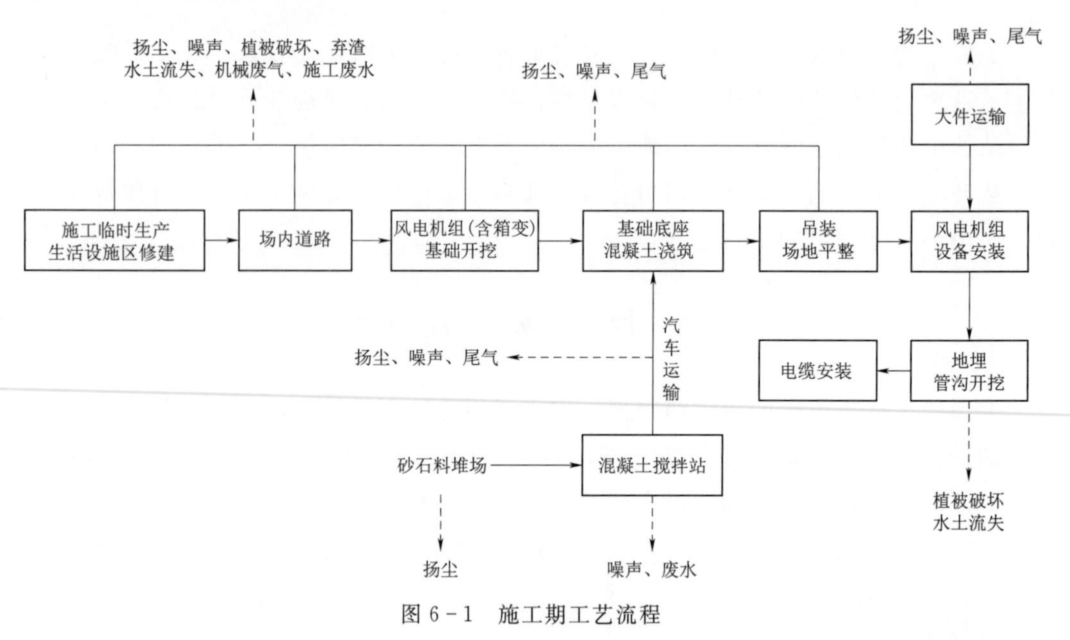

图 6-1　施工期工艺流程

运营期工艺流程如图 6-2 所示，运营期风电机组叶片在风力带动下将风能转变为机械能，在齿轮箱和发电机作用下又将机械能转变为电能，通过升压站及输电设施将电能输送到电网。图 6-1 和图 6-2 还给出了在施工期和运营期给环境可能造成的影响。

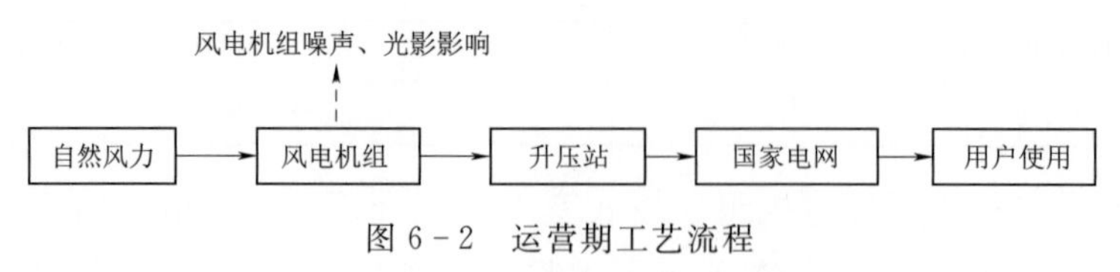

图 6-2　运营期工艺流程

6.2　自然环境影响评价

6.2.1　自然环境现状

项目所在区域位于四川省西南部，地处青藏高原东缘，地貌以山地为主。本地属亚热带季风气候，具有气候温和、雨热同季、雨量充沛、日照充足、立体差异明显等

气候特点。场地地处山脊一带，风电机组主要沿山脊布置，分布高程 2900～3600km。场地地势较为开阔，为典型的中高山剥蚀地貌区域，风电机组主要布置在山顶或山脊一带，场地以荒草地为主，局部为灌木林，局部机位基岩裸露。现场地质调查表明，场地冲沟较发育，切割较深。场地所在县年平均气温 14.7℃，全年最高温度 33.0℃，全年最低温度 5.6℃，年平均降水量 1119.9mm，降水量年内分配不均，5—9 月为雨季，降水量占全年的 86％。项目区植被水平分布属亚热带常绿阔叶林区，植被类型主要以常绿针、阔叶混交林间杂灌木林为主，乔木树种主要为刺槐、麻栎、马桑、三角梅、白三叶、高羊茅等，无珍稀濒危及国家重点保护野生植物分布，区域森林覆盖率为 31.4％，林草覆盖率为 52.8％。区域内无大型兽类出没，仅有野兔、野鼠、山雀等出没，且不涉及鸟类迁徙通道，不存在珍稀保护鸟类，未发现有国家重点保护与珍稀濒危野生动物分布。工程占地总面积 62.82hm^2，包括永久占地 20.47hm^2，临时占地 42.35hm^2，工程区征占地范围内土地利用现状主要为林地 14.74hm^2，草地 48.08hm^2。工程区所在地属金沙江下游国家级水土流失重点治理区，建设区域以轻度水力侵蚀为主。

据项目开工建设前所做的场地区域环境质量现状监测结果显示，项目区环境空气质量良好，满足《环境空气质量标准》(GB 3095—2012) 二级标准；项目区地下水满足《地下水质量标准》(GB 14848—2017) Ⅲ类标准，水质情况良好；共设置 4 个监测点位，噪声昼间监测值为 46.2～48.9dB(A)，夜间噪声监测值为 43.2～47.2dB(A)，其噪声监测值均能达到《声环境质量标准》(GB 3096—2008) 中 2 类功能区标准限值，声环境质量状况良好。

6.2.2 污染物排放概况

1. 施工期污染排放概况

项目施工期主要建设内容为风电机组基础及箱变基础施工、35kV 直埋集电线路施工、场内检修道路施工以及升压站综合楼施工等，施工过程中始终伴随污染物的产生。

施工期排放的废水包括生产废水和生活污水两部分。

施工生产废水主要是由混凝土骨料冲洗废水，混凝土运输车辆、混凝土搅拌机等机械设备冲洗，混凝土养护以及机械修配、汽车保养等过程产生。其中混凝土骨料冲洗废水、混凝土运输车辆冲洗废水和混凝土养护用水量较大。施工期混凝土骨料冲洗废水量约为 5m^3/d，工程车辆每车每天冲洗一次，每次冲洗用水 0.6m^3，以 15 辆工程车计，洗车用水量 9m^3/d；根据项目工程量测算，单个风电机组基础混凝土养护用水量约 4m^3/d，平均一天有 3 个基础养护，则 15 日养护期 35 座基础混凝土养护用水总量为 2100m^3。其他施工生产废水不含有毒物质，考虑在施工临时生产生活设施区地势低洼处修建临时沉淀池收集循环利用，做到施工生产废水不外排。

为满足工程施工期要求，设置1个施工临时生产生活设施区，施工人员生活、办公等地集中布置于施工临时生产生活设施区内。施工高峰期施工人员约200人，生活用水量按每人0.075m^3/d（75L/d）计算，排污系数取0.8，计算出施工生活用水量为15m^3/d，污水产生量为12m^3/d。施工期间不设厨房，施工人员一日三餐考虑由业主单位委托当地餐馆供应，项目不涉及餐饮废水。

施工期大气污染物主要是施工过程产生的扬尘、机械燃油废气、汽车尾气以及柴油废气，具体包括工程土石方开挖、回填、渣场堆渣等产生的扬尘；砂石料堆场及施工临时土石方堆场产生的尘土；建筑材料（白灰、水泥、沙子、石子、砖等）的现场搬运产生的扬尘；施工垃圾的清理及堆放产生的扬尘；运输车辆来往造成的道路扬尘；工程施工机械运行所排放的废气（含CO、HC、NO_x、SO_2等污染物）。工程土石方开挖采用小型反铲挖掘机施工并配合推土机对表层土进行清理，基坑边坡采用人工修整的方式进行，尽量减少地表开挖产生的施工扬尘。由于工程施工规模较小，工期短，施工相对简单，施工开挖、交通运输产生扬尘的时间也较短，在加强施工管理及采取有效治理措施的基础上，项目施工期产生的扬尘对周围环境及人群产生的影响较小。

施工期固体废物主要为施工弃渣及少量的废弃建筑垃圾、电线、包装材料以及施工人员生活垃圾。土石方主要来源于施工检修道路，升压站综合楼施工、风电机组基础及35kV集电线路直埋基础开挖，风电机组临时吊装场地及施工临时生产生活设施区平整产生的弃渣。产生的土石方除部分用于回填及场地周围绿化培土外，剩余的土石方统一清运至弃渣场堆放。该工程土石方开挖83.90万m^3，回填29.01万m^3，弃方54.89万m^3，共布置12个弃渣场，总占地面积约14.20hm^2，能满足弃土要求。其余电线和包装材料等废旧物可考虑出售。

项目施工期噪声来源主要为道路修建、基础土方开挖和回填、基础浇筑、机组设备运输安装等。工程施工作业均安排在昼间，施工过程中产生的施工机械设备运行噪声为75～102dB(A)。

2. 运营期污染排放概况

项目劳动定员15人，在拟建的升压站综合楼中工作和生活。工作人员定期或不定期进入风电场场区进行管理和维护。运营期主要污染为工作人员的生活废水、固体废物以及风电机组产生的噪声。

项目运营工作人员共15人，每人每天用水75L，生活污水产生量以用水量的80％核定。投产后，预计本风电场生活污水排放量为平均每天可达0.9m^3，全年共计产生328m^3生活污水。

项目运营期无工艺废气产生，仅有巡检时汽车带动的扬尘和少量的汽车尾气，对

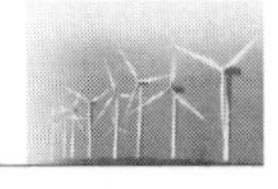

周围环境影响很小。

项目运营期的固体废物主要来源于工作人员的生活垃圾、化粪池污泥和机组润滑油、变压器油等。生活垃圾主要产生于工作和生活过程中，预计每人每天产生 0.5kg，每年产生生活垃圾 2.74t，化粪池污泥每年产生 3.26m³。风力发电机内部润滑油更换会产生一些废油料，变压器定期更换会产生变压器废油料。润滑油废油料和变压器废油料均属于危险废物，在处理和更换时将委托专门的公司进行处理，然后立即运回公司处理，不在风电场内作保管及处理。因此，业主单位应加强运营期间风电场的巡检、维修管理，须严格遵循《危险化学品安全管理条例》（国务院令第 344 号）做好废油料的处理处置工作。

运营期噪声主要来源于风电机组的噪声和场内道路交通噪声。风电机组的噪声主要来源于发电机、齿轮箱和桨叶切割空气产生的噪声，当前风电机组的噪声水平随着工艺水平的提高而有较大的改善。风电机组噪声声源为变速齿轮箱，在机组内部有润滑油系统对变速齿轮箱进行润滑作用，变速齿轮箱外部有密封设施，通过润滑油系统和密封系统，可使变速齿轮箱的噪声降低约 20dB（A），桨叶转动速度慢，切割噪声较小。根据类似风电场的噪声强度，项目风电机组所产生的噪声源强约 104dB（A），且多集中在 12：00—16：00。

6.2.3 施工期自然环境影响评价

1. 环境空气影响分析

项目主体工程施工对环境空气的影响主要是扬尘，即总悬浮颗粒物（TSP）污染，其产生源主要包括运输车辆道路扬尘和施工作业场地扬尘。

运输车辆行驶引起的道路扬尘是影响施工期空气质量的主要因素，占场地扬尘总量的 50%以上。道路扬尘起尘量与运输车辆的车速、载重量、轮胎与地面的接触面积、路面积尘量和相对湿度等因素有关，其影响范围一般在运输道路两侧 200m 范围内。由于施工场地周围无居民、学校等人群聚集区，附近最近的居民聚居区距场区也有 985m 左右。因此，施工期施工车辆引起的道路扬尘不会对当地居民产生影响，但会对施工人员产生一定的影响。因此运输渣土、砂石和垃圾等易撒漏物质必须使用密闭式汽车装载；施工区出口必须设置车辆冲洗设施以及专门人员对车辆进行冲洗和监管，保持密闭式运输装置完好和车容整洁，不得沿途飞扬、撒漏和带泥上路。运输拆迁建筑材料和工程弃渣的车辆在施工现场应限定车速。土石方及水泥、砂等易洒落散装物料在装卸、运输、转运和临时存放等全部过程中时，应采取防风遮盖措施，注意运输时适当压实，填装高度禁止超过车斗防护栏，散装水泥运输采用水泥槽罐车，避免洒落引起二次扬尘。

施工作业场地扬尘主要包括土石方开挖产生的扬尘、开挖的泥土在未进行回填时被晒干后受风力作用形成的风吹扬尘、开挖出来的土石方在装卸过程中造成的尘土飞扬和洒落、砂石料等施工材料在装卸及搬运过程遇风产生的扬尘、渣场堆渣过程中产生的扬尘，以及在施工期间，由于地表裸露，水分蒸发，形成干松颗粒，使地表松散，在风力较大或回填土方时，均会产生扬尘。如果不采取措施，施工作业场地扬尘会对施工人员及周围环境空气带来一定的影响。因此施工现场应采取分区、分片进行施工，施工期间可修建临时围挡设施，围挡设施可用彩钢板，以方便拆卸和安装，必要时采取一定的固定措施，通过对施工场地的围挡，可降低施工区域内的风力，从而降低扬尘量；还要合理确定施工时间，避免大风天气施工。施工区应尽可能远离居民区，距离太近时，工地周围应设置高度不低于 2.0m 的金属板围挡。工程材料堆场应进行覆盖及定期洒水，进入堆场的道路应经常洒水，使路面保持湿润，减少由于汽车经过和风吹引起的道路扬尘。

对于施工期运输车辆等施工设施设备排放的机械废气，由于排放量小，排放源分散，且区域空气质量现状较好，有一定扩散条件，因此可不做处理。

2. 水环境影响分析

项目施工期产生的废水包括生产废水和生活污水。

生产废水包括混凝土养护水、设备冲洗水以及施工机械检修废水等，这部分废水含有一定量的油污和泥沙。根据项目工程量估算，施工期混凝土骨料冲洗废水量为 $5m^3/d$，车辆冲洗水废水量为 $9m^3/d$，每天共计产生生产废水 $14m^3$，预计整个施工期共产生生产废水 $5110m^3/a$。在场地内划定一个专用区域用于车辆冲洗，在其附近低洼处修建一个 $80m^3$ 沉淀池，修建简易排水沟引导废水流入沉淀池，并定期用土工布吸油等办法对浮油进行打捞。施工期机械维修废水进行隔油处理，不得外排。为避免施工废水对当地水环境带来影响，可将沉淀池上层清水用于道路及施工场地的洒水降尘，也可用于绿化工程，尽量做到节约用水、循环用水。施工单位应加强对施工期生产废水和生活污水的管理，做到循环利用，不得外排。根据工程量测算，风电机组基础混凝土养护用水约 $12m^3/d$，15d 养护期 35 座风电机组基础混凝土养护用水总计 $2100m^3$。混凝土养护用水时段主要集中在施工期风电机组和箱变基础施工时段，由于各机组机位布置分散，养护废水大多在各风电机组基础附近局部流动。为避免养护废水对周围环境的影响，在各风电机组基础附近修建简易小型沉淀池以收集废水，收集的废水用以周围植被绿化用水或洒水降尘，施工结束后将这些临时沉淀池进行填埋平整处理。采取上述措施后，施工期生产废水不会对当地地表水及地下水产生影响。

项目施工高峰期施工人员约 200 人，生活污水产生量为 $12m^3/d$，预计将排放 $4380m^3/a$ 生活污水。这些污水中含有 BOD、COD、氨氮、动植物油，大量细菌及病原体等污染物。若这些生活污水不处理直接排放到环境中，会对当地地表水体带来一定危害，因此在施工临时生产生活区内修建一座 $100m^3$ 的旱厕，以接纳生活污水，不

得外排。旱厕将根据实际情况按时清掏，将掏出的粪便用作周围农林肥，严禁随地乱排。经过以上措施后，施工期生活污水不会对环境带来危害。

3. 噪声环境影响分析

项目施工期涉及众多施工机械设备，会产生声级较高的施工噪声。据调查，目前常用的机械主要有挖掘机、推土机、翻斗机、混凝土运输车等。各施工阶段主要噪声源强见表6-2。对主要施工设备满负荷运行时的噪声衰减进行计算，结果表明：施工设备的机械噪声在施工点40m范围内均能满足《建筑施工场界环境噪声排放标准》（GB 12523—2011）的昼间标准限值，夜间在距施工点200m外噪声衰减值才能符合《建筑施工场界环境噪声排放标准》（GB 12523—2011）的要求。

表6-2 施工阶段各主要噪声源强表 单位：dB(A)

设备名称	噪声级	设备名称	噪声级	设备名称	噪声级
挖掘机	76～86	装载机	79～85	混凝土运输车	84～89
推土机	78～96	平地机	76～86	混凝土搅拌机	91～102
翻斗车	84～89	吊车	75～80	汽车式起重机	83～93

施工期声环境影响评价范围为以工程施工建设区为中心，半径200m的区域以及施工道路沿线（包括已建道路）200m范围，重点是周围居民点。项目评价范围内无学校、医院、居民聚集点等环境保护目标。因此，本工程施工期昼间和夜间的施工噪声都不会对居民产生影响。施工期施工噪声主要对现场施工人员产生一定影响，因此施工单位应做好相应的防护工作。

4. 固体废物影响分析

施工期固体废物主要为施工弃渣，少量的废弃建筑垃圾、电线、包装材料以及施工人员生活垃圾。

工程土石方主要来源于道路的修建、升压站综合楼的修建、风电机组基础及35kV集电线路直埋基础开挖、风电机组临时吊装场地及施工临时生产生活设施区平整产生的弃渣。产生的土石方部分用于回填及场地周围绿化培土，剩余的土石方统一清运至弃渣场堆放并对弃渣场进行绿化。本工程土石方开挖83.90万m^3，土石方回填20.42万m^3，表土回填8.59万m^3，弃方54.89万m^3，共布置12个弃渣场，总占地面积约14.20hm^2，能满足弃土要求。施工过程产生的建筑垃圾、电线、包装材料等废料集中收集后外售。

项目施工期为一年，施工期生活垃圾产生总量为36.5t，生活垃圾中的有机物容易腐烂，会发出恶臭，特别在高温季节，乱堆乱放的生活垃圾将为蚊子、苍蝇和鼠类的孳生提供良好的场所。垃圾中的有害物质也可能随水流渗入地下或随尘粒飘扬空中，污染环境，影响人群健康。因此，产生的生活垃圾利用施工区设置的垃圾桶收集处理，运至垃圾填埋场统一处理。

5. 生态影响分析

工程征占地总面积为 62.82hm²，包括了永久占地 20.47hm²，临时占地 42.35hm²。工程区征占地范围内土地利用现状主要为林地 14.74hm²，草地 48.08hm²。工程将会改变原有地貌，扰动、破坏部分地表植被，破坏植被生境，并且改变土地性质。由于风电场布置在几条相连的山脊及高山台地上，且各风电机组之间有一定间隔，一般间距在 400～500m，各风电机组基础及箱变基础占地面积相对较小，施工不会大面积破坏植被，不会对当地生态系统产生切割影响。

项目永久占地主要风电机组（含箱变）基础和升压站占地、场内道路。在施工过程中，路基取土、开挖路堑、弃土将破坏地形、地貌和原有植被，并破坏土壤结构和肥力。本工程所在区域以杜鹃、高山羊茅、芸香草等植被类型为主，自然植被较稀疏，项目所在区域无珍稀濒危及国家重点保护野生植物分布。施工末期和施工结束后将对施工迹地进行植被恢复及绿化，不会破坏大面积植被。故施工活动对评价区内陆生植物的直接影响也较小，并可通过植物恢复措施将影响减小至最低限度。

施工临时生产生活设施区、风电机组吊装场地、渣场以及道路等占地，将对植被造成一定的破坏。项目区域内以稀疏灌草丛为主，少有高大林木，本工程不涉及林木砍伐。由于工程施工影响，场地荒草灌木面积有所减小，但各种植被类型的面积和比例与现状仍然基本相当，生物量没有发生锐减，生产力水平没有发生大的降低，生态系统没有发生大的改变，总体能够保持稳定。但在施工结束后，对植被的迹地恢复需要进一步的跟进。

为了减小施工对生态的破坏，施工期所有的车辆必须沿规定的道路行驶，不得随意行驶；风电机组现场组装场地，必须严格按设计规划指定位置放置各施工机械和设备，不得随意堆放。施工临时占地在施工结束后将采取植被恢复措施，及时人工洒水及播撒草种，进行恢复种植，在一年内采用专人管理和维护（浇灌和施肥）。场内道路采用碎石路面，在道路两旁栽种黑麦草和狗牙根，同时对碎石路面适时洒水，对碎石路面植被进行自然恢复。生态恢复最终状态不低于甚至高于施工前生态水平。因此，工程施工对当地植物的多样性无影响。

项目施工期对动物的影响主要为噪声以及人类活动的影响。施工期噪声主要源于机械噪声、车辆往来等。施工机械及运输车辆的噪声都在 80dB(A) 以上，这些噪声可能会对项目区常见的一些动物产生惊吓。施工区域内动物主要为野鼠、山雀和各类昆虫等，无珍稀濒危及国家重点保护野生动物分布。在工程施工期间，施工噪声和机组运行噪声会对该地区原有动物带来影响，也会影响其生境环境质量。但由于本工程施工期较短、场址相对整个地区来说范围又很小，且动物的活动范围广，迁徙能力强。并且，各噪声源产生的噪声经过距离衰减，对声环境影响较小。因此，风电场施工期间对动物影响不大，更不会造成动物种类和数量的下降。随着施工期的结束，对

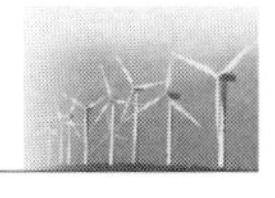

动物的影响也随之结束。

工程施工会对现有土地的使用类型和面貌产生一定影响。地表开挖、土石方临时堆放、砂石料堆场以及施工临时生产生活设施区的布置将对原有地面景观和视觉产生影响。但由于施工期较短，施工结束后临时设施基本拆除，不会对景观环境造成太大的影响。本项目弃渣场都位于风电场主干道的支路上，施工完成后，对渣场进行播撒草籽，迹地恢复。植被恢复期为一年，待植被恢复后，将形成生态自然景观。因此，弃渣场也不会对景观环境造成太大的影响。

6.2.4 运营期自然环境影响评价

1. 环境空气影响分析

项目在运营期，各种设备的运行基本上都不会产生大气污染物，不会向空气中投放大气污染物。劳动人员定员为 15 人，不设厨房，因此日常工作中也不会产生大气污染物。只有在风电场维护与管理的时候，车辆的往来会产生少量的扬尘和汽车尾气，如遇大风或干旱天气可在重点路段进行洒水降尘。因此，基本不会对当地大气环境产生影响。

2. 水环境影响分析

项目主要污水为工作人员所产生的生活污水。运营期工作人员共计 15 人，估算生活污水为 0.8m^3/d，全年共产生生活污水为 292m^3。生活污水中主要含有 BOD、COD、氨氮污染物和大量细菌及病原体。这些污染物的排放会对环境带来一定的影响，因此将依托修建在生活区一座容积为 5m^3 的化粪池对生活污水进行处理，用于农、林肥，不得排放。

3. 噪声环境影响分析

项目运营期噪声主要来源于风电场风电机组的噪声、升压站噪声和场内道路交通噪声。

对于风电机组噪声，根据主体工程设计报告，本工程选用风电机组为 WTG2－1500kW 双馈型机组，根据《中国风力发电机组选型手册（2013 版）》，在额定工况下，不同厂商生产的同类型机组声功率级一般不大于 104dB(A)（10m 高处、风速 10m/s 时），因此项目按最大 104dB(A) 考虑。项目共布置 35 台机组，属于室外声源组，轮毂高度 70m，风轮直径 93m，机组间距约 400m，每个机组可视为一个点声源。采用处于自由空间的点声源衰减公式和多声源叠加公式对额定风速（10m/s）条件下机组噪声在不同距离处的噪声进行预测，结果显示：随着距离的增大，噪声预测值在不断地减小，昼夜间噪声整体较低，当距离达到 100m 时，噪声基本无影响；达到 150m 时，完全无影响。综上，距离风电机组 150m 处已能达到《风电场噪声限制及测量方法》（DL/T 1084—2008）2 类标准限值。因此从环保的角度出发，在综合考虑国内已建风电场关于噪声控制距离划分的基础上，应划定风电机组基座边界外150m的距离作为本项目噪声防护距离。在今后规划中，距离基座边界外150m的距离内，不得新修建住宅。对学校、医院、养老院等对声环境要求较高的建筑物的修建要特别慎重。运营期应加强风电机组在日常运行过程中的保养和维护工作，使其在良好的状态下运行。

场内道路交通噪声主要来自风电场巡查车辆，由于车辆较少，且运行频率低，不会对区域的声环境质量产生影响。

4. 固体废物影响分析

项目运营期的固体废物主要来源于工作人员的生活垃圾、风电机组润滑油、变压器废油和化粪池污泥等。

项目劳动定员为15人，工作人员在铁厂乡风电场所修的管理大楼中工作，每人按0.5kg/d计算，一天共产生7.5kg的生活垃圾。此类生活垃圾依托置于拟建的铁厂乡升压站生活楼设置的垃圾桶中，用垃圾塑料袋装放的垃圾，定期运至垃圾填埋场统一处理。

定期巡检维修，巡检过程中只会产生少量的检修垃圾，化粪池全年产生污泥3.26m^3。这些固体废弃物如果不妥当处理，直接排入环境，会带来较大的影响和危害，因此，本工程设计化粪池每半年清掏一次。每次清掏1.63m^3，全年3.26m^3。掏出的化粪池污染物将作为有机肥，用作农林底肥使用，不得外排。

风力发电机内部润滑油更换及变压器更换会产生一些废油料，更换由有资质的润滑油生产厂家现场更换，更换完毕后所产生的废油料由该公司全部回收并即刻运走，不在现场存放和处理，同时项目设计了事故油池。润滑油废油料及变压器废油料均属于危险废物，运输、贮存及临时安放点均需严格遵循《危险化学品安全管理条例》（国务院令第344号）规定。

5. 生态环境影响分析

为恢复施工期间被破坏的地貌和植被，施工结束后将采取植被恢复措施。运营期间，应继续加强管理，巡检车辆在巡检道路内行驶，以避免对植被造成新的损害，对破坏的草地要及时进行修复。项目建成后，当回填土方完成并恢复植被后，可在较大程度上恢复施工期对生态环境产生的影响，风电场地表的植被生态系统仍能贯通。风力发电机设备点状分布在山脊上，对评价区内的植物种类和数量不会产生明显的影响。

项目运营期风电场范围内风电机组零散布置，机组与机组之间有400m的距离，机组高度为116m，机组在转动时其转速较慢，只有9.0～16.6r/min，鸟类在飞行过程可以对叶片进行避让，基本不会与机组之间发生碰撞，项目区域内无鸟类迁徙通道。因此，项目的建设及运行对鸟类的迁徙及正常活动是基本不会产生影响的。运营

期间进行现场维护和检修应选择在白天，避免影响周边动物的正常活动，由于项目征地采用点征方式，且工程噪声的影响范围主要是在项目区及周边200m区域内，噪声影响范围较小，噪声值较低。噪声影响的200m范围内，对声环境敏感的动物会迁移至远离风电机组处，因此风电场噪声基本不会对地面上动物的日常迁徙和连通造成影响。

6.3 小　　结

通过山地风电场建设的典型案例可以看出，山地风电场工程对环境友好，建设和生产过程中，基本不会排放有害物质，属清洁能源开发利用项目，符合国家产业政策，符合清洁生产原则，经采取有关的污染治理和生态恢复措施后，项目建设不会对区域环境造成明显影响，从长远发展和环境保护角度来看，山地风电场的建设与运营，对节能减排，减少碳排放具有重大战略意义。但也要注意到山地风电场具有占地面积大、机位分散、地形复杂、交通不便等特点，环境评价与管理呈现点多、面广的现状，风电场建设过程中做好环境评价与管理一定要统筹兼顾、分类管理、以点带面，关注每个机组机位的环境要素，由此串联起整个风电场的环境要素，并制定防范与治理措施，是山地风电场环境评价与管理的关键。

风电场建设中还需对下列事项进行特别关注：①要注意对整个风电场沿道路线、沿机组点位的环境影响分析，关注噪声这一重要环境因素，在风电机组选址过程中，机组附近居民区满足《声环境质量标准》（GB 3096—2008），升压站厂界噪声满足《工业企业厂界环境噪声排放标准》（GB 12348—2008）的有关要求，防止后续因噪声问题出现当地居民投诉事件；②运行期做好固体废物管理，运行期因检修产生的废油、废电子器件要按照《中华人民共和国固体废物污染环境防治法》规定进行规范处置；③要关注水土保持，因点多、面广的特点，动土涉及的地方多，对现场管理提出了较大要求，要做好水土保持工作，及时落实水土保持措施“三同时”，注重表土剥离和禁止随意弃渣的问题。

第7章　低风速风电场建设自然环境影响评价实例

我国陆上风能资源较好的地区主要都在“三北”地区，但是用电负荷中心主要在东部沿海地区，发电和用电的地域矛盾使得“三北”地区风电场出现弃风限电的现象。为了缓解这一矛盾，低风速地区的风能开发已经成为当前中国风电开发的重要方向之一。低风速风电场主要处在福建、浙江、江苏、安徽、山东南部等东部沿海地区，场址与农田、林地、重要水系、居民区高度重叠，对当地的自然环境影响明显。本章以福建省某低风速风电场为例，论述风电场建设对当地自然环境影响的评价。

7.1　风电场工程介绍

福建省地处我国东南沿海，省内水力资源较为丰富，但煤炭资源贫乏，石油、天然气尚未发现，属南方缺能省份之一。但福建省沿海属于全国风能最丰富的地区之一，可供风力发电的场址较多，发展风电拥有得天独厚的自然优势。

工程位于福建省某市，场址范围面积约 8.50km^2，主要为林地及未利用土地。场址西距市区边界直线距离约 9km，西南距市区边界直线距离约 18km，东北距市区边界直线距离约 26km，本风电场场址属性见表 7-1。

表 7-1　风电场场址属性表

名　　称	单位	数值	备　　注
海拔	m	1112.00～1470.00	风电机组位置
年平均风速（离地 80m）	m/s	5.58	24 台机位平均
风功率密度（离地 80m）	W/m^2	192	空气密度 1.187kg/m^3
盛行风向	SW 和 SSW		

项目由风电机组工程、升压站工程、场区道路工程及直埋电缆工程组成。新建项目包括 25 台单机容量 2MW（实际运行 24 台，备用机位 1 台）、轮毂高度 80m 的风电机组，总装机容量 48MW；一座 110kV 升压站，占地面积约为 0.81hm^2；场区新建道路总长 19.199km，场外改造道路总长 16.126km；集电线路总长 23.235km，采用直埋方式敷设。

工程施工范围占地面积 35.06hm²，其中工程永久占地 2.29hm²，包含风电机组基础、升压站；临时占地 32.77hm²，包含风电机组吊装场地、场区道路及直埋电缆区、土石方临时转运场、施工生产生活区；表土临时堆场包含在用地范围内，不重复计列其占地面积。主要占用的是林地、交通运输用地及其他土地，工程用地均未占用生态公益林。

工程的建设和运营流程包括修建道路、土建施工，然后是施工工程的主体部分，即电力、通信电缆敷设、电气设备安装和给排水工程建设，最后是风电机组安装，输送至场内 35kV 开关站并入电网。建设项目工艺流程如图 7－1 所示。

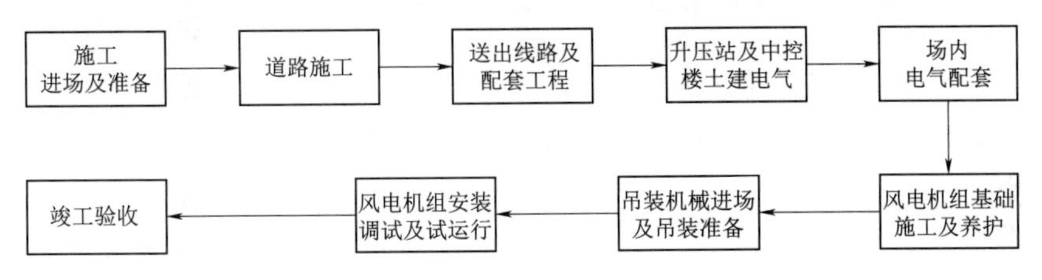

图 7－1　建设项目工艺流程

由于风电工程项目单一，所需要的临时设施少，施工线路长，为方便施工，设置一临时施工基地，基地内设仓库及施工机械停放点；针对每台风电机组施工相对独立的作业特点，设置移动的气压站和混凝土拌和站，随机组施工的进展情况作相应移动。根据工程的具体情况，按租用一套起吊设备、逐台安装考虑，施工总工期约 12 个月。施工人员根据实际的施工需要进场，任务完成立即撤离，时间短；且风电场施工主要依靠机械完成。

7.2 自然环境影响评价

7.2.1 自然环境现状

项目所在地级市 2015 年城市空气质量优良天数占比达 98.6%，辖区十个县（市）中，三个城区空气质量达到一级标准，其余达到二级标准。2015 年本市三个主要水系总水质达标率为 99%，三个主要湖库水域功能达标率为 88.9%，均处于中营养状态。风电场周边实测的噪声监测数据也显示，本工程周边昼夜声环境均能满足 2 类声环境质量标准限值。工程区域占地类型主要为林地，经场区道路优化设计后避开了生态林范围。据现场调查，项目区林草植被覆盖率达 90%，主要植被类型为毛竹、马尾松、杉木等。本工程所在地目前水土流失面积占比不大，且以轻度、中度流失为主，水土保持现状相对较好。

7.2.2 污染物排放概况

1. 施工期污染排放概况

项目的环境影响主要集中在施工期，施工过程中设备运输、安装等使用大量机械设备，还须平整场地，动用土石方、混凝土搅拌、运输及配套临时道路等，这期间将产生扬尘、噪声及振动、废水、垃圾、弃土等，尤其是施工临时占地对地表土壤的扰动，不加以适当控制的话，将对区域生态环境造成不良影响，加重当地的水土流失。

项目施工期产生的大气污染物主要包括由施工机械产生少量尾气和施工扬尘、运输车辆等产生的粉尘污染。

项目施工期排放的废水包括生活污水和生产废水两部分：①施工期施工人员租住在施工场地周边村民闲置房屋内，估计施工高峰人数约为 80 人，生活污水量约为 6.4m^3/d，生活污水经民宅生活设施处理，不外排；②施工期生产废水主要来自施工机械设备冲洗场所、混凝土搅拌场所、机械设备维修场所以及机组基础施工及设备安装场所等，由于风电场各机组施工场地相对独立，主要以流水线形式经由机械完成，在施工期机械的冲洗、维修等过程中产生生产废水，其主要污染物为石油类、SS（悬浮物）、BOD_5 和 COD_{Cr}等，在这些场所设置沉淀池和隔油池等设施，收集处理生产废水，经处理后的废水尽可能重复利用，用于周边的绿化浇灌；由于拟建风电场周围无河流，土地以砂土为主，少量废水经自然渗透处理。

项目施工期排放的噪声主要来自履带式吊车、卷扬机、混凝土搅拌系统及运输车械等。

项目工程土石方挖方总量 61.00 万 m^3（其中含剥离表土 3.38 万 m^3），填方总量 61.10 万 m^3（其中含回填表土 3.38 万 m^3，石方 4.00 万 m^3 作为浆砌石挡墙及排水沟综合利用，回填砂 0.10 万 m^3），借方 0.10 万 m^3 为电缆沟填砂量，直接从合法料场购买。建设单位在工程施工期间应做好施工区内土石方调配，不再另设临时弃渣场。因此，施工固体废物主要是施工人员产生的生活垃圾。

项目施工期产生的生态影响包括两个方面：①施工期建设场地的平整扰动原地形地貌，损坏原有的土地、植被；②工程施工过程中开挖、占用、碾压等损坏原有水土保持设施，形成裸露面和大量松散的土石方等。

2. 运营期污染排放概况

项目运营期无生产废气、废水产生，只有少量生活污水、光影闪烁和维修固体废物产生。

项目采用深井供水，风电场建成运营后，主要排放的废水为运行值班人员的生活污水和少量事故及检修生产废水。由于风电场运行自动化水平较高，运行管理人员较少，主要为管理和检修人员，采用三班制的工作形式（每班 3～4 人）。生活用水量以

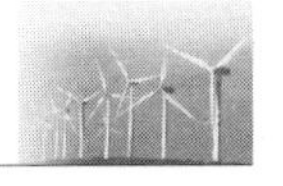

每人200L/d计，污水量以用水量的80%计，则日排生活污水约0.8m³/d，主要为粪便污水和洗涤废水。运营期排放的污水较少，经过化粪池处理后，用于周边的绿化浇灌。本工程一台主变，单台主变油量约为23t，事故储油池的容量根据有关规范考虑，拟设置一座容量为30m³的事故储油池，事故储油池为钢筋混凝土结构，主变油坑与事故储油池之间用焊接钢管连接，储油池的放空和清淤临时用潜水泵抽吸，变压器事故排油收储油由专业单位接收处理。

项目运营期的噪声主要来自机组运转时的噪声，单机噪声值在101dB(A)左右，因此噪声对周围的环境影响较大。

项目运营期排放的固体废物包括维修替换的废旧器械和设备等。其中变压器事故排油、油渣、废旧变压器和擦油破布属于危险固体废物，变压器事故排油经油水分离式事故储油池处理后由有资质的单位处置，废旧变压器由专业厂家回收利用，擦油破布和油渣委托有资质的单位回收处置。风电场维护除按厂家提出的对风电机组的定期维护内容外，还要定期对线路和配套电气设备（重点为电缆头、熔断器、低压开关等）巡视检查，以便及时发现隐患，及早处理，并对输变电设备进行定期测试和保养。废旧的线路和配套电气设备（重点为电缆头、熔断器、低压开关等）均可以回收利用。

项目风电机组在运营过程中还可能产生一定的光污染，如果白天阳光照在风电机旋转的风轮叶片上投射下来的影子在房前屋后晃动，则人无论在屋内屋外都笼罩在光影里，光影及闪烁可能使人时常产生心烦、眩晕的症状，正常生活受到一定影响。

此外，项目建成后，由于大量人工景观的出现，将对区域的生态景观和生态系统产生一定影响。

7.2.3 施工期自然环境影响评价

1. 环境空气影响分析

项目施工期需新建场内公路、塔架基础、地埋电缆沟等，这些涉及土方填挖的工程会产生扬尘对大气环境产生不良影响。但由于本项目装机容量较小，工期短，且工程相对简单，工程量小，产生道路扬尘、风场平整扬尘时间也较短，扬尘量大小主要取决于风速及地表干湿状况。风电场所在区域为主要为林地和未利用地，大部分为植被覆盖稀疏的山丘，周围很少有农田，开发建设之前的自然扬尘就十分严重，风电场建设期的沙丘平整和道路建设引起的扬尘会加重该区域的扬尘。若在春季施工，风速较大，地表干燥，扬尘必然很大，将对风场区及周围大气环境中TSP产生严重污染。夏季施工，因风速小，加之地表较湿，不易产生扬尘，对区域大气环境质量的影响相对较小。

此外，施工现场机械尾气的排放会对局部大气环境产生不良影响，随着施工的结束，这些影响也将消失，不会对环境产生较大影响。

2. 水环境影响分析

项目施工期产生的废水包括生产废水和生活污水。

工程生产废水主要由混凝土运输车、搅拌机和施工机械的冲洗以及机械修配、汽车保养等产生，施工用水量为2.1m^3/h，按90%消耗量计算，预计排放废水0.24m^3/h，每天按8h计，则施工废水排放量为1.92m^3/d，施工期按12个月考虑，则施工期生产废水排放总量为700.8t。生产废水中主要污染物为SS，不含其他有毒有害物质，因而仅采用沉淀池进行澄清处理，上清液可用做绿化用水，沉淀的泥浆风干、晒干后，可用于回填风电机组基座，做到就地土方平衡。由于工程施工布置较为分散，范围较广，而且生产废水产生时间不连续，基本不会形成水流，对环境不会产生不利影响。

生活污水由施工人员日常生活产生，施工高峰人员100人，平均人员80人，施工期12个月，生活用水按0.10m^3/(人·d)考虑，生活污水排放系数取0.8，则施工期生活污水平均排放量为6.4m^3/d，高峰期排放量为8m^3/d。生活污水中污染物浓度参照国内生活污水资料：COD_{Cr}为350mg/L，BOD_5为250mg/L，SS为250mg/L。生活污水经民宅生活设施处理，不外排，不会对环境造成不利影响。

3. 噪声环境影响分析

项目施工期主要噪声源是运输车辆，施工机械和设备等（推土机、搅拌机、吊车等），本项目施工过程包括土石方阶段、基础施工阶段和结构施工阶段三个阶段，每个阶段都有不同的噪声污染特点。

土石方阶段主要噪声源为挖掘机、推土机、装载机以及各种运输车辆，这类施工机械部分为移动声源，其中运输车辆移动范围较大，而推土机、挖掘机等移动区域较小。基础施工阶段主要噪声源为平地机、汽车、液压吊、挖掘机、移动式空压机等，基本属于固定声源，本项目建筑物主要是风电机组基架，所以基础施工以挖掘机与人工开挖基础为主，施工机械较少使用。结构施工阶段是建筑施工中周期最长的阶段，使用设备品种较多，也是重点控制噪声阶段。

由于施工机械声值较高，施工时对施工现场及周围环境将产生一定影响。各类主要噪声源的声功率级在85～130dB(A)，将施工噪声源近似为点声源，根据点声源噪声衰减模式计算各种施工场地边界以使施工场界处的噪声满足《建筑施工场界环境噪声排放标准》（GB 12523—2011），计算结果见表7-2。由表可知，昼间达标边界距离约为22.4m，夜间达标距离约为223.9m。最终确定，施工期的主要噪声源排放的噪声经自然衰减，至施工厂界240m以外，其夜间噪声可降至55dB(A)以下，可满足《建筑施工场界环境噪声排放标准》（GB 12523—2011）。

表 7-2 不同阶段各种施工机械作业边界

施工阶段	昼夜噪声限值 L_{eq}/dB(A)	主要噪声源	声级功率 /dB(A)	昼间作业场界 /m	夜间作业场界 /m
施工期	70（昼）/ 55（夜）	推土机、挖掘机、打桩机、各类混凝土搅拌机	85～130	7.0～22.4	70.8～223.9

施工机械噪声是对野生动物的主要影响因素。各种施工机械，如运输车辆、推土机、挖掘机、打桩机、混凝土搅拌机、工程钻机等均可产生较强烈的噪声，虽然这些施工机械属非连续性间歇性排放，但由于噪声源相对集中，且多为裸露声源，故其噪声辐射范围及影响程度较大。预计在施工期，本区的野生动物都将产生回避反应，远离这一地区，特别是鸟类其栖息环境需要相对的安静，因此本区的鸟类受到的影响将比较强烈，对其他野生动物的影响较小；另外，噪声属非残留污染，随施工期结束而消失，所以施工车辆和机械噪声不会对周边声环境质量产生明显影响。

4. 固体废物影响分析

项目工程土石方挖方总量 61.00 万 m^3，填方总量 61.10 万 m^3；借方 0.10 万 m^3，为电缆沟填砂量，直接从合法料场购买；本项目不存在需处理的永久性弃渣。只要建设单位在工程施工期间做好区域内土石方调配，可不再另设临时弃渣场。因此，施工期排放的固体废物主要是施工人员产生的生活垃圾。

项目施工期间，平均施工人数 80 人，生活垃圾按 0.7kg/(人·d) 计，施工期 12 个月，则施工期生活垃圾排放总量为 20.16t。生活垃圾成分比较复杂，垃圾中的有机物容易腐烂，会发出恶臭，特别是在高温季节，乱堆乱放的生活垃圾将导致蚊子、苍蝇和鼠类的孳生。垃圾中有害物质可能随水流渗入地下，一些颗粒物和臭气等也会扩散到空气中，污染环境，传播疾病，影响人群健康。因此，需要定期委托环卫部门进行清运。

5. 生态影响分析

工程施工过程中将进行土石方的填挖，包括风电机组轮毂地基的施工、公用设施的施工等工程，不仅需要动用土石方，而且有大量的施工机械及人员活动。施工期对区域生态环境的影响主要表现在土壤扰动后，随着地表植被的破坏，造成土壤的侵蚀及水土流失；施工噪声对当地野生动物特别是鸟类栖息环境的影响。

项目的建设包括道路修建、机位开挖、电缆沟开挖、箱式变电站修建和施工期临时性建筑物的修建等。整个工程建设过程中征用土地包括工程永久占地和施工临时用地，项目占地的主要类型为林地，包括材林、毛竹林、灌木林和水源涵养林等，在这些林地上的项目建设，如施工过程中产生的裸露的开挖面和填筑面，将不可避免地改变和影响区域原有地形、地貌，破坏植被，造成水土流失，进而降低区域水土保持能力。项目建设应当办理林地审批手续，经同级人民政府批准，并签订新的区划界定书后，再报省级以上林业主管部门依法办理用地审核、林木采伐审批手续。

工程建设过程中各单项工程的土地占用、工程开挖、回填、临时表土堆放等施工环节会使原地表植被、地面组成物质以及地形地貌等受到扰动，地表裸露，将不同程度地对原有水土保持设施造成破坏，降低其水土保持功能；也可能使自然稳定状态受到破坏，发生冲刷、垮塌现象，增加新的水土流失。在自然恢复期，由于地表植被恢复还需一定时间，仍将存在一定的水土流失。随着工程完工，临建设施的清理，裸露地表植被的恢复覆盖，水土流失将得到有效控制。

项目永久占用的丘陵山地除林地外，仅有少量为未利用地，由于生态环境较差，土地肥力较低，单位亩产值也较低。而临时征地虽然会对当地农田生产收入有一定影响，但施工期结束后，经覆土修复等措施后，可恢复其使用功能，因此对农业的影响是短暂的，项目运营后便会消失。

施工机械噪声和人类活动噪声是影响野生动物的主要因素，各种施工机械如运输车辆、推土机、混凝土搅拌机、振捣棒等均可能产生较强的噪声，虽然这些施工机械属非连续性间歇排放，但由于噪声源相对集中，且多为裸露声源，故其辐射范围和影响程度较大。预计在施工期，本区的野生动物都将产生规避反应从而远离这一地区；特别是鸟类，其栖息和繁殖要相对安静的环境，因此，本区的鸟类会受到一定影响。除鸟类以外，据调查，本区无大型野生动物，常见哺乳动物主要是鼠、兔等小型动物，因此施工期对其他野生动物的影响很小。

7.2.4　运营期自然环境影响评价

1. 环境空气影响分析

风电场项目运营后，风电机组运行本身不产生大气污染物；升压站办公楼采用电能取暖，除管理人员厨房烹饪排放极少量的油烟外，本项目不存在大气污染源，不产生大气污染物，对环境空气质量无影响。

2. 水环境影响分析

项目运营期，风电机组运行本身只有冷却步骤需要用水，风电机组冷却形式分为风冷式和水冷式，其中水冷式用水循环使用，不外排，因此不产生任何生产废水；项目用水主要是生活用水，产生的生活污水经室外修建的防渗化粪池处理，不外排。本项目值班人员依托临近已建成的某风电场工程，不增加劳动定员，也不额外增加生活废水的产生量，对周边水环境质量无影响。

3. 噪声环境影响分析

项目运营期产生的噪声主要来自风电机组运行时产生的机械噪声，主机噪声约为

101dB(A)，轮毂高度80m，风电机组的噪声特性应符合IEC 61400－11标准。本风电场工程竣工验收时，在风电机组正常运行的状态下，选取距离机组200m范围附近的5个敏感点进行环境噪声监测，每个环境噪声监测点进行昼、夜间环境噪声监测，每点监测一天。监测结果表明，昼间在机组基座150m范围外，机组对周围声环境的影响基本可以衰减到声环境背景值，夜间在机组基座200m范围外，机组对周围声环境的影响基本可以衰减到声环境背景值；最终，使声环境达到《声环境质量标准》(GB 3096—2008) 2类标准。

由于国家目前尚无风电场的声环境卫生防护距离标准，为了保障良好的声环境质量，不影响风电场周围居民的生活，本书建议以200m半径风电机组机座周围作为本项目的声环境卫生防护距离，200m范围内不得再新建村庄及迁入居民。

另外，运营期升压站也会产生一定的噪声。根据工程分析，变电站电抗器声压等级较低，断路器噪声为瞬间噪声，启用机会少，因此噪声影响主要考虑主变压器噪声，本项目采用自冷式主变压器，噪声级为60dB。根据变电所总平面布置，主变压器安装于所区东侧，中部为主控楼，东南面为110kV构架，按照主变压器距离各侧围墙及敏感点的距离计算噪声源的噪声衰减到预测点的噪声值。结果表明：在主变压器正常运行情况下，其噪声衰减至各侧围墙外1m处的声级与背景噪声的叠加声级，即厂界昼夜噪声仍符合《工业企业厂界环境噪声排放标准》(GB 12348—2008) 中2类标准。

4. 固体废物影响分析

项目运营期本身不产生垃圾，主要是生产人员的生活垃圾，按1kg/(人·d) 计，每年产生垃圾1.10t，将定期用汽车运出，不会对环境造成明显的影响。维修产生的废旧线路和配套电气设备（重点为电缆头、熔断器、低压开关等）均可以回收利用，不会对周边环境产生影响。

运营期变压器事故排油、油渣、废旧变压器和擦油破布属于危险固体废物。事故排油经30m^3油水分离式事故贮油池处理后由专业厂家回收处置；废旧变压器由专业厂家回收利用；擦油破布和油渣委托有资质的单位回收处置。

5. 生态环境影响分析

项目的建设和运营势必会减少林地和草地生物量，但由于风电机组所处位置的植被较稀疏，生物量也很小，且均为耐旱、耐恶劣环境的杂草类和林地，因此对生物量的影响不大。本项目运行后，主要占用的土地类型为林地和未利用土地，永久占地内的林地植被将完全被破坏，取而代之的是路面及其辅助设施，形成建筑用地类型。项目运营期间，通过工程措施和植树种草，地表植被状况会逐渐好转，施工结束3年左右时间后，项目场地的植被将恢复到原有状况。综上，本项目建成后对区域生物量不会造成明显的不利影响。

据调查，本风电场项目区域内无大型哺乳动物，小型动物多为鼠、兔类，但区域内有少量的鸟类分布。预计工程建成后，由于人类活动的增加和新景观的出现，本区域的鸟类活动会受到一定的影响。运营期风电场对鸟类活动有两个主要影响因素，一是风电机组桨叶的运动，二是风电机组的噪声。

项目所在地周边为丘陵山地，均不是候鸟的栖息繁殖觅食地。本项目所在区域的鸟类迁徙通道主要在项目西北侧，并不属于福建省主要的鸟类迁徙路线。一般情况下，鸟类迁徙过境时的飞行离地高度为 150～600m，此外，风电机组运行的额定转速为 14.5～30.8r/min，速度较慢，而且一般鸟类都具有良好的视力，很容易发现并躲避障碍物，因此在天气晴好的情况下，即使在鸟类数量非常多的海岸带区域，鸟类与风电机组撞击的概率也非常低；在天气条件较差时，如遇上暴雨、大风天气，鸟类通常会降低飞行高度，则风电机组运转对中途停歇的鸟类具有一定影响，国外有关观测资料显示，相应飞行高度下穿越风电场的鸟类撞击机组的概率为 0.01%～0.1%。另外，根据国外文献资料，输电线网络对鸟类造成的危害远大于风电机组，而本项目各风电机组的输电线路为地下电缆，110kV 升压站外接线路为杆塔式架空线路。因此项目建成运营后对迁徙鸟类的停歇及迁飞造成的影响较小。

项目的建设会对本区域水土保持能力产生一定的影响，因此拟采用工程措施和植物措施相结合的水力侵蚀防治措施。其中工程措施包括护坡、排水沟、堆土场拦挡等，植物措施包括植草、种树以及种后保育等。通过工程措施拦挡防治区的水土流失，消减重力侵蚀和大部分水力侵蚀，保证水流排泄畅通，也为植被恢复创造基本的土壤条件；再配合“适地适树”的植被措施，通过选择优良的本土树种和草种，或选择经过选育适宜当地条件的引进树种和草种，乔、灌、草合理搭配，针阔叶树种有机结合，以达到尽快恢复被破坏的植物，改善周边生态环境的作用，也使水土流失情况得到有效控制。

7.3　小　　结

随着我国能源消耗由粗放型转向节约型、由污染性转向绿色性的要求，化石能源在造成环境污染问题的同时，也面临着资源短缺的困境。风电作为技术相对成熟、对环境影响较小的可再生能源受到越来越多的重视。经过近些年的发展，我国风电呈现爆发式的增长，但是由于高风速资源区与用电需求区距离较远，且高风速风电场开发已接近饱满。而低风速资源区距离用电负荷较近，且开发相对较少的特点，目前各大能源投资集团为增加装机容量，已经向低风速风电场大规模迈进，未来低风速风电场大有可为，做好低风速风电场的环境评价与管理，也越来越紧迫。

通过对上述风电环境评价与管理的案例，可以看到低风速风电场主要集中分布在

国家中东部和南方地区，这些地区一般经济较发达，电网、路网条件好，人口密集。这些地区对低风速风电场的环境保护要求也较高。随着在环境保护中公众参与度的不断提高，在低风速风电场建设环境评价与管理中，要特别注意对周边环境的影响，关注噪声、固体废物、水土保持等要素对周围环境产生的影响，是做好低风速风电场环境评价与管理的关键。

第 8 章　潮间带风电场建设环境评价与管理实例

在我国海上风电开发的过程中，对潮间带风电项目的开发占据着非常重要的地位。潮间带，主要是指多年平均大潮高潮线以下至理论最低潮位以下 5m 水深内的海域。我国的潮间带风电资源主要集中于长江口以北各省，主要地区包括江苏、上海和山东沿海，也是最早在潮间带建设风电场的地区。潮间带风电场建设带来的主要环境影响包括水文水质、泥质、潮间带生物、候鸟、渔业、渔民生活等，本章将以某潮间带风电场为例进行详细论述。

8.1 风电场工程介绍

8.1.1 工程概况

本潮间带风电场位于当地潮间带区域，海床面高程主要为－3.50～0.50m（1985 国家高程基准），局部区域有较深的潮沟。海域长约 7.1km，宽约 9.3km，规划面积 63.6km^2。

8.1.1.1 风电机组

1. 风电机组机型

项目主选机型为单机容量 4MW 机组，转轮直径 130m，轮毂高度约 90m（含基础段高度），风电机组主要参数见表 8－1，技术特性见表 8－2。

表 8－1　风电机组主要参数

序号	项　目		单位	WTG2
	单机容量		MW	4
	IEC 等级			ⅠB
1	转轮	直径	m	130
		叶片数	片	3
		轮毂高度	m	90
		功率调节		变桨变速
		切入风速	m/s	4

续表

序号	项目		单位	WTG2
1	转轮	切出风速	m/s	25
		额定风速	m/s	12
2	叶片	长度	m	63
		材料		玻璃纤维增强环氧树脂
3	齿轮箱			3级斜齿/1级行星齿
4	发电机	型式		异步发电机
		容量	MW	4
		电压	V	690
		频率	Hz	50
		防护		IP54
5	塔架型式			锥管式
6	重量		t	
7	机舱			140
8	塔架			231

表8-2 风电场技术特性表

项目		单位	WTG2
发电量	单机容量	MW	4
	装机台数	台	50
	总装机容量	MW	200
	轮毂高度	m	90
	理论年发电量	万kW·h	70568
	设计年发电量	万kW·h	63604
	平均尾流影响折减系数	%	9.8704
	最大尾流影响折减系数	%	13.31
	综合折减系数		0.76
	年上网电量	万kW·h	48339
	等效满负荷小时数	h	2417
静态总投资	静态总投资	万元	299273
	(1) 施工辅助工程	万元	3520
	(2) 设备及安装工程	万元	198268
	(3) 建筑工程	万元	63941
	(4) 其他费用	万元	24827
	(5) 预备费用	万元	8717
	单位千瓦投资	万元/kW	14964
单位电度投资		元/(kW·h)	6.191

2. 风电场发电量

风电场工程共布置 50 台 4MW 风电机组，总装机容量 200MW。风电场理论年发电量为 70568 万 kW·h，设计年发电量 63604 万 kW·h，平均尾流影响折减系数为 9.87%，年上网电量 48339 万 kW·h，年等效满负荷小时数为 2417h，平均容量系数为 0.2759。

3. 总平面布置

根据风电场选定的场址范围和确定的代表机组机型，结合风电场的风能资源特性、场址地形地貌、海洋水文条件、交通运输及施工工艺要求，项目布置 50 台风电机组，以－3.0m 海床面高程为界，将场区划分为浅水区（－3.0～0m）和深水区（－16.0～－3.0m）两部分，其中浅水区布置 32 台机组，深水区布置 18 台机组。风电机组行内间距 775～1360m，行间距 840～1406m。风电场边线总面积为 32.7km^2。

4. 风电机组配套设备

风电机组—升压变拟采用“1 机 1 变”单元接线方式。根据风电机组布置情况，机组高压侧采用 6～7 台风电机一个联合单元接线方式。其中，1～4 号回路中，各风电机组汇集后在某潮间带已建风电机组附近转弯，敷设至海堤转弯处穿越海堤登陆，然后转为陆缆，经过陆缆最终进入 220kV 升压站；5～8 号回路，由于规划航道的影响，各风电机组汇集后，敷设至新建海堤附近，然后沿新建的海堤外侧敷设，直至敷设到老海堤，然后转为陆缆敷设，最终进入升压站。

项目 35kV 海底电缆采用直埋敷设的方式，1～8 号回路登陆后，相同路径段的陆缆考虑采用电缆沟内同沟敷设的方式。

5. 风电机组基础

风电机组基础分别采用单桩基础和五桩导管架基础，其中单桩基础桩径为 5.0～6.2m，钢管桩平均桩长约 59.0m，平台高程为 10.0m，基础顶设置法兰系统与机组塔筒相连接。五桩导管架基础中导管架高 16.5m，根开 24m，钢管桩直径 2.0m，平均桩长约 51.5m，导管架基础平台高程 11.00m，上部设法兰系统与机组塔筒相连接。

6. 防腐蚀设计

项目风电机组使用寿命为 20 年，考虑建设及运营期，基础结构设计年限按 25 年标准设计，防腐蚀设计按 25 年考虑。若 25 年后风电机组基础还需运行，需更换其阳极块，并对重防腐涂层加强维护或补涂新的防腐涂层。

项目风电机组基础在预留腐蚀裕量基础上，采用物理防护与电化学保护联合保护的方式。即风电机组基础整体采用牺牲阳极保护，在处于飞溅区、全浸区的钢管桩外表面辅以长寿命重防腐涂料双层改性环氧涂层（1000μm）进行防腐，在钢管桩的内表面一定范围内以及附属构件相应的内外表面辅以长寿命重防腐涂料双层改性环氧涂

层（600μm）进行防腐，泥下区采用牺牲阳极阴极保护方式进行防腐。

7. 防冲刷设计

单桩基础由于自身刚度小，基础结构周围一定的冲刷深度对单桩基础的变形、承载力及结构自振频率等影响较大，因此本阶段单桩基础设计按照桩周采取抛石保护措施。考虑到海床整体冲淤情况，设计考虑2m的冲刷。五桩导管架基础上部导管架结构承受风电机组荷载及波浪、海流等环境荷载，并通过桩顶的套管将其传递给底部的5根钢管桩，基础防冲刷的重点针对5根钢管桩。考虑到机组基础各钢管桩根开较大，若采用抛块石方式进行防冲刷保护需保护范围较广，工程量较大，同时抛石施工受潮汐变化，波浪、海流流速影响，抛石施工难度较大。因此计算采取预留冲刷厚度（天然泥面冲刷4.0m），从结构上解决冲刷带来的不利影响。

8. 靠船防撞设计

项目风电场区域地处潮间带，远离主航道，基本无大型船舶通过该海域，但场区内有进出港航道贯穿其中，因此风电场在施工建设期间及运行期间，在进出港航道两侧和风电场外围设置助航标识，引导过往船舶安全通航。根据海上风电场在机组设备调试、运行和检修工作需要，本项目选择日常工作船吨位按200t计。参考《港口工程荷载规范》（JTS 144－1－2010），工程区按无掩护海域考虑，本阶段系缆设施系缆力标准值按50kN考虑，靠船防撞设施按200t级工作船舶法向靠泊速度0.45m/s设计。基础设计时考虑直接由过渡段结构承受靠船荷载，为保证基础正常运行需要，在过渡段外侧设置ϕ630防撞钢管进行缓冲保护。

8.1.1.2 升压站

升压站位于现有海堤内侧。原升压站征地尺寸为185m×90m，围墙中心线尺寸为175m×78m，该项目扩建升压站拟在原升压站西边新增征地尺寸为100m×90m，扩建后最终升压站围墙中心线尺寸为275m×78m。根据场地布置需要，将已建成的一组动态无功补偿装置拆除，按照升压站总容量，新建7组动态无功补偿装置，另外该项目新建一幢生产综合楼及一座事故油池，紧邻原消防水池新建一座100m^{3}的消防水池，原消防泵房扩建25m^2。该项目需将原生产综合楼进行扩建，安装一台200MW主变压器、35kV配电装置和220kV配电装置，均采用户内布置，布置在扩建生产综合楼内，此外还需在35kV两个分支母线上分别装设一套SVG型动态无功补偿装置。升压站内道路采用城市型路面，路宽4.5m，主干道转弯半径7.00m。

扩建生产综合楼为二层建筑，地面以上两层、半地下室一层布置，建筑面积1525m^2。该项目共扩建一个主变压器间隔，主变压器布置在生产综合楼内。主变压器的搬运通道设在主变压器油坑的北侧，与升压站内运输通道形成环状布置。变压器下设置主变压器油坑，为钢筋混凝土结构。

8.1.1.3　海底电缆

1. 电缆布置

按风电机组布置及线路走向划分，本潮间带风电场装机容量200MW，共设8回35kV集电线路。各联合单元由1回35kV集电线路接至220kV升压站35kV配电装置，电缆总长度为124.2km。

2. 电缆结构

35kV海缆型号选用铜导体3芯交联聚乙烯绝缘分相铅护套钢丝铠装光复合海底电缆。

8.1.2　与相关政策相符性分析

1. 国家产业政策

根据国家发展和改革委员会《产业结构调整指导目录（2011年本）》（2013年修正版，国家发展和改革委员会令第21号）对电力行业的指导要求，包括风力发电及太阳能、地热能、海洋能、生物质能等在内的可再生能源开发利用属于产业政策鼓励类项目。

根据《可再生能源产业发展指导目录》（发改能源〔2005〕2517号），该项目属于《可再生能源产业发展指导目录》中所列第一项“风能”部分的第2类“并网型风力发电”项目，为可再生能源法规定的科技发展与高技术产业发展的优先领域。因此，该项目的建设符合国家产业政策的要求。

2. 国家能源发展政策

2005年2月28日第十届全国人民代表大会常务委员会第十四次会议上通过了《中华人民共和国可再生能源法》。该法明确将包括风能在内的可再生能源开发利用列为能源发展的优先领域，通过制订可再生能源开发利用总量目标和采取相应措施，推动可再生能源市场的建立和发展。

该项目建设内容为潮间带风力发电场，总装机容量为200MW，风力发电属可再生能源，因此，该项目建设符合国家风能资源可持续开发利用的政策要求。

8.1.3　环境合理性分析

8.1.3.1　选址环境合理性分析

1. 潮间带风电与陆上风电方案比选

该项目为具有示范研究意义的潮间带风电场，从工程总体定位角度分析，该项目较当时较为成熟的陆上风电场在环境方面具有以下优势：

（1）减小对宝贵的陆域土地资源和岸线资源的占用。作为潮间带风电场，该项目主体均位于潮间带滩涂及与滩涂相连的浅水海域，这从选址上直接避免了对宝贵的陆

上土地资源的占用，同时也避免陆上风电开发占用大量的岸线资源、对深水岸线资源利用的制约和对沿岸地区港口航运等经济活动影响。该项目充分利用潮间带风资源优势，平行于岸线多排布置机组，可节约大量的岸线资源，为岸线综合开发活动留出了空间。

（2）避开环境敏感区域。风电场投入运行后，风电机组噪声和电磁污染是主要环境影响因素之一。该项目从选址上可有效避开居民区等环境敏感目标，避免对声环境和电磁环境敏感目标的影响。

（3）风资源丰富，开发效率高。相比陆上风电场区，滩涂潮间带及相邻海域平坦开阔，海面风阻系数较小，风能资源十分丰富，尤其是该项目所选址的沿海滩涂东临黄海，受海陆温差和季风的影响，风速较大，风能资源丰富，风电场开发利用效率较高。在总装机容量相同的情况下可减少风电机组数量，减少工程建设规模，从而减轻工程的环境影响。

2. 潮间带风电与深海风电方案比选

该项目选址潮间带相比离岸的海上风电场在资源环境方面具有如下优势：

（1）工程量小，施工扰动少。结合该项目场址分析，该项目场址高程范围在−12.0～0.5m，在平均高潮位时工程区域被潮水淹没，在平均低潮位时工程区域部分露滩，可采用干地施工，与离岸式的海上风电场相比风电机组桩基础的施工难度和工程量均较小，可避免长时间大范围的海上施工活动对海洋环境带来的影响。同时由于场址临近陆上电网，结合场内升压站，潮间带风电场海底电缆铺设的长度和深度可大大降低，从而避免长距离海底电缆铺设对海洋自然、生态环境的影响。

（2）避开海洋开发区域。离岸式海上风电场建设往往需避开港口航道、海底管线、桥梁隧道等各类海洋开发活动区，场址选择和布置困难。该项目选址在潮间带，工程涉及海域的海洋开发活动主要为滩涂养殖，在风电场开放式运行管理的前提下，潮间带风电开发可与滩涂水产养殖相容，因此潮间带风电建设对滩涂海域综合开发利用具有积极意义。

8.1.3.2 施工方案环境合理性分析

根据滩涂高程不同，该项目浅水区采用新型取消过渡段的单桩基础结构（32 台）；深水区采用五桩导管架基础结构（18 台）两种型式。

单桩基础方案不需修筑临时施工围堰，也没有土方开挖，基础周围采用抛石块回填的方式进行基础外部裸露表面的保护工作。该方案除抛石块回填压占基础附近少量潮间带区域，造成少量潮间带生境压占外，对环境扰动较小，可显著减小对海水水质、海洋生态环境和渔业资源的影响。

五桩导管架基础结构施工与单桩基础施工类似，采用整根长管桩的沉桩施工方式，不需修筑临时施工围堰，也没有土方开挖，对海水水质、海洋生态环境和渔业资源的影响较小。

该项目海底电缆的平面布置采用并行埋设方式，可大大减少海缆施工临时占海面积，尽可能地减缓了施工悬浮泥沙影响的范围和海缆铺设对潮间带生物和底栖生物等的破坏范围和程度。

该项目场区平均高潮位较低，滩面较高，根据浅水区潮间带风电场乘潮施工的特点，为确保施工效率，本阶段在浅水区施工选用吃水在2m左右的专用甲板驳船在低潮位时座滩施工。深水区施工采用具备一定起吊能力的自升式船舶进行沉桩施工。不仅可减少施工临时场地占用面积，而且可避免施工临时设施拆除带来的大量弃渣和二次生境扰动。潮间带区域水深小于2.5m区域海缆采用两栖反铲挖掘机乘退潮露滩时机挖沟和回填，采用反铲挖掘机露滩干地施工，所需施工作业面积较小和悬浮泥沙产生量也较小，因此对潮间带生态环境、海水水质及海洋生态环境影响较小。水深大于2.5m区域采用射水挖沟犁高压射水挖沟，电缆敷设船敷设，技术成熟，施工速度快。

在施工期环境管理方面，严格划定施工作业带，尽量选择在低潮位露滩时进行干地施工，施工高峰期尽量避开鸟类大规模迁徙期、春末夏初鱼虾类等渔业资源集中繁殖的产卵、索饵期以及种质资源保护期，可最大限度减小工程施工对生态环境的干扰。

综上所述，该项目的施工方案是适应潮间带生态环境特点的、环境影响相对较小的施工方案，具有环境合理性。

8.1.4　评价工作等级、评价范围

1. 评价工作等级

该项目建设主要包括潮间带风电机组及其基础、海底电缆等，属海洋能源开发利用工程，规模为大型工程。工程位于沿岸海域，涉及海水增养殖区等，生态环境较为敏感，根据《海洋工程环境影响评价技术导则》（GB/T 19485—2014）规定中评价等级判定标准，水文动力环境、水质环境、沉积物环境、生态环境和地形地貌与冲淤环境的综合评价等级均为1级。

根据《建设项目环境风险评价技术导则》（HJ 169—2018）中评价等级判定标准，该项目无生产、加工、运输、使用或贮存有毒物质、易燃物质、爆炸性物质，故该项目环境风险评价仅作简要分析。

2. 评价范围

根据《海洋工程环境影响评价技术导则》（GB/T 19485—2014）并结合该项目特点以及工程所在海域环境特征，确定该项目海域重点评价范围面积约为840km^2，向海侧距离海堤约18km。

8.1.5 环境敏感目标

根据海洋功能区划及现场查勘，该项目评价范围内涉及的海洋环境敏感目标见表8-3。

表8-3 该项目涉及的海洋环境敏感目标

序号	保护目标名称	方位	距离/km	环境保护要求
1	滩涂养殖区1	西	5.0	海水水质、沉积物、生态环境、渔业资源（生产）
2	滩涂养殖区2	西侧	部分风电场位于养殖区范围内	
3	滩涂养殖区3	—	部分风电场位于该区内	
4	农渔业区1	—		
5	农渔业区2	—		
6	港口航运区1	东	3.5	水文动力、地形冲淤
7	渔港1	西南	3.2	
8	特殊利用区1	东北	5.7	
9	旅游休闲娱乐区1	南	1.5	海水水质、沉积物、生态环境
10	国家级水产种质资源保护区1	东北	8.1	
11	国家级水产种质资源保护区2	北	14.1	

8.1.6 环境评价标准

8.1.6.1 环境质量标准

1. 海洋水质

根据海洋功能区划，该项目海域具有滩涂养殖功能，海洋水质执行《海水水质标准》（GB 3097—1997）中第二类标准和《渔业水质标准》（GB 11607—89）。

2. 海洋沉积物

海洋沉积物质量执行《海洋沉积物质量》（GB 18668—2002）中第一类标准。

3. 生物质量

双壳类海洋生物质量执行《海洋生物质量》（GB 18421—2001）第一类标准，甲壳类、鱼类海洋生物质量（除砷、铬和石油烃外）执行《全国海岸和海涂资源综合调查简明规程》中的海洋生物质量评价标准，甲壳类、鱼类体内污染物砷、铬和石油烃执行《第二次全国海洋污染基线调查技术规程》（第二分册）中的海洋生物质量评价标准。

4. 环境空气

环境空气执行《环境空气质量标准》（GB 3095—2012）二级标准。

5. 声环境

声环境执行《声环境质量标准》(GB 3096—2008) 1 类标准。

6. 电磁环境

电磁场参照《500kV 超高压送变电工程电磁辐射环境影响评价技术规范》(HJ/T 24—1998) 的推荐值，以 4kV/m 作为居民区工频电场评价标准，以 0.1mT 作为工频磁感应强度评价标准。

无线电干扰根据《高压交流架空送电无线电干扰限值》(GB 15707—1995)，对于电压等级为 220kV 的输变电工程，在测试频率为 0.5MHz 的晴天条件下，距输电线路边相导线投影 20m 处，距变电站围墙外 20m 处，无线电干扰限值不大于 53dB(μV/m)。

8.1.6.2 污染物排放标准

1. 污废水

污废水排放执行《污水综合排放标准》(GB 8978—1996) 中的一级标准；污废水收集处理后回用，执行《城市污水再生利用城市杂用水水质》(GB/T 18920—2002) 中相应用途的回用标准。

2. 船舶污废水和固体废物

船舶污废水和固体废物执行《船舶污染物排放标准》(GB 3097—1997) 和《国际防止船舶造成污染公约》(MARPOL 73/78) (2011 年修正案)。

3. 噪声

施工噪声执行《建筑施工场界环境噪声排放标准》(GB 12523—2011)。

4. 电磁辐射

(1) 电磁场。参照《500kV 超高压送变电工程电磁辐射环境影响评价技术规范》(HJ/T 24—1998) 的推荐值，居民区工频电场强度不大于 4kV/m，磁感应强度不大于 0.1mT。

(2) 无线电干扰。根据《高压交流架空送电无线电干扰限值》(GB 15707—1995)，对于电压等级为 220kV 的输变电工程，在测试频率为 0.5MHz 的晴天条件下，距输电线路边相导线投影 20m 处、距变电所围墙外 20m 处，无线电干扰限值不大于 53dB(μV/m)。

8.2 自然环境影响评价

8.2.1 环境现状调查与评价

8.2.1.1 水文动力环境现状调查分析

项目海域潮汐性质属规则半日潮。洋口港烂沙洋北水道无论大、中、小潮基本上

均是涨潮历时长于落潮历时，尤其是近岸边和浅滩涨潮历时是落潮历时 1.5～2.0 倍，历时差最大为 4h；中间深槽处基本相当；中水道大、中、小潮期，深槽向北是涨潮历时长于落潮历时，深槽向南是落潮历时长于涨潮历时；南水道均是涨潮历时长于落潮历时，岸边和浅滩历时差大于中间深槽处。

北水道和中水道从北向南涨潮时潮平均流速均逐渐减小；落潮潮平均流速呈单峰形，中间深槽处落潮流最大，向两边逐渐减小。北水道岸边和浅滩涨潮时潮平均流速大于落潮潮平均流速，中间深槽处落潮潮平均流速大于涨潮潮平均流速。无论大、中、小潮北岸边涨潮流速最大，测得的最大涨潮潮平均流速值为 1.03m/s；中间深槽处落潮流最大，测得的最大落潮潮平均流速值为 1.03m/s。中水道以起点距 4500m 左右为界，向北为涨潮流大于落潮流，向南为落潮流大于涨潮流。测得的最大涨潮潮平均流速值为 0.93m/s，中间深槽处落潮流最大，测得的最大落潮潮平均流速值为 0.99m/s。

南水道近南岸深槽处涨、落潮流最大，浅滩处涨、落潮流最小。整个南水道均是涨潮潮流大于落潮潮流。测得的最大涨潮潮平均流速值为 1.09m/s，最大落潮潮平均流速值为 0.91m/s，均出现在南岸深槽处起点距为 11000m 处。

烂沙洋北水道的水流流态基本与测验断面垂直，流路一致性比较好；中水道与南水道受到浅滩影响的地方，涨潮流向北偏 10°～20°。整个断面大、中、小潮涨潮流向平均为 272°，落潮流向平均为 91°。

8.2.1.2 地形地貌与冲淤现状调查分析

该项目场区有较强烈的侵蚀或堆积过程，地形变化较大，呈脊槽相间的模式，沙脊基本保持其原有走向逐渐向外延伸，潮流通道内深槽则继续向纵深方向发展，并在沙脊两侧及通道顶部区域发生侵蚀，整体表现为深槽冲刷，沙脊淤积。项目场区最大冲刷深度为 16.7m，发生在沟槽内，冲刷强度达 2.1m/a，最大淤积深度为 9.2m，淤积强度达 1.15m/a。各机组位置处，最大冲刷深度发生在 22 号机组位置，冲刷深度为 6.5m，冲刷强度 0.8m/a，其次为 12 号和 21 号机组位置，冲刷深度分别为 5.3m、5.2m。23 号、24 号、42 号、44 号位置处冲刷深度都大于 3m。

从大范围海岸整体冲淤趋势来看，项目区岸段属淤长型海岸，岸滩整体处于淤长状态，长周期淤长速率为 20～30m/a，淤高速率为 1～2cm/a。从 1994—2003 年等深线对比分析可以看出，本海区西部岸滩呈淤积趋势，工程区附近岸滩基本处于稳定状态。

8.2.1.3 海洋环境质量现状调查与评价

根据两期海水水质监测结果及评价结果可知，工程海域主要海水水质超标因子为油类、无机氮和活性磷酸盐。无机氮、活性磷酸盐超标原因可能与沿岸各类生产、生活污水排放有关；油类指标在部分调查站位超标可能与工程海域内航道中航行的船舶污染物排放有关。

评价海域沉积物质量调查所测各项指标均符合《海洋沉积物质量》（GB 18668—2002）一类标准，可见工程海域沉积物质量总体良好。

1. 浮游植物

2013年5月调查期间调查海域共鉴定出浮游植物6门41属80种；密度平均值为0.5370×10^{6}个/m^3，优势种类为线形圆筛藻、具边线形圆筛藻、中肋骨条藻等；多样性指数均值为3.5175，均匀度均值为0.7886，丰富度均值为1.1447。

2013年9月调查期间共鉴定出浮游植物4门41属81种；密度均值为4.6018×10^{5}个/m^3；优势种共7种，为中肋骨条藻、翼根管藻、丹麦细柱藻等；多样性指数均值为2.1525，丰富度均值为1.2919，均匀度均值为0.7014。

2. 浮游动物

2013年5月调查海域共鉴定浮游动物6大类29种。大型浮游动物密度均值为220个/m^3；中小型浮游动物密度均值为个8345个/m^3。大型浮游动物生物量平均值为155.5mg/m^3，小型浮游动物生物量平均值为328.4mg/m^3，大型浮游动物优势种类有4种，分别为真刺唇角水蚤、小拟哲水蚤、中华哲水蚤等。中小型浮游动物优势种类有6种，分别为克氏纺缍水蚤、小拟哲水蚤等。大型和中小型浮游动物多样性指数平均值为1.7469和1.8159。

2013年9月调查期间调查海域共鉴定浮游动物5大类35种。大型浮游动物密度均值为283个/m^3；中小型浮游动物密度均值为5373个/m^3，生物量平均值为899.1mg/m^3，小型浮游动物生物量平均值为606.0mg/m^3；大型浮游动物优势种类有6种，分别为强壮箭虫、小拟哲水蚤、真刺唇角水蚤等。中小型浮游动物优势种类有4种，分别为短角长腹剑水蚤、小拟哲水蚤、桡足幼体等。大型和中小型浮游动物多样性指数平均值为2.0772和2.0666。

3. 底栖生物

2013年5月调查海域定量采集（采泥器采集）共鉴定底栖生物14种，其中环节动物5种，甲壳动物4种，软体动物3种，棘皮动物1种，鱼类1种。定性调查（阿氏网采集）共鉴定底栖生物26种，其中甲壳动物16种，软体动物1种，鱼类9种。生物栖息密度范围为0～210个/m^2，平均值为30个/m^2；生物量平均值为17.9894g/m^2。优势种类共有2种，分别为纵肋织纹螺和滩栖阳燧足。丰富度均值为0.0978，多样性指数均值为0.5168，均匀度均值为0.3773。

2013年9月调查海域定量调查（采泥器采集）共鉴定底栖生物11种，其中环节动物2种，纽形动物1种，软体动物8种。定性调查（阿氏网采集）共鉴定底栖生物21种，其中甲壳动物12种，鱼类6种，环节动物2种，纽形动物1种。栖息密度平均值为14个/m^2；生物量平均值为6.0018g/m^2。优势种类仅有1种，为托氏昌螺。

丰富度均值为0.0513，多样性指数均值为0.2516，均匀度均值为0.2245。

4. 潮间带生物

2013年5月调查海域3个断面共鉴定潮间带生物31种，其中环节动物10种，软体动物12种，甲壳动物4种，纽形动物2种，腔肠动物1种，鱼类1种，贝类卵块1种。平均栖息密度和生物量分别为134个/m^2和51.30g/m^2。

2013年9月调查海域3个断面共鉴定潮间带生物24种，其中环节动物3种，软体动物12种，甲壳动物7种，腔肠动物1种，腕足动物1种。平均栖息密度和生物量分别为82个/m^2和88.54g/m^2。

5. 生物质量

2013年5月海洋生物质量调查结果显示5月监测的拖网生物质量除在12号站位甲壳类葛氏长臂虾出现石油烃超标外，其余站均符合标准要求；潮间带贝类样品中铜、铅、锌、镉、铬、汞、砷、石油烃均符合一类生物质量标准。

2013年9月海洋生物质量调查结果显示拖网生物质量在3号、7号、18号站位石油烃超标外，其余站均符合标准要求；潮间带贝类样品中铜、铅、锌、镉、铬、汞、砷、石油烃均符合一类生物质量标准。

6. 渔业资源

2013年3月在调查海域12个站位进行垂直与水平拖网调查，受气温和水温较低影响，且未到鱼类主要产卵时间，出现鱼卵和仔稚鱼数量较少，仅水平拖网出现4个站位，出现率为33.3%，垂直拖网中未出现。

2013年10月调查海域12个站位的水平网和垂直网均未发现鱼卵。垂直网定量中未发现仔鱼，水平网定性中共发现2目3科3种，分别为鲱形目的鳀、鲱形目的脂眼鲱、鲻形目的鲅。

2013年3月调查海域12个站位中，共出现渔业资源39种。其中鱼类19种，占总种类的48.72%；虾类12种，占30.77%；蟹类6种，占15.38%；头足类2种，占5.31%，渔业资源平均资源量为213.9714kg/km^2。资源密度平均为16104尾/km^2；优势种有葛氏长臂虾、日本蟳；多样性指数平均为2.37，范围为1.13～3.49。丰富度平均为1.38，范围为0.81～1.92。均匀度平均为0.62，范围为0.28～0.81。

2013年10月调查调查海域12个站位中，共出现渔业资源51种。其中鱼类33种，占总种类的64.71%；虾类9种，占17.65%；蟹类8种，占15.69%；头足类1种，占1.96%，渔业资源平均资源量为828.532kg/km^2。资源密度平均为33145尾/km^2；优势种有三疣梭子蟹、日本蟳、葛氏长臂虾、中国花鲈、口虾蛄和红线黎明蟹；多样性指数平均为2.42，范围为1.10～3.12。丰富度平均为1.40，范围为1.05～1.84。均匀度平均为0.55，范围为0.25～0.75。

7. 鸟类

2010 年 3—4 月调查共记录到鸟类 152 种 34872 只，其中水鸟 66 种 33534 只，占调查记录到的鸟类总数的 96.2%，非水鸟 68 种 1338 只，占调查记录到的鸟类总数的 3.8%。水鸟主要为鸻鹬类和鸥类，这些水鸟主要在堤外潮间带湿地栖息，但是在高潮位滩涂淹没后，这些鸟会聚集在大堤高程较高的裸地或是飞入堤内荒地内休憩。

8.2.2 污染物排放概况

8.2.2.1 施工期

1. 风电机组基础施工工序与产污分析

该项目风电机组基础采用单桩基础和五桩导管架基础两种方案。机组主要施工工序和产污环节如图 8-1、图 8-2 所示。

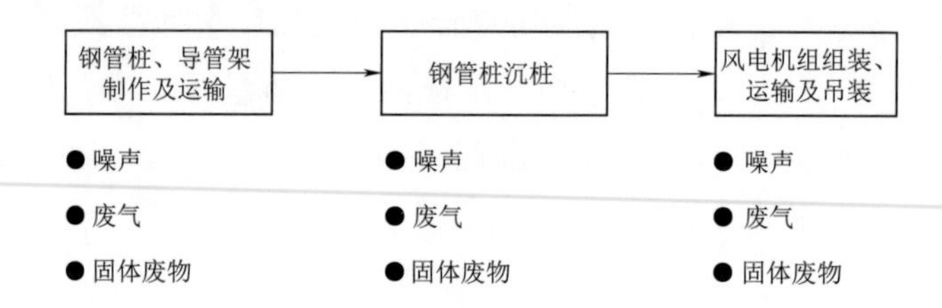

图 8-1　单桩基础风电机组主要施工工序及产污环节

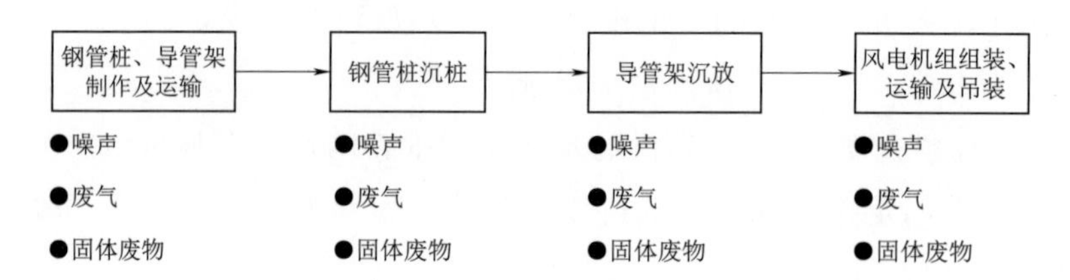

图 8-2　五桩导管架基础风电机组主要施工工序及产污环节

2. 电缆施工工序与产污分析

电缆施工工序和产污环节如图 8-3、图 8-4 所示。

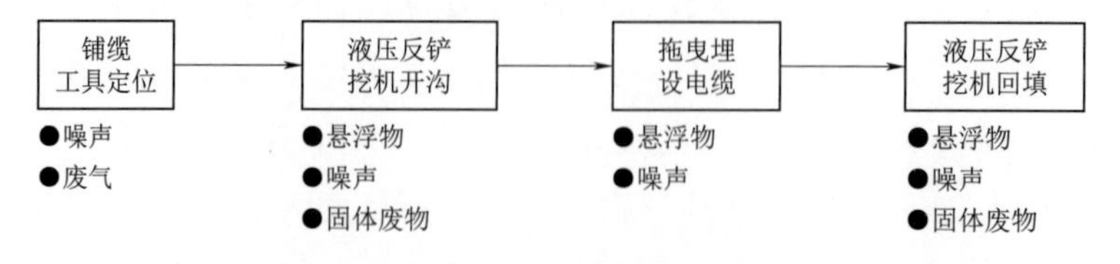

图 8-3　电缆主要施工工序及产污环节（水深 2.5m 以浅）

3. 升压站施工工序与产污分析

陆上升压站施工工序和产污环节如图 8-5 所示。

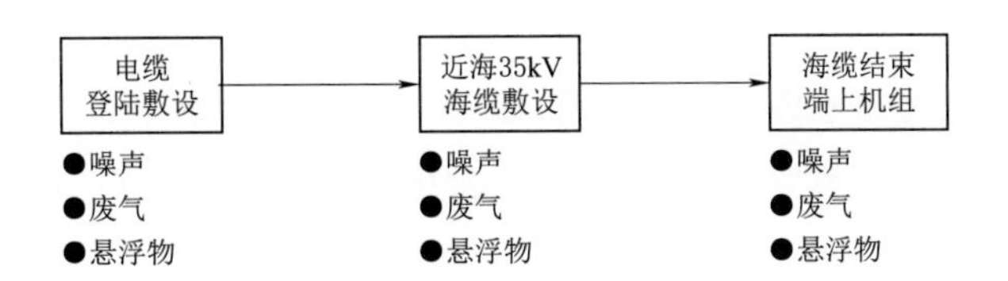

图 8-4 电缆主要施工工序及产污环节（水深 2.5m 以深）

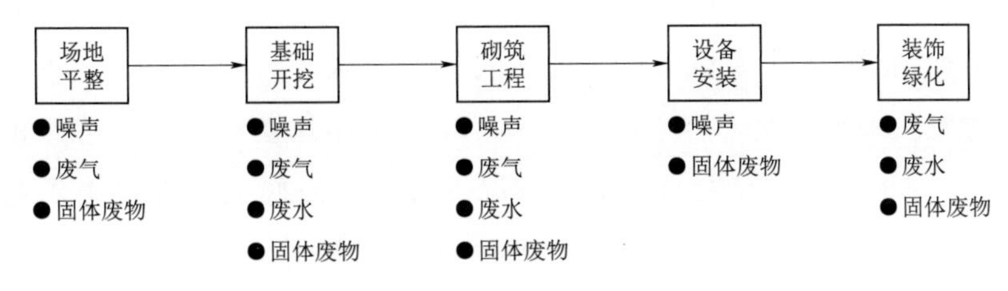

图 8-5 升压站主要施工工序及产污环节

8.2.2.2 运行期

风电场主要运行工序及产污环节如图 8-6 所示。

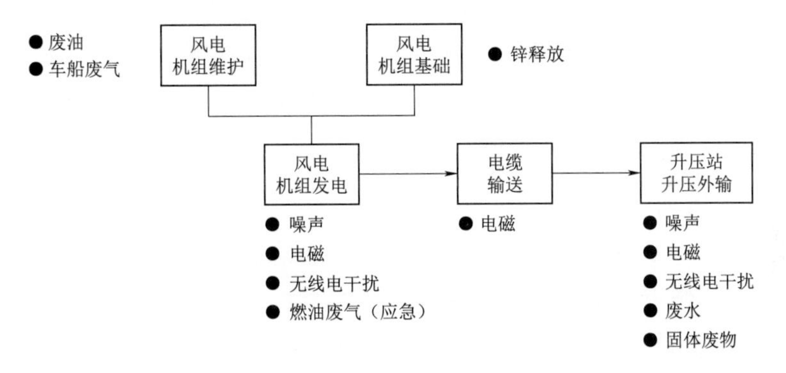

图 8-6 风电场主要运行工序及产污环节

8.2.3 施工期自然环境影响评价

根据该项目特点，施工期污染源主要包括海域施工产生的悬浮泥沙、施工船舶的含油污水、生活污水等，陆域施工产生的生活污水、施工废水，生活垃圾和建筑垃圾以及施工噪声等。

8.2.3.1 施工悬浮泥沙对海水水质的影响

该项目风电机组基础采用单桩基础（32 台）和五桩导管架基础（18 台）两种方案。单桩基础的钢管桩采用 2000t 平底驳配 S-1200 型液压打桩锤进行沉桩作业；五桩导管架基础的钢管桩采用自升式船舶配 S280 型液压打桩锤进行施工。32 台单桩基础机组所在区域滩面高程为－3.00～0.50m，平均低潮位时水深为 0～0.82m，采用低潮位时座滩方式进行施工。18 台五桩导管架基础机组所在区域滩面高程为－12.0～

−3.0m，平均低潮位时水深为 0.82～9.82m，采用海上自升平台施工。施工时振动导致海底泥沙悬浮引起水体浑浊，污染局部海水水质，影响局部沉积物环境。根据有关桥梁桩基施工时实测资料，在钢管柱施打会引起周围约 100m 半径范围内悬浮泥沙增加（>10mg/L）。

水深小于 2.5m 区域海底电缆采用两栖式反铲挖掘机乘退潮露滩时机挖沟，海底电缆作业效率为 200m/h，电缆沟槽挖深约 2m，面宽 1m，底宽 0.5m，开挖截面约为 $1.5m^2$。工程开挖区的泥沙为粉砂质，经压实后密度较大，容重可达 $1780kg/m^3$，开挖后再回填的泥沙未经压实，容重约 $1290kg/m^3$。按回填土和开挖土容重的差异产生的土方量在涨潮 6h 内全部流失的最不利情况下计算，海底电缆埋设施工的悬浮物源强为：$[200\times1.5\times(1780-1290)]/(6\times60\times60)\approx6.8kg/s$。

水深大于 2.5m 区域采用射水挖沟犁高压射水挖沟，正常铺设速度为 1m/min，电缆沟深 2m，宽 0.5m，开挖截面为 $1.0m^2$。电缆铺设正常施工土方量为 $1m^3/min$，单条电缆施工的悬浮物源强以施工土方量的 20%计，则深槽段电缆施工的悬浮物源强为 $1.0\times1/60\times1780\times20\%\approx5.9kg/s$。

根据对工程海底电缆沟槽开挖时产生的悬浮物计算结果统计得：项目电缆施工悬浮物增量值大于 100mg/L 的最大影响面积合计为 $32.3km^2$，大于 50mg/L 的最大影响面积合计为 $50.8km^2$，大于 20mg/L 的最大影响面积合计为 $62.1km^2$，大于 10mg/L的最大影响面积合计为 $75.5km^2$。

由于施工污废水量较小且较为分散，带来的影响是局部的、短期的和可逆的，影响较小，一旦施工结束，影响即可消除。

该项目部分基础（32 台）施工、机组分体吊装时，施工船舶将进行坐滩施工，坐滩施工的船舶主要为 2000t 级平底驳。驳船选用 2m 以内浅吃水船型，驳船底面积约 $500m^2$。由于船舶坐滩过程发生在落潮时水深小于船舶吃水至船舶坐稳约数小时的时段内，在此期间，水深对于船舶保持有一定的浮力，因此，船舶坐滩是一个较为平缓的过程，施工船舶坐滩施工仅对船舶底面积范围内的潮滩产生一定的压占，不会引起明显的泥沙扰动与扩散。

8.2.3.2　施工对海洋沉积物环境的影响

施工期由于施工船舶在工程海域集结和在滩涂区设置施工场地，施工活动将产生生产废水、生活污水和垃圾等，若管理不善，可能发生施工机械船舶废水、施工生产废水和生活污水等未经处理直接排入海洋，或生活垃圾、废机油等直接弃入海中，直接污染区域海水水质，进而影响区域海域沉积物质量，可能造成沉积物中酸碱度、有机污染物、大肠菌群、病原体和石油类等指标超标。因此必须严格做好施工期监管、监理和监测的工作，保护沉积物环境。

8.2.3.3 生态影响

该项目施工期对生态环境的影响主要体现在海底电缆埋设过程中海水悬浮物浓度升高导致海洋初级生产力下降、渔业资源损失以及电缆埋设过程对潮间带和潮下带生物生境的破坏。

1. 潮间带临时占用

根据可研报告，登陆段电缆路径开沟槽施工时，需在海堤外侧沿海底电缆设计路由挖出宽约 16.5m，深 2.5m 的电缆沟一条，并在其靠海一端根据敷缆船的船型尺寸挖出长 100m，宽 40m 的沟槽一个。

该部分占用潮间带区域面积为 $400\times100+780\times16.5=16870m^2$。

该项目 35kV 海底电缆总长 122.5km，其中位于潮间带区域长度为 15.7km，电缆沟槽面宽 1.0m，考虑到使用的两栖式挖掘设备宽度约为 3m，开挖土方堆于沟槽旁，压占宽度为 2m，工程施工将 5m 作为电缆沟槽开挖对潮间带区域的影响宽度，则电缆沟槽占用面积为 $15.7\times1000\times5=78500m^2$。

2. 潮下带临时压占

该项目 35kV 海底电缆总长 122.5km，其中位于潮下带区域长度为 106.8km，采用射水式挖沟犁施工，开沟宽度为 0.5m，考虑到挖沟犁在作业过程中会扰动底泥造成泥沙悬浮，悬浮泥沙在重力作用下回落覆盖原有潮下带底栖生物生境，因此工程施工将 3m 作为开沟作业对潮下带区域的影响宽度，则电缆沟槽占用面积为 $106.8\times1000\times3=320400m^2$。

3. 施工对海洋生物资源的影响

工程施工引起的悬浮泥沙降低局部海域的海洋初级生产力，可能造成浮游植物生物量的减少，从而可能引起以浮游植物为饵料的浮游动物生物量、渔业资源量相应减少。由于工程风电机组基础、电缆沟等建设占用部分滩涂海域，造成所占用海域内潮间带底栖生物丧失以及滩涂水产养殖面积减少和产量下降。工程施工结束后可采用人工放流当地生物地措施进行水生生物恢复与补偿，海域生态环境将逐渐恢复。

该项目施工期和运行期造成海洋生物资源经济损失见表 8-4，共计 379.5 万元。

表 8-4 该项目造成海洋生物资源经济损失汇总表

损失项目	悬浮物扩散影响	潮间带及潮下带临时占用	潮间带及潮下带永久占用	合计
价值/万元	325.0	42.6	11.9	379.5

由于该项目风电机组行列间距较大，且运行期采用非封闭式的管理方法，因此除风电机组基础外的其余海域仍可用于滩涂水产养殖，通过加强与水产养殖单位的沟通，可以提高海域的综合利用率。除工程临时占用的部分潮间带生境在施工结束后需恢复外，工程运行期对海洋生态环境影响不大。

8.2.3.4　施工船舶污染物

根据施工总进度安排，工程施工人员平均人数为 100 人，高峰人数为 120 人。该项目采用分期施工的方式，同期施工船舶数量不高于 16 艘，船上施工人员不大于 120 人，船员生活污水量约为 $12m^3/d$，施工船舶含油污水约为 $3.3m^3/d$。该项目施工船舶均设置有船舶生活污水和船舶含油污水的收集处理装置，并设有垃圾粉碎与贮存装置，经统一收集贮存后定期交由有资质单位接收后统一处理。

船舶生活污水中 BOD_5、SS 浓度分别以 150mg/L、200mg/L 计，则产生量分别为 1.8kg/d、2.4kg/d。船舶含油污水中石油类浓度以 15mg/L 计，则产生量约为 0.05kg/d。船舶生活垃圾产生量约为 0.12t/d。

8.2.3.5　施工临时场地污染物

陆域施工临时场地污染物主要包括：施工生产废水、施工固体废物施工生活污水和生活垃圾等。根据施工组织设计，工程所需要混凝土本阶段考虑采取外购商品混凝土的方式，陆上现场不设置混凝土生产系统，因此施工生产废水主要为机械停放场施工机械、车辆冲洗以及机械修配厂施工机械、车辆维修产生的含泥沙废水、含油污水等。施工固体废物主要为综合加工厂钢材、木料废弃边角料以及废包装材料等。

按陆域施工人员高峰人数 40 人考虑，生活用水量按 100L/(人·d) 计，则陆域施工人员产生的生活污水约 $3.6m^3/d$。由于该项目施工活动主要在海上，陆上施工机械、车辆较少，故施工生产废水产生量较少，约为 $5m^3/d$。施工污废水合计约 $8.6m^3/d$。因此，陆域施工生产废水、生活污水经处理达到《城市污水再生利用　城市杂用水水质》(GB/T 18920—2002) 中相应用途的回用标准后回用于施工机械、车辆冲洗以及绿地浇灌等，不外排。

按陆域施工人员高峰人数为 40 人估算，陆域施工人员生活垃圾产生量约为 0.04t/d。钢材、木料废弃边角料以及废包装材料等施工固体废物中扣除可回收利用部分后，实际产生量很少。

8.2.3.6　施工噪声

项目施工噪声主要来源于打桩、土方开挖、混凝土拌制、浇筑以及施工材料的运输等施工活动。

根据该项目施工进度安排，单台单桩基础运输与沉桩作业 3 个工作日，沉桩作业 0.5～1 个工作日，设备移位一次 1～2 个工作日，可见沉桩施打产生的水下噪声具有不连续、持续时间有限、无多声源叠加等特点，施工造成水下声压高于平均值的水域面积有限。该项目 32 台风电机组位于潮间带区域，采用坐滩施工方式液压沉桩，产生的噪声要比海中施工小，且从传播途径上来看，噪声、振动通过滩涂泥沙缓冲后传入水体，其强度也比海上施工低。通过分析水下噪声影响机理，施工水下噪声对鱼类的影响主要表现为噪声滋扰导致鱼类暂时游离施工水域，并不会造成鱼类大量死亡。

若在打桩作业中采取“软启动”，使噪声源强缓慢增强，以驱使鱼类离开施工水域，可避免水下高噪声可能造成的鱼类身体器官损伤和死亡。

试验和研究证明，当水域声压值大于鱼类能感受的阈值时，鱼类会逃离该水域，而仅当鱼类长时间、连续性暴露在远高于鱼类能感受的阈值声压条件下，噪声才会对鱼类身体器官造成影响，并出现鱼类昏迷和死亡现象。因此，风电机组基础打桩作业对渔业资源的影响主要体现于对鱼类的驱赶作用。如果这一水域有石首鱼科种类，则打桩作业对石首鱼科种类的影响较大。

8.2.3.7 环境风险

该项目在风电机组布置阶段已经避开了周边进港航道，但由于施工期各类船舶数量较多，对航道的通航环境势必会造成一定影响，存在船舶由于碰撞而产生的溢油事故的风险。该项目施工船舶中载油量最大的为吊装船舶，总载油量为200t，共4个油舱，即单舱载油量50t，故取50t作为泄漏事故预测的源强。

8.2.4 运营期自然环境影响评价

8.2.4.1 废水

运营期废水主要有新增工作人员的生活污水和设备检修产生的含油污水。

1. 生活污水

工作人员共计10人，生活用水量按200L/(人·d)计，排放系数取90%，则人均污水排放量为180L/(人·d)，合计1.8m^3/d，主要污染物浓度为：COD 250mg/L，SS 200mg/L，NH_3-N 30mg/L。生活污水排入一期工程污水处理站，采用“化粪池+地埋式生活污水处理装置”处理。由于生活污水排放量较少，处理达到《城市污水再生利用　城市杂用水水质》(GB/T 18920—2002) 中相应用途的回用标准后用于绿地浇灌，不外排。

2. 含油废水

风电机组等设备每年检修一次，预计含油废水量约为2m^3/a。主要污染物浓度约为：COD 200mg/L，SS 300mg/L，石油类100mg/L，经采用隔油沉淀池隔油处理后进入地埋式生活污水处理装置处理。由于含油废水产生量很小，处理达到《城市污水再生利用　城市杂用水水质》(GB/T 18920—2002) 中城市绿化用途的回用标准后用于绿地浇灌。隔油池中废油由有资质单位外运处置。

8.2.4.2 生态影响

该项目运行期对生态环境的影响主要表现为风电机组基础对潮间带和潮下带区域的永久占用。该项目50台机组中有32台位于潮间带区域，为单桩基础，钢管桩直径6.2m，其外围采用抛石保护，宽度为5m，则单台机组永久占用潮间带面积为$3.14\times(6.2/2+5)^2\approx206m^2$；另有18台为五桩导管架基础，单根钢管直径2m，则单台机组永久占用潮下带面积为 $3.14\times1^2\times5=15.7m^2$；该项目机组基础占用潮间带面积 $206\times32=6592m^2$，占用潮下带面积 $15.7\times18=282.6m^2$，共计 $6874.6m^2$。

风电机组基础的建设将永久占用海域，对该面积内的海域底栖生物造成不可逆转的影响；电缆铺设等将临时占用海域，临时占用海域内的底栖生物因底泥挖除而全部丧失，需要较长时间的恢复。

8.2.4.3 噪声

运行期风电场噪声主要为风电机组运转产生的，通过结构振动经塔筒、风电机组桩基传入水中的低频噪声。根据计算结果，距离基础 50m 范围内，水下噪声影响较明显，叠加背景值后噪声贡献值约 20%。距离基础 100m 范围外，水下噪声影响程度明显减轻。

根据历史资料和渔业资源调查，该项目海域有相当一部分石首鱼科鱼类，例如大黄鱼、棘头梅童鱼、小黄鱼、叫姑鱼、白姑鱼、鮸鱼等。石首鱼科鱼群通过发出声音信号进行联络，其耳石对声音特别敏感，过高的声波频率和过大的声压均会使石首鱼科的鱼类产生昏厥甚至死亡。

由于该项目区域附近类似风电场数量较多，不排除大片风电机组运行期产生的低频噪声对鱼类产生叠加影响的可能，出于对海洋生态和渔业资源的保护考虑，该项目建成后，应及时开展水下噪声的监测工作，并探讨其低频噪声对海洋鱼类及哺乳动物的影响程度。

8.2.4.4 鸟类

本风电场位于处于亚太地区候鸟迁徙路线上，是许多候鸟迁徙过境时的必经之地。风电场运行时，一方面会引起鸟撞的发生从而直接给鸟类带来影响，另一方面由于鸟类栖息地生境的改变从而影响到鸟类的觅食和能量补充。

工程运行期，风电机组运转对在工程区域滩涂中栖息觅食的鸟类有一定的影响，鸟类的栖息觅食活动范围受到一定限制和干扰。对于迁徙过境的鸟类，由于其飞行时高度一般较高，与风电机组发生碰撞的概率很小，但在天气较为恶劣、能见度较低的时候，迁徙鸟类的飞行高度降低，存在与风电机组碰撞的风险，但发生的概率总的来说较低，不会对区域鸟类的数量种类造成明显影响。

8.2.4.5 固体废物

运行期固体废物主要为新增工作人员 10 人产生的生活垃圾，按 1.0kg/(人·d) 计，则日产生活垃圾 10kg/d，年产生活垃圾 3.65t/a。

8.2.4.6 牺牲阳极锌释放

参照《港工设施牺牲阳极保护设计和安装》(GJB 156A—2008)，该项目所采用的牺牲阳极规格为 Al - Zn - In - Mg - Ti 合金牺牲阳极，牺牲阳极中金属锌含量为 5.5%。

单桩基础单台所需牺牲阳极块数量为6块，单块重量约为55kg，总重量为330kg；五桩导管架基础单台所需牺牲阳极块数量为10块，单块重量约为55kg，总重量为550kg。则整个风电场牺牲阳极中金属锌重量为1125.3kg（330×32×0.055+550×18×0.055）。牺牲阳极按25年寿命计算，该项目风电机组牺牲阳极每年的锌释放量约为45.0kg。其中约有13%以颗粒态锌进入沉积物，平均单台风电机组每年可能进入沉积物的锌约0.12kg。工程海域海底表层土容重为1780kg/m³，保守考虑进入沉积物的锌仅在风电机组桩基周围10m范围、表层1m内全部沉积，此范围内沉积物中年锌增量约为0.20×10^{-6}g，以25年计，累积增量为5.0×10^{-6}g，叠加工程海域沉积物中锌含量最大本底值98.8×10^{-6}g，则沉积物中锌含量为103.8×10^{-6}g，低于《海洋沉积物质量》（GB 18668—2002）中第一类的标准值150×10^{-6}g。锌是海水中所含的常见物质之一，在工程实际运行中，牺牲阳极的锌释放到海水中后易随海水扩散进入大范围的循环，沉积的锌在化学、生物作用下也不易形成稳定型态而在25年内持续累积，基础周围沉积物中锌含量较低。因此，基础牺牲阳极锌释放对工程海域沉积物环境不会有明显不利影响。

8.2.4.7 电磁辐射

该项目需新建220kV升压站一座，选用1台200MV·A的主变压器。由于升压站电气设备均布置在室内，经过建筑物的屏蔽，电气设备室外地面工频场强值基本与周围环境本底值接近，故升压站对电磁环境无明显影响。

本风电场海底电缆埋设于滩涂泥面以下2m处，对电缆沿线电磁环境影响范围一般在1m以内，影响很小。海底过海堤电缆电压等级为35kV，且电缆有良好的屏蔽效果，在与地面保持一定高度情况下电磁辐射影响很小。

8.2.4.8 对水文水动力的影响

应用Delft3D数学模型系统采用垂向平均二维潮流计算模式对风电场建设引起的水文动力影响进行预测。根据预测结果，风电桩基对工程区水流涨、落潮平均流速的影响，除水深较大区域外大部分是不连续的，只局限于桩基附近。处于0m以上浅滩的风电桩基对工程区海域流场的影响较小，对水流动力影响的范围局限在距桩基600m以内。0m以深桩基对水流动力影响的范围局限在距桩基1.5km以内。小潮过程中由于浅滩区流速较小，流速的变化和影响范围均不及大潮的一半。

8.2.4.9 对岸滩泥沙冲淤的影响

项目在场址内呈斑点状分布，风电机组之间间距较大。计算结果显示，本工程风电场建设后，在桩基的迎水面（涨、落潮方向），桩基附近存在一定的淤积，在垂直涨落潮方向桩基的两侧，存在局部的冲刷。风电区深水区和浅水区岸滩因流速减小引起的冲淤积变化强度为10～30cm/a，工程建设后1～2年内即可达到冲淤积平衡。风电桩基的泥沙淤积分布大部分是不连续的，仅局限于桩基附近，不会引起工程区附近滩面的整体性冲淤变化。0m 以上浅滩区桩基引起的泥沙冲淤仅局限于桩基 300m 附近，引起的冲淤幅度为 10～20cm；0m 以下水域桩基引起的泥沙淤积也只局限于桩基 1.0km 附近，引起的冲淤幅度为 30～50cm。

8.3 社会环境影响评价

工程总投资约 30 亿元。工程建设需要采购大量钢结构、风电机组设备、土建材料等必备物资，物资的运输与调配需要当地现有的道路、码头等基础设施，工程实施过程中需要大量人力投入。上述建设活动不仅对当地劳动力市场、就业率具有明显的促进作用，对当地经济也具有显著的带动作用。并可以推动当地产业升级，提升制造业整体水平，对整个地区的电子、电气、机械制造、航运、物流各行业有着明显的促进作用，同时也能提升当地劳动力的平均技术水平和层级。

由于工程为潮间带风电场，距离岸线较近，工程投入运行后，蓝天白云背景下整齐排布的风电机组也将成为当地的一道风景，对区域景观也具有较明显的改变，可以吸引当地群众前来参观。同时风电场的运行还为青少年践行可持续发展战略提供具体的科普教育场景，对培养青少年保护地球，保护环境、开发清洁能源，共建绿色地球家园等环保意识具有明显的社会效益。因此，工程的建设具有较显著的社会影响正效益。

8.4 环境管理方案

8.4.1 环境事故风险分析与评价

该项目施工期主要通过船舶进行海上作业，该项目运行期需通过船舶进行风电机组监测检修，需动用一定数量的各类施工船舶、车辆和机械，其均需携带一定数量的燃料油，根据《建设项目环境风险评价技术导则》中给出的“物质危险性标准”和《危险化学品重大危险源辨识》（GB 18218—2000），汽油等燃料油属易燃物质，海上施工过程中各类船舶由于恶劣的自然条件、人为操作失当等发生通航安全事故及进而可能引发的溢油事故。同时该项目海域附近约 0.85km 处有进出港航道，海域有一定数量的船只通航及停泊，涉海施工期间各类施工存在与运输船舶发生碰撞并造成油品泄漏的可能。

工程海域属北亚热带季风气候地区，受潮汐和风浪影响较大，如遇特大风暴潮、雷击等灾害，会对工程的运行带来严重损害。此外，水道摆动和风电机组基础冲刷、海底电缆损坏、基础腐蚀风险、风电运行风险、火灾风险、通航安全等环境风险事故

也有一定的发生概率。

8.4.2 公众参与

该项目环境影响报告书初稿形成后，在项目周边区域开展了现场问卷调查工作。现场问卷调查对象分个人和团体，个人调查对象通过现场走访，从在影响区域内工作、生活的公众中按比例随机抽取；团体公众参与共选择了27个参与对象，分别为工程周边的行政村和相关企事业单位。

从公众调查的情况来看，绝大部分公众和团体对工程建设持肯定的态度，针对收集到的与环保有关的合理的公众建议均予以采纳，并对持反对意见的公众和单位分别进行了电话回访，取得了上述单位和公众的理解与支持。公众认为该项目建设有利于当地经济及各项事业的发展，在不影响周围居民及渔民生活质量的前提下，支持工程建设。

8.4.3 环境保护对策措施

8.4.3.1 施工期环境保护对策措施

1. 合理安排施工进度，注意保护环境敏感目标

为减少施工活动的影响程度和范围，施工单位在制定施工计划、安排进度时，应充分注意到附近海域的环境保护问题，尽量避开春末夏初鱼虾类等渔业资源集中繁殖时产卵、索饵期以及种质资源保护期。并尽量缩短施工期，减少由于施工活动对海域生态环境造成的损害。

2. 优化施工方案，严格施工管理

优化施工方案，尽量选择低潮位露滩时段干地施工，特别是工期较短的电缆铺设施工，避免大量泥沙随潮流入海。严格控制施工设备及人员作业范围，禁止超出作业带作业，减小施工扰动造成的滩涂表层泥沙流失。强化施工渣土管理，做到基础开挖和弃土回填同步进行，弃土临时堆放采取遮盖等避免流失的防护措施；控制基坑排水，应在泥沙下沉后抽排上清液。电缆沟槽开挖产生的沙土应在电缆入沟槽后及时回填夯实，防止沙土随潮流入海。

3. 施工船舶污染控制措施

施工船舶在水域内定点作业、船舶停泊及施工营地均应根据施工作业场地选择合理的环保措施，以保证不发生船舶污染物污染水域的事故。加强对施工船舶的管理，防止机油溢漏事故的发生。施工船舶在港作业期间按照《沿海海域船舶排污设备铅封管理规定》（交海发〔2007〕165号）的要求，应当向海事主管部门申请将排污设备实施铅封，其污染物禁止向海域排放。

4. 施工污废水控制措施

施工生产废水拟采用隔油预沉—过滤—沉淀的处理方式，处理达到《城市污水再生利用　城市杂用水水质》（GB/T 18920—2002）中相应用途的回用标准后贮存作为回用水。施工人员生活污水处理设施考虑永临结合拟采用地埋式生活污水处理装置处理，处理达到《城市污水再生利用　城市杂用水水质》（GB/T 18920—2002）中相应用途的回用标准后回用施工机械、车辆冲洗以及绿地浇灌等。水污染防治措施设计如下：

（1）施工生产废水处理。施工生产废水中各处理设施的型号与参数如下：隔油预沉池设计型号为GC-1SQ型，有效容积约5.4m^3，设计停留时间约15h，污水流速小于5mm/s，污泥、浮油清除周期10天，属无覆土型钢混结构。砂滤沟设计滤速约5m/d，净尺寸（长×宽×高）6m×1m×1m，超高0.3m，采用半地下式砖砌结构。沉淀兼清水池设计停留时间约1天，净尺寸6m×2m×1m，超高0.3m，采用半地下式砖砌结构。

（2）施工人员生活污水处理。施工人员生活污水中各处理设施的型号与参数如下：隔油池选用GG-1SF型（覆土型、钢混结构），清除周期7天，容积1.05m^3，最大处理量为1L/s；化粪池选用G6-16SQF型（覆土型、钢混结构），停留时间24h，有效容积16m^3，清掏期180天，污泥量为0.7L/(人·d)。地埋式生活污水处理装置采用TWZ-A-1型，设备最大污水处理量为1.0m^3/h。

隔油池内废弃油脂送环卫部门指定的专业单位处理。

5. 施工固体废物控制措施

开挖土方尽量用于该项目回填；生活垃圾分类收集，纳入当地垃圾收集系统一并处理。不可回收利用的钢材、木料废弃边角料以及废包装材料等施工固体废物委托当地环卫部门清运处置。

6. 施工期鸟类保护措施

施工期加强鸟类观测，一旦发现鸟类伤亡事故立即停止施工，确保险情解除后方可继续施工；对施工人员进行候鸟保护等法律知识宣传教育，在工地及周边设立爱护鸟类、鱼类和自然植被的宣传牌；严禁捕猎各种鸟类和其他野生动物。

8.4.3.2　运营期环境保护对策措施

1. 运营期污废水控制措施

运营期污废水主要来自工作人员的生活污水，生活污水处理工艺同施工期。因施工期生活污废水处理设施已考虑永临结合，隔油池、化粪池和地埋式生活污水处理装置已于施工期建成。工程运行期只需重新布置污水管线，加长各处理设施的运行周期。化粪池停留时间计24h，清除周期设为360天。粪便污水、食堂废水分别经化粪池和隔油池预处理后排入地埋式生活污水处理装置处理。隔油池内废弃餐饮油脂送环

卫部门指定的专业单位处理。由于该项目运行期新增生活污水产生量不大，仅为0.9m^3/d，处理达到《城市污水再生利用　城市杂用水水质》（GB/T 18920—2002）中相应用途的回用标准后，用于绿地浇灌。由于生活污水量不大，可用于升压站管理区和周边大量的绿地浇灌，因此，该项目运行期污废水回用可行。为了保证污水处理设施的处理效果，应定期对污水处理设施进行检修和维护。

据了解，工程周边的市政污水管网正在修建过程中，远期待市政污水管网建成后，该项目运行期生活污水经过化粪池、隔油池、地埋式生活污水处理装置处理达到《污水排入城市下水道水质标准》（CJ 3082—1999）后，可纳管排入市政污水管网。

升压站内设置了事故油池，一旦变压器发生事故时，可将变压器油排入事故油池，经油水分离装置处理后变压器油全部回收，交有资质的专业单位处理，不外排。

2. 电磁影响防治措施

（1）220kV升压站内所有高压设备、建筑物保证钢铁件均接地良好，所有设备导电元件间接触部位均应连接紧密，以减小因接触不良而产生的火花放电。

（2）对电力线路的绝缘子和金属，要求绝缘子表面保持清洁、不积污，金属间保持良好的连接，防止和避免间歇性放电。

（3）对电气设备的金属附件，如吊夹、保护环、保护角、垫片和接头等应确定合理的外形和尺寸，以避免出现高电位梯度点。金属附件上的保护电镀层要求光滑，所有的边角都应锉圆，螺栓头也应打圆或屏蔽起来，避免尖角和凹凸；使用合理的几何形状和材料的绝缘子及其保护罩，控制绝缘子的表面放电。

（4）安置电气设备的建筑物应尽可能少开门、窗，确需开设的窗户应主要以采光为目的，应选用防辐射玻璃。

（5）随着变电站运行时间的加长，高压设备、配件等也会逐步老化、损坏和受到环境的污染，从而加剧电磁辐射水平。因此，应加强对设备的日常维护管理，及时维修或更换老化、损坏的设备配件。

（6）变电站工作人员应持证上岗，并应加强对工作人员进行有关电磁辐射知识的培训。

（7）220kV输电导线对地和交叉跨越距离严格按照《110kV～750kV架空输电线路设计规范》（GB 50545—2010）的要求执行。

3. 噪声防治

风电机组在布置时，应根据噪声衰减曲线优化机组位置，最大限度地减小机组噪声的影响范围。220kV升压站应尽量选用低噪声变压器，保证主变噪声小于70dB，并尽可能将主变布置在所区中央以确保厂界噪声达标。

4. 生活垃圾处理

生活垃圾总量较少，分类收集，纳入当地垃圾收集系统一并处理。

5. 鸟类保护措施

(1) 风电机组叶片呈警示色。候鸟迁徙的高度一般距地面 100～1000m，根据工程方案，风电机组叶片的最高高度在 102.1m 左右，客观上存在迁徙鸟类撞上叶片的风险。根据研究鸟类通常以视觉判断飞行路线中的障碍物，为减少鸟类碰撞风电机组叶片的机会，根据日本等地的成功经验，风电机组的叶片应当用橙红与白色相间的警示色，用紫外光固化涂料涂漆在风电机叶轮表面，以增加鸟类对风电机组的可见度。使鸟类在飞行中能及时分辨出安全路线，及时规避，以降低鸟类碰撞风电机组的概率。

(2) 架空输电线路呈警示色。升压站的送出输电线路采用架空电缆，为减少鸟类撞上输电线路的概率，风电附近的架空线路的护套应涂上鸟类飞行中较易分辨的警示色，如橘黄色。并建议将升压站的送出输电线路规划为地下线缆，以避免鸟类可能撞击架空输电线路引起的伤亡和鸟类在架空输电线路上停息时触电。

(3) 在工程周边范围开展鸟类替代生境优化项目，根据自然植被的演替顺序，恢复当地土著的芦苇植被和碱蓬植被，并保持适当宽度的光滩，控制该区域的人类活动，为繁殖鸟类和迁徙鸟类提供良好的替代生境。

(4) 至今为止，大部分有关风电场对鸟类影响的研究缺乏长期的监测数据。对于不同地区、不同的鸟类物种而言，风电场的影响可能是多样化的。在风电场建成后应开展长期的鸟类调查和监测项目，针对性地开展风电场对鸟类的影响研究，并及时采取相应的改进措施。

8.4.3.3　水生生物恢复与补偿措施

为减少资源破坏，避免生态进一步恶化，利用人口措施对已受到破坏和退化的海岸带进行生态恢复，由于人类对海岸带生态系统复杂性认识的局限性，目前对海岸带生态恢复和补偿措施的研究，还主要集中在单个的生态因子上，对河口、海岸带生态系统的综合系统的恢复技术仍处在探索研究阶段。

目前国内对于海岸带开发，采取的生态恢复及补偿措施主要有：①海洋生物人工放流增殖技术；②人工鱼礁技术；③海岸带湿地的生物恢复技术。

为了缓解和减轻工程对所在海域生态环境和水生生物的不利影响，建议采取人工放流当地生物物种的生态恢复和补偿措施。从已有的渔业资源的人工增殖放流成功经验来看，在该项目附近海域有选择地实施人工增殖的生态恢复措施在技术上还是资金投入上均是可行的。具体人工放流种类以当地海域常见的经济贝类、鱼、虾类为主，如文蛤、青蛤、海蜇、黑鲷等当地易于人工培养、孵化的经济品种。生态补偿环保投资额应不少于 380 万元。

具体放流数量、时间、地点及放流品种等应按照当地海洋与渔业主管部门的增殖放流计划并结合该项目的建设实际情况，与主管部门协商予以确定。增殖放流以后应进行增殖放流效果跟踪调查，提出放流效果的调查分析报告。

8.4.4 环境管理与监测计划

8.4.4.1 环保验收清单

根据该项目建设与运行的环境影响及污染物排放特征，工程竣工后，环保验收的主要内容列于表 8-5 和表 8-6，供环保部门竣工验收时参考。

表 8-5 “三同时”环保竣工验收清单（施工期）

项目内容	环保验收内容	管理要求	验收标准
风电场	1. 海洋水质	落实环境影响报告书中的海洋水质环境保护的各项措施； 生产废水、生活污水进行处置	污废水排放符合《污水综合排放标准》(GB 8978—1996) 一级标准要求
	2. 海洋生态保护	落实环境影响报告书中的各项海洋生态环境保护措施	海域浮游动植物、底栖生物和渔业资源种类数量未因工程建设而发生明显变化
	3. 鸟类及其生境修复	落实环境影响报告书中的各项鸟类影响对策措施	区域鸟类生境条件，鸟类种类数量未因工程建设发生明显变化
	4. 风电场降噪情况	落实环境影响报告书提出的各项施工期降噪措施	《工业企业厂界环境噪声排放标准》(GB 12348—2008) 1类标准
	5. 安全措施的实施情况	保证船舶航行和风电机组安装施工安全	
升压站	1. 声环境保护	落实环境影响报告书提出的各项风电机组及升压站降噪措施	《工业企业厂界环境噪声排放标准》(GB 12348—2008) 1类标准
	2. 所区绿化及补偿绿化	所区绿化面积大于 30%	
风险事故预防	1. 应急预案	确保自然、生态环境安全	
	2. 事故处理	有利于环境污染的恢复，将环境影响降低到最小	
环境管理	1. 项目环境管理情况	符合国家和行业有关规定；专职人员对风电场环境保护工作统一管理	
	2. 环境监测计划执行情况	实施施工期环境监测计划	

8.4.4.2 环境监测计划

为研究工程施工期和运行期对环境产生的实际影响，制订环境监测计划。

1. 水生生物、渔业环境监测

水生生物、渔业资源监测范围及站位布设参照现状监测站位，设水生生物站位 3 个、潮间带断面 1 个、渔业资源站位 2 个。

表 8-6 "三同时"环保竣工验收清单（运行期）

项目内容	环保验收内容	管 理 要 求	验 收 标 准
风电场	1. 海洋水质	落实环境影响报告书中的运行期污废水控制措施	污废水排放符合《污水综合排放标准》(GB 8978—1996) 一级标准要求
	2. 海洋生态保护	落实环境影响报告书中的各项海洋生态环境保护措施； 落实海洋生态及渔业生产补偿	海域浮游动植物、底栖生物和渔业资源种类数量未因工程建设而发生明显变化
	3. 鸟类及其生境修复	落实环境影响报告书中的各项鸟类影响对策措施； 落实鸟类栖息地生境的恢复	区域鸟类生境条件，鸟类种类数量未因工程建设发生明显变化
	4. 风电场降噪情况	落实环境影响报告书提出的各项风电场降噪措施	《工业企业厂界环境噪声排放标准》(GB 12348—2008) 1 类标准
	5. 安全措施的实施情况	保证船舶航行和风电机组的安全运行	
升压站	1. 电磁防护	落实环境影响报告书中的各项电磁防护措施	电磁影响满足《500kV 超高压送变电工程电磁辐射环境影响评价技术规范》(HJ/T 24—1998) 和《高压交流架空送电线无线电干扰限值》(GB 15707—1995) 中的相关限值要求
	2. 声环境保护	落实环境影响报告书提出的各项风电机组及升压站降噪措施	《工业企业厂界环境噪声排放标准》(GB 12348—2008) 1 类标准
	3. 所区绿化及补偿绿化	所区绿化面积大于 30%	
风险事故预防	1. 应急预案	确保自然、生态环境安全	
	2. 事故处理	有利于环境污染的恢复，将环境影响降低到最小	
环境管理	1. 项目环境管理情况	符合国家和行业有关规定；专职人员对风电场环境保护工作统一管理	
	2. 环境监测计划执行情况	实施运行期环境监测计划	

(1) 水生生物。叶绿素 a、浮游植物、浮游动物、底栖生物定量调查和（阿氏拖网）定性调查、潮间带生物定量调查和（大面调查）定性调查。

(2) 渔业资源。鱼卵、仔鱼种类组成、数量分布；渔获物种类组成；优势种分布；渔获量分布和相对资源密度。

(3) 监测频率和时间。在施工期开始后的一年内的春季或秋季监测 1 次；在工程建成后的第三年的春季或秋季监测 1 次。

2. 海水水质、沉积物环境监测

(1) 范围及站位布设。海水水质环境监测范围及站位布设参照现状监测范围及站

位确定，共设水质和沉积物站位 3 个。

（2）监测内容。

1）水质：pH 值、悬浮物、油类、化学需氧量、溶解氧、无机氮、活性磷酸盐。

2）沉积物：pH 值、铜、镉、铬、油类、硫化物、含水率。

（3）监测频率和时间。在施工期开始后的一年内的春季或秋季监测 1 次，工程建成后的第三年的春季或秋季监测 1 次。与水生生物、渔业资源监测同步进行。

3. 鸟情及其栖息地观测

在施工期（施工开始 1 年内）和运行初期（工程建成后 5 年内），对工程海域滩涂淤涨变化、区域鸟情及其栖息地、鸟类与风电机组发生撞击情况的观测及研究。

（1）鸟类群落特征，包括工程海域及邻近区域鸟类的种类组成、数量、分布以及迁徙、迁飞特征、穿越风电场、与风电机组发生撞击的情况等。

（2）栖息地生境特征，包括植被、饵料动物的种类、数量以及分布、变化情况；滩涂淤涨变化情况；鸟类适宜生境的变化情况等。

鸟类调查可采用路线调查和定点观测相结合的方法进行观测。植被和饵料生物调查，主要采用样方法结合随机采样方法进行。滩涂淤涨变化情况可采用定标志杆与遥感分析相结合的方法进行。

调查监测频次根据季节划分，主要在鸟类数量较集中的春秋季迁徙期进行调查监测。

4. 流场、局部冲刷

为了解和掌握该项目建设对工程海域局部流场的影响以及风电机组墩柱对局部冲淤环境的影响，在工程运行期对风电场海域潮流场状况进行定期调查监测，监测内容包括：

（1）风电机组墩柱局部冲淤监测。运行初期每年 1 次对风电机组墩柱局部冲淤情况进行定期监测调查，监测内容包括冲淤深（厚）度、冲淤坑（包）直径和形状等数据，在风暴潮等恶劣气象条件过后对风电机组墩柱局部冲淤情况进行必要的加测调查。

（2）水深、淤积监测。运行初期每年 1 次对风电场临近海域水深及淤积情况进行定期监测调查，在风暴潮等恶劣气象条件过后进行必要的加测调查。

8.5 环境影响评价与建议

8.5.1 环境影响综合评价

项目符合国家产业政策和相关能源发展战略，满足海域海洋功能区划及相关规划要求，工程社会、经济效益明显。工程施工期和运行期的主要环境影响包括对潮间带生境的破坏，对鸟类迁飞及其生境的干扰，滩涂水产资源损失和对滩涂水产养殖等的影响，可通过实施污染防治、生态修复、经济补偿等措施予以缓解。在全面落实环境影响报告书提出各项环保对策措施的前提下，工程建设从环境保护角度出发是可行的。

8.5.2　建议

（1）项目为潮间带风电场工程，为及时反映工程建设对潮间带海洋环境的实际影响，应在工程施工期和运行期按照国家海洋局《建设项目海洋环境影响跟踪监测技术规程》等相关规定，对工程海域海洋环境进行跟踪监测调查与评估。

（2）实施工程用海动态监测管理。在该项目建设过程中及工程建成后加强对该区域环境的动态监测和跟踪管理，因累积效应对环境和生态产生明显不良影响的，应尽快查清原因，采取改进措施。

（3）项目部分区域周边渔船习惯航道距离较近，风电场桩基有受到失控船舶及渔船碰撞的可能。风电场除按要求设置符合水域特点的航标外，还应采取确实可行的措施配合有关部门加强对渔船和小型船舶的安全教育和管理，保证工程水域的通航安全。

8.6　小　　结

项目为典型的潮间带风电场，场址位于滩涂区域，相较于海上风电场工程，施工具有较强的便利性，施工条件受海况和天气影响较小，对通航影响轻微，但施工期对滩涂区域底栖生物生境扰动明显。且滩涂区域为候鸟迁飞途中重要的休憩驿站，对鸟类迁飞过程中停歇地的选择可能具有一定的干扰，且当潮间带风电场连片开发后，上述影响将产生叠加效应，影响程度增加。在工程运行期需加强鸟类观测，了解鸟类与风电机组相撞的实际发生数量。随着海上风能开发的推广，国家能源局和国家海洋局对海上风电建设的“双十”标准做出了明确规定，即海上风电场原则上应在岸距离不少于 10km、滩涂宽度超过 10km 时海域水深不得少于 10m（简称“双十”标准）的海域布局。

第9章 “三北”地区风电场建设环境评价与管理实例

“三北”地区是指我国的东北、华北和西北地区，是我国风电产业的兴起之源。早期我国风电的大规模开发主要在“三北”地区，后来由于“三北”地区弃风限电情况严重，国内投资热点转向中东南部低风速区域。近三年，“三北”地区限电情况逐步好转，竞价、平价等上网政策及消纳情况好转，增加特高压送出线路，国内的风电开发热点逐步回归“三北”中高风速地区。本章以新疆哈密某风电场项目为例，论述“三北”地区风电场建设环境的评价与管理。

9.1 风电场工程介绍

9.1.1 建设地点

工程位于哈密东南部风区的景峡区域，距哈密市东南约135km，连霍高速（G30国道）东侧的戈壁滩上，开发范围约162km^2。风电场区域地貌为戈壁，厂址区地势东南高西北低，海拔为1100.00～1300.00m，分为A、B、C三个区域，其中场址东北部地形相对较为平坦，南部地形起伏明显。

9.1.2 建设规模

工程新建300台单机容量为2MW的风电机组，总装机容量为600MW。新建1座220kV升压站（位于本风场内中部），临近升压站新建1座监控中心。

9.1.3 工程内容

本工程组成情况见表9-1。

9.1.3.1 主体工程

工程主体主要内容包括风电机组、箱式变电站、集电线路、新建1座220kV升压站、1座监控中心、风电场通信。

1. 风电机组

本工程选择 WTG3/2000 风电机组，其主要设备参数见表 9-2。

表 9-1 工程组成情况表

工程组成			规模（规格）	备　注
永久工程	主体工程	风电机组	300 台	单机容量 2MW
		箱式变电站	“一机一变”	
		集电线路	358km；10.8km	35kV 架空线路和直埋电缆
		监控中心	8000m² （80m×100m）	临近升压站
		220kV 升压站	16012m²	新建 1 座，位于本风场内中部
		风电场通信	长 458km	32 条光缆线路
	配套工程	给排水	生活用水：从骆驼圈子拉；水污水处理：地埋式一体化污水处理装置	
		采暖与通风系统	电采暖	
		场内道路	234km	
		电气		发电部分和监控中心一次电气
		消防	300m³	消防水池和消防泵房
临时工程	风电机组	场地平整	668859m²	50m×50m 风电机组、箱变基础占地
	道路	临时施工道路	596000m²	长 202000m×宽 2m+长 32000m×宽 6m
	施工生产生活区	临时宿舍及办公室	4800m²	
		混凝土拌和站	6000m²	
		砂石料加工及堆场	4500m²	
		材料、设备仓库	7500m²	
		钢筋、木材加工及堆场	6000m²	
		油库	600m²	
		合计	29400m²	

表 9-2 WTG3/2000 风电机组主要设备参数

型号	WTG3/2000	功率因数	容性负载 0.95，感性负载 0.95
额定功率	2000kW	防护等级	IP54
输出电压	690V	数量	300 台

2. 箱式变电站

风电场共安装 300 台单机容量 2000kW 的风电机组，出口电压为 690V，经附近的箱变升压至 35kV 后接至场内架空线路，风电机组与箱变采用“一机一变”单元接线方式。箱变布置在距风电机组约 20m 处，风电机组与箱变之间采用 0.6kV/1kV 低压电缆直埋敷设连接。

风电机组箱变高压侧选用35kV电压等级，选择S15－2150/35型油浸式三相双卷自冷式升压变压器，其主要技术参数见表9－3。

表9－3 主要技术参数表

项　目	数　值	项　目	数　值
型号	S15－2150/35	短路阻抗	6.5%
额定容量	2150kV·A	无载调压	37±2×2.5%kV
额定电压	37/0.69kV		

3. 集电线路

风电机组至箱变之间的1kV电缆和箱变到35kV架空线路之间的电缆采用直埋方式，直埋电缆长度约10800m（主要有风电机组至箱变、箱变至35kV架空线杆塔以及终端杆至升压站段）。

本工程35kV架空线路共32回，总长约358km。导线型号3×LGJ－120/25、3×LGJ－240/30、2×3×LGJ－240/30，路径长分别为80km、200km、78km。

35kV集电线路主要技术参数见表9－4。

表9－4 本工程35kV集电线路主要技术参数

项　目	新疆哈密某风电场ABC区600MW工程
电压等级	35kV
回路数	（单、双回）共计32回
线路长度	约358km
导线型号	导线型号：3×LGJ－120/25、3×LGJ－240/30、2×3×LGJ－240/30； 电缆：YJV23－26/35kV－3×70mm²、YJV23－26/35kV－3×240mm²
地线型号	架空地线：GJ－35镀锌钢绞线
杆塔型号	门型杆上段选用S30－9/1414普通混凝土电杆，下段选用X30－6/1414 或者X30－9/1414普通混凝土电杆。 铁塔选用国网公司35kV典型设计标准塔35B10。 混凝土杆横担规格有：HJM－3、HJM－6、HJM－10、HJM－11、HJM－14等
基础型式	扩展基础，C40F150钢筋混凝土结构，圆柱体型

4. 220kV升压站及监控中心

220kV升压站位于风电场几何中心，升压站占地面积为16012m²，主要布置有220kV继电小室和蓄电池室、生产楼、GIS室及SVG室。

新建220kV升压站位于本风电场区的中部，升压站内主要布置有进出线构架、隔离开关、电压互感器、电流互感器、避雷器、断路器等设备支架，本期3台主变压器基础。

（1）主变压器容量及台数。本风电场新建1座220kV升压站，站内布置3台主变压器（3×200MV·A），为三相双绕组油浸式有载调压变压器。

（2）220kV 配电装置。220kV 配电装置包括 252kV 瓷柱式 SF_6 断路器、GW7－252kV 隔离开关、220kV 电流互感器、电压互感器、氧化锌避雷器。

（3）35kV 配电装置。对于主变容量为 200MV·A 的主变压器低压侧设备，设额定电流 4000A 专用出线柜，并设置户外 66kV 总断路器、35kV 户外隔离开关、电流互感器及避雷器。

（4）无功补偿装置。SVG 动态无功补偿装置具有响应速度快、低电压特性好、运行损耗小等特点，本工程按主变容 20%选用动态无功补偿装置（SVG），补偿容量为 40Mvar（对应 200MV·A 主变）。

（5）过压保护和防直击雷保护。为防止集电线路雷电侵入波对升压变电站 35kV 系统的影响，在每一台箱变接入集电线路位置及升压站侧 35kV 集电线路终端杆、35kV 母线上均安装有一组氧化锌避雷器；在主变高压侧和 220kV 母线分别安装有一组避雷器。

220kV 升压变电站设置独立避雷针进行保护。

（6）接地。设置适当数量的垂直接地极以加强泄流。

（7）事故油池。事故油池容积 $40m^3$，为钢筋混凝土结构，布置在地下。

（8）监控中心。本工程新建 1 座监控中心（本风场监控中心与景峡第一风电场共用），就近布置在 220kV 升压站附近。监控中心东西长约 100m，南北宽约 80m，征地外扩 1m，总征地面积为 $8364m^2$。监控中心以综合楼为主要建筑，北边由西向东布置有地下水泵房、车库、油品库，西边布置一篮球场。

5. 风电场通信

光缆线路沿 35kV 集电线路架设，并根据风电机组、箱变的分布情况和控制方式构成光纤网络方式，以保证各风电机组、箱变在运行控制、维护管理及故障信息上传等方面的通信需求。风电场共形成 32 条光缆线路，光缆总长约为 458km。架空光缆选用 ADSS 光缆，地埋光缆采用 GYFTA53 光缆。

9.1.3.2 配套工程

1. 给排水及污水处理设计

（1）供水水源。根据哈密二期风电建设的统一规划，供水管路由政府统一敷设，风电场用水从铺设管道末端拉水。在供水管道具备输水能力之前，可由风场西北方向骆驼圈子拉水，运距约 80km（骆驼圈子供水厂供水规模为 $900m^3/d$，目前骆驼圈子实际供水需求不到 $500m^3/d$，富余水量可满足本工程供水要求）。

（2）用水量标准。

1）生活用水量标准为夏季 100L/(人·d)、冬季 60L/(人·d)。

2）绿化用水量标准为 $4.0L/(m^2 \cdot d)$。

生活用水量为 35 人×100L/(人·d)＝$3.5m^3/d$。

生活污水经处理后可回用水量约 3.2m^3/d，用于监控中心绿化，按照“以水定绿化”，则本工程可绿化面积约 800m^2。

经计算，场区最大用水量约 3.5m^3/d。

(3) 排水系统。本工程排水系统采用雨污分流制，雨水和污水单独排放。

1) 雨水排水系统。建筑物屋面雨水采用外排方式，室外雨水由道路雨水口收集后经雨水管网自留排出场外。

2) 污水排水系统。室内生活污水系统采用单立管排水系统，污水自流排入室外污水管网，室外埋设 1 套生活污水一体化处理系统，污水经处理达标后夏季在监控中心绿化已消耗殆尽，冬季贮存在 200m^3 的集水池，翌年用于监控中心绿化和道路浇洒，不外排。

夏、冬两季水量平衡，如图 9-1 所示。

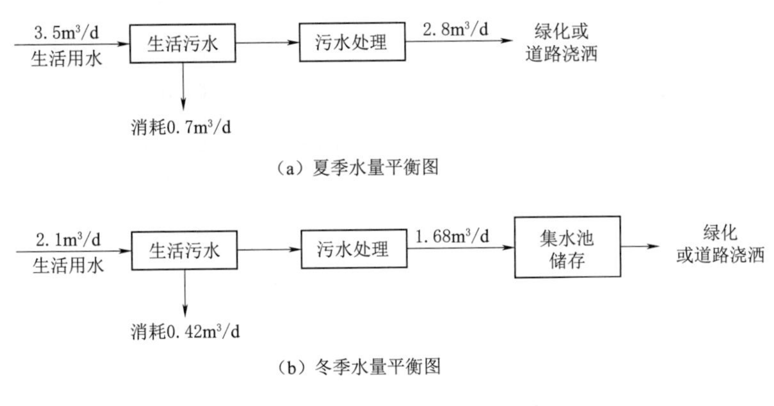

图 9-1 夏、冬两季水量平衡

2. 采暖、空气调节与通风系统

(1) 采暖系统。本工程中控室、值班室、宿舍等采用中温辐射式电辐射板进行辐射采暖。

(2) 通风、空调系统。在中控室、厨房、餐厅等房间采用机械排风，加强通风换气，其余房间采用自然通风，对蓄电池室，采用机械负压通风方式，防止有害气体的扩散对运行人员的伤害和周围环境的污染。

3. 道路

风电场道路主要为场内道路（建设期为施工道路，运行期改建为检修道路）。

(1) 公用道路。风电场位于景峡风电区域东侧，根据景峡区域各个风电场相对位置与周围交通情况，确定景峡风电场共建 1 条公用道路，公用道路工程需单独立项、单独设计，不在本次评价范围内。该区域路线布设为：尾亚通道（位于连霍高速骆驼卷子立交东南方向）—进入公用道路至本风电场。

(2) 场内道路。风电场场内道路以公用道路为起点，通往风电场各风电机组机位和220kV升压站。本风电场东北区域地势较平坦，南侧区域地形起伏较大。根据地形条件及机组布置，需修建简易道路约234km。其中，部分机组机位布置在地形起伏区，相应道路长度约为32km，为满足吊车（履带吊）运行要求，该区道路设计宽度为10m；其余路段道路长度约202km，地势较平坦，地面简单清理即满足吊车（履带吊）运行，需修建6m宽施工道路。风电场施工完成后，在施工道路的基础上铺设4m宽天然级配砂砾石路面作为检修道路，其余路面进行自然恢复。工程道路建设一览见表9-5。

表9-5 工程道路建设一览表

名称	长度/km	路面宽度/m	路面规格	占地面积/hm^2	道路等级	占地性质
施工道路	234	6.0/2.0	砂砾石路面	59.6	Ⅳ级	临时占地
检修道路	234	4.0	砂砾石路面	93.6	Ⅳ级	永久占地

4. 电气

工程安装300台单机容量2MW的风电机组，机组出口电压为690V，经附近的箱变升压至35kV后通过场内架空线路接至升压站，风电机组与箱变采用“一机一变”单元接线方式。该升压站以1回220kV线路送出至就近汇集站（不在本次评价范围内），再集中升压后接入哈密南±800kV换流站，通过哈密南—郑州±800kV高压输电工程送出。

工程部分主要电气设备材料清单见表9-6。

表9-6 部分主要电气设备材料清单

序号	名 称	型 号 及 规 格	单位	数量
一、发电部分电气一次主要设备				
1	风电机组	PN＝2MW	台	300
2	箱变	35kV，2000kV·A	台	300
3	电力电缆	ZRB-YJV23-0.6/1kV-3×240	m	68400
4	电力电缆	ZRB-YJY-0.6/1kV-1×240	m	22800
5	冷缩型电缆终端	LST-3/3	套	3600
6	冷缩型电缆终端	LST-3/1	套	1200
7	风电机组与箱变接		项	1
8	箱变及电缆防火		项	1
二、监控中心电气一次主要设备				
1	0.4kV开关柜	GCS-0.4	面	6
2	动力配电箱	XL-0.4	个	60
3	电缆支架	角钢制作	t	4
4	电缆	ZRB-YJY-0.6/1kV	m	5100

续表

序号	名　称	型 号 及 规 格	单位	数量
5	导线	BV-500-2.5mm²、4mm²、6mm²	km	22
6	开关及插座	0.4kV	套	700
7	灯具	各型灯具	套	630
8	热镀锌扁钢	60mm×6mm	m	3600
9	热镀锌扁钢	50mm×5mm	m	400
10	复合接地单元	TT-FD-A	块	70
11	离子缓释剂	TT-HS-A	t	4
12	防火封堵材料	有机堵料、无机堵料、防火涂料	项	1

5. 消防

通过对外交通公路，消防车可到达升压站，监控中心和220kV升压站场地内道路畅通，消防通道利用交通道路，道路净宽和净空高度均大于4.0m，监控中心内道路转弯半径为6m，升压站道路转弯半径为7m，满足消防要求。

升压站：生产楼与室外主变压器距离约11m，主变压器防火间距均大于10m，SVG室之间的距离均小于10m，SVG室之间为防火墙，相邻建筑物门窗距离大于5m，且采用甲级防火门窗，满足防火间距要求。主变压器场设有消防车通道，消防车可以到达变压器附近停靠灭火。

监控中心：综合楼、控制楼、油品库及车库内均配置手提式及推车式磷酸铵盐干粉灭火器，生产楼、主变压器等均配置手提式及推车式二氧化碳灭火器。

6. 事故油池

主变压器底部设地下钢筋混凝土储油坑，容积为主变压器油量的20%，储油坑的四周设挡油坎，高出地面100mm。坑内铺设厚度为250mm的卵石，卵石粒径为50～80mm，坑底设有排油管，能将事故油及消防废水排至事故油池中，事故油池容积约为40m³。事故排油经储油池贮存后由有资质单位回收处理。

9.1.4 工程总平面布置

本工程位于景峡风区中东部，东北部采用3.7*D*×11*D*（*D*为风轮直径）间隔，两列之间间距为14*D*～15*D*的风电机组布设方式；南部采用间距3.7*D*～8*D*的不规则布置方案。300台风电机组计划以32回35kV架空线路汇接至220kV升压站，经升压后，220kV出线1回送出至就近汇集站，再集中升压后接入哈密南±800kV换流站，通过哈密南～郑州±800kV高压输电工程送出。

220kV升压站位于风电场几何中心，主要布置有220kV继电小室和蓄电池室、生产楼、GIS室及SVG室；监控中心与升压站相邻布置，主要建筑为综合楼、车库、地下水泵房、油品库等。

公用进场道路分别从连霍高速铜镍矿立交和尾亚通道引接，本工程引接区段公用进场道路从尾亚通道引接；风电场场内道路以公用进场道路为起点，通往本风电场各风电机组机位、220kV 升压站和监控中心。

为方便工程施工，施工生产区布置每个 200MW 工程区的几何中心位置，生活区就近布置在施工生产区附近。

9.1.5 区域风能整体开发建设情况调查

9.1.5.1 新疆哈密风电基地一期项目（东南部 200 万 kW 风电项目）

1. 基本情况

哈密东南部 200 万 kW 风电项目位于哈密东南部风区烟墩和苦水区域，距哈密市直线距离 70km，是新疆首个获得国家核准的大型风电项目。2010 年 8 月 14 日，国家能源局印发《关于哈密千万千瓦级风电基地东南部风区 200 万 kW 项目建设方案的复函》（国能新能〔2010〕249 号），批复同意哈密东南部 200 万 kW 风电项目建设方案，共安排 10 个项目，由 10 家企业投资建设，每家企业承建 20 万 kW。

2012 年 8 月 21 日，国家发展和改革委员会印发《关于新疆哈密东南部风区 200 万千瓦风电项目核准的批复》（发改能源〔2012〕2561 号）文件，同意项目核准并要求加快建设进程。项目核准有效期限为 2 年，总体投资约为 161.82 亿元。

2. 存在的主要环境问题

经调查，一期工程的环境保护设施基本已按环境影响报告及环评批复的要求建成、落实。现存的主要环境问题有：

（1）建设过程中存在开挖土方未及时回填，产生一定的扬尘污染。

（2）施工临时场地基本清理平整完毕，部分施工单位未能按划定的施工范围施工，存在随意碾压植被，破坏生态环境现象，尚未能完全恢复地表植被。

（3）部分施工单位的施工人员环保意识较差，存在乱扔垃圾造成“白色污染”、随意“焚烧”垃圾、塑料桶等现象。

（4）风区大部分尚未开展绿化工作。风电场采用拉水方式，距离较远，主要用于人员日常生活用水，且因当地蒸发量较大，污水处理后收集的污水量较少，目前不具备人工绿化能力，尚不能满足绿化工作的需求。

9.1.5.2 新疆哈密风电基地二期项目

根据《国家能源局关于哈密风电基地二期项目建设方案的复函》（国能新能〔2013〕272 号），批复同意哈密风电基地二期项目建设方案，确定送出风电规模 800 万 kW，其中：已核准哈密风电项目 200 万 kW，新增风电建设规模 600 万 kW（由三塘湖风区风电场、烟墩区域风电场、景峡区域风电场组成），共计 25 个风电项目。其

中，三塘湖风电总装机容量为200万kW，烟墩区域风电总装机容量为120万kW，景峡区域风电总装机容量为280万kW。

9.1.5.3 本工程拟采取减缓环境影响的环保措施

本次（二期）就一期建设存在主要环境问题，拟采取以下环保措施以避免、减缓对环境产生的不利影响：

（1）建设过程中开挖土方做到及时回填，多余的临时弃方就地及时回用于风电机组基础和道路的平整，施工迹地及时恢复。

（2）本次环评要求，施工单位严格按划定的施工作业范围施工，不得随意扩大施工扰动范围，不得随意变更车辆行驶路线（避开植被丰茂区），减少对植被的碾压和生态环境的破坏，施工结束后，施工临时场地及时清理，平整恢复。

（3）加强施工期环境监理工作的开展，以规范施工行为。

（4）加大施工单位的施工人员环保意识的宣传，并严格落实。

9.1.6 影响源分析

工程的环境影响主要集中在工程施工期，主要表现在设备运输、安装过程中动用大量机械设备修建运输道路、风电机组和箱变基础、架空线路、升压站、监控中心，土建施工阶段开挖土石方、场地平整、混凝土搅拌过程等产生的扬尘、噪声、废水、垃圾、弃土等对区域环境的影响，尤其是施工临时占地，地表土壤扰动、植被破坏，将对区域生态环境造成不良影响，加重当地的水土流失。

9.2 自然环境影响评价

9.2.1 自然环境概况

9.2.1.1 地理位置

哈密市位于新疆东天山余脉巴里坤山和哈尔里克山南坡哈密盆地。哈尔里克山的主峰——托木尔提峰是哈密地区最高峰，海拔4886.00m；海拔3300.00～3600.00m以上的山峰，有多种形态类型的冰川和冰蚀地貌，这些山峦重叠的高大山地，是区域内气流运行的屏障和重要的地理分界线，是哈密市的天然水资源补给区。

工程地处新疆哈密市东南部，位于哈密东南部风区的景峡区，属于《新疆哈密地区千万千瓦级风电基地二期项目开发建设方案》中景峡风区开发建设项目。本工程距哈密市约135km，距骆驼圈子约70km，距烟墩站约65km。风电场区域地貌为戈壁，厂址区地势东南高西北低，海拔在1100.00～1300.00m，分为A、B、C三个区域，其中厂址东北部地形相对较为平坦，南部地形起伏明显。厂区开发范围约162km^2，场址西侧紧邻连霍高速（国道G30），场址区分布有简易公路，交通便利。

9.2.1.2 地形地貌

哈密地跨天山南北，东天山山脉横亘其中，自东向西400km，将哈密地区分割为南北两部分，形成了山南、山北气候迥然不同的两大自然环境区。山北呈现戈壁丘陵地貌，山南为戈壁平原地貌。

吐鲁番—哈密盆地介于东天山与噶顺戈壁之间，为天山最大的封闭山间盆地。工程区位于哈密盆地东南部，并与河西走廊相连，处于北天山东段南麓，中天山觉罗塔格（库鲁克塔格山脉）北侧，山势总体走向为近东西向，与区域构造线方向基本一致，海拔1900.00～4500.00m。盆地四周相对较高中间低洼，地势由东北向西南倾斜，北部海拔800.00～1300.00m，盆地中心高程150.00～100.00m，最低点沙尔湖高程仅81.00m。工程区地貌由山前冲洪积扇倾斜平原和干燥剥蚀台地、风蚀残丘与洼地等类型组成。受临时性暴雨洪流的侵蚀作用，将地面分割成众多南北走向的冲沟。

烟墩一带为山前倾斜的冲洪积平原，地形平坦，地势北高南低，海拔为800.00～1200.00m；苦水一带为起伏的干燥剥蚀台地，地形略有起伏，地势东南高西北低，海拔为900.00～1300.00m。区内广泛分布有砂砾石层及风成砂，俗称戈壁。

拟建风电场属哈密盆地冲洪积倾斜戈壁平原及丘陵，场址西侧地势平缓、开阔，东侧地形略起伏，厂址区地势东南高西北低，其中厂址东北部地形相对较为平坦，南部地形起伏明显。海拔在1100.00～1300.00m。地表分布有宽浅而长的冲沟，植被不发育，局部生长耐旱植被。

9.2.1.3 工程地质

1. *地层岩性*

根据地质调查与勘探揭露的地层，工程区地基土主要为第四系全新统、上更新统洪积松散堆积物与第三系和石炭系地层组成，其特征描述如下：

①层：第四系全新统洪积（Q4pl）含角砾细砂层，灰褐～黄褐色，稍湿，松散。属盐渍类土，土层中见有硫酸盐类、结晶，呈白色盐霜及盐结晶状。砾石含量约10%，砾石一般粒径为5～15mm，地表分布有大量的漂石、块石。据钻探和坑槽探资料分析，该层分布于场址区表部，层底埋深0.3～1.8m，层厚0.3～1.8m。

②层：第四系上更新统洪积（Q3pl）砾砂层，杂色，稍湿，结构稍密～中密。砾石含量为30%～35%，充填细砂。砾石粒径一般为5～15mm，磨圆一般。卵砾石成分以石英岩、花岗岩等为主，表面弱风化。主要分布于冲沟部位，厚度一般为2.2～3.0m。

③层：第三系桃树园子组（N1t）及巴士布拉克组（E2-3b）砂砾岩及砂质泥岩，呈灰黄色～褐红色。全风化岩芯呈碎石土状或块状，厚度约3.0m，以下呈强风化，岩芯呈块状、短柱状。本层层顶埋深0.3～6.5m，本阶段未揭穿该层，层厚大

于 20m。

④层：石炭系等基岩层，岩性为下统雅满苏组（C1y）凝灰岩，华力西期石英斑岩等，灰黑色～灰绿色。上部 2.2～2.8m 呈全风化状，岩芯呈碎石土状。下部强风化，岩芯呈块状、短柱状。场址区广泛出露。层顶埋深 0.4～0.8m，本阶段未揭穿该层，层厚大于 20m。

2. 地质构造

在区域地质构造单元上，哈密地区属于天山断块隆起区。以天山为界分为南北两个亚区，天山以北为博格达山隆起区，以南为吐鲁番—哈密断陷区。两个亚区以隆升和下沉为主，构造运动总体水平较弱。根据区域地质资料，工程区处于苦水断裂④与雅满苏大断裂⑤之间，断裂带总体走向近东西向。

3. 新构造运动及地震

天山以北为博格达山隆起区，新构造运动以隆升为主，以南为吐鲁番—哈密断陷区。新构造运动以下沉为主，构造运动总体水平较弱。工程区处于吐鲁番—哈密断陷区的苦水构造混杂岩（Ⅱ2-2）与阿奇山-雅满苏晚古生代岛弧带（Ⅱ2-3）交汇部位，新构造运动以下沉为主。

根据《中国地震动峰值加速度区划图》及《中国地震动参数区划图》（GB 18306—2015）资料，50 年超越概率 10%的地震动峰值加速度为 0.05g，地震动反应谱特征周期为 0.35s，相对应的地震基本烈度小于 6 度。工程区属区域构造稳定性好区。

9.2.1.4 水文地质

吐鲁番—哈密盆地介于东天山与噶顺戈壁之间，为天山最大的封闭山间盆地。该区除坎儿井或泉水出露地方分布绿洲外，其余均为荒漠，地表植物稀少或贫乏，生态十分脆弱，属大陆干旱荒漠性气候，多风少雨，冬季寒冷夏季炎热，昼夜温差大，降雨量小，蒸发量大，场址区属贫水区。

根据区域水文地质资料和烟墩地区民井调查资料，场址内地下水埋深大于 30.0m，地下水类型为孔隙性潜水，地下水补给来源主要来自大气降雨、雪山融水和山区的基岩裂隙水。

9.2.1.5 气候气象

1. 哈密气象站

距离本风电场最近的气象站是哈密气象站和红柳河气象站，与风电场的距离分别为 133km 和 68km。哈密气象站位于哈密市区，不仅处在天山南侧背风区，同时受到城市建筑物和绿化植被影响，整体风速偏低，哈密气象站与风电场距离较远，对风电场所在区域风资源情况的代表性较弱；红柳河气象站与风电场距离相对较近，风资源成因相似，站址位于红柳河火车站附近的戈壁滩上，下垫面条件与风电场接近，对风

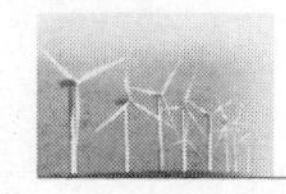

电场所在区域风资源情况具有较好的代表性，且气象资料一致性较好，本次选择红柳河气象站作为风电场参证站。

2. 红柳河气象站

红柳河气象站位于兰新铁路红柳河火车站附近戈壁滩，东经 94°40′，北纬 41°32′。气象站观测场址海拔为 1573.80m，风速感应器距地高度 10.5m。红柳河属暖温带大陆性干旱气候，地表为岩石沙地，夏季炎热，冬季寒冷，气候干燥多大风。具有各气象要素的长期观测（30 年以上）资料。

3. 工程区风能资源

本风电场周边共设立有 3 座测风塔，编号分别为 5493 号、5453 号和 7417 号，考虑到景峡第四风场总体地形较平坦，风速变化较为均匀，5493 号测风塔位于本风电场内，高程与风电场平均高程较接近，区域代表性较好。测风塔基本情况，见表 9 - 7。

表 9 - 7 5493 号内测风塔基本情况表

塔高/m	测风时段	坐标	高程/m	测风塔配置	仪器
80	2014.1.6—2014.8.17	42°5.14′N，94°48.95′E	1153.00	风速：80m、70m、60m、50m、10m；风向：70m、10m；气温、气压	NRG

5493 号测风塔不同高度平均风速和风功率密度统计，见表 9 - 8。

表 9 - 8 5493 号测风塔代表年月平均风速、风功率密度统计表

高度/m	项目	1 月	2 月	3 月	4 月	5 月	6 月	7 月	8 月	9 月	10 月	11 月	12 月	平均
90	风速/(m/s)	4.1	8.4	7.6	9.3	8.7	8.3	8.9	8.9	8.8	7.8	6.5	5.6	7.76
	风功率密度/(W/m²)	138	1037	694	1025	695	628	689	669	727	529	437	273	628
85	风速/(m/s)	4.1	8.4	7.6	9.3	8.7	8.2	8.8	8.9	8.8	7.8	6.5	5.5	7.72
	风功率密度/(W/m²)	135	1021	684	1009	684	619	679	659	716	521	431	269	619
80	风速/(m/s)	4.0	8.3	7.5	9.2	8.6	8.2	8.8	8.8	8.8	7.8	6.4	5.5	7.68
	风功率密度/(W/m²)	133	1005	673	993	673	609	668	648	705	513	424	264	609
75	风速/(m/s)	4.0	8.3	7.5	9.2	8.6	8.1	8.7	8.8	8.7	7.7	6.4	5.5	7.63
	风功率密度/(W/m²)	131	987	661	976	661	598	656	637	692	504	416	260	598
70	风速/(m/s)	4.0	8.3	7.5	8.9	8.1	7.9	8.7	8.7	8.6	7.7	6.3	5.5	7.53
	风功率密度/(W/m²)	128	986	650	964	641	584	646	621	680	495	409	255	588
65	风速/(m/s)	4.0	8.2	7.4	9.0	8.5	8.0	8.6	8.7	8.6	7.6	6.3	5.4	7.53
	风功率密度/(W/m²)	126	950	636	939	636	576	631	613	666	485	401	250	576

续表

高度/m	项目	1月	2月	3月	4月	5月	6月	7月	8月	9月	10月	11月	12月	平均
60	风速/(m/s)	3.8	8.1	7.3	8.9	8.2	7.8	8.5	8.5	8.5	7.6	6.3	5.4	7.42
	风功率密度/(W/m²)	120	948	619	931	629	560	617	595	652	474	392	245	565
50	风速/(m/s)	4.0	8.1	7.4	9.0	8.3	7.9	8.4	8.4	8.4	7.4	6.2	5.3	7.41
	风功率密度/(W/m²)	118	916	589	895	598	544	585	556	621	452	373	233	540

由表9-8可知：5493号测风塔75m高度代表年平均风速为7.63m/s，年有效风速（3～22m/s）小时数为7637h，平均风功率密度为598W/m²。其中80m高度以上的各高度风速由70m高度风速推算得到，风切变指数取0.09。

5493号测风塔75m高度代表年各扇区风向和风能分布统计，见表9-9。

表9-9　5493号测风塔75m高度代表年各扇区风向和风能分布统计

扇区	N	NNE	NE	ENE	E	ESE	SE	SSE
风向频率	1.72	1.61	3.17	13.06	23.52	8.11	2.35	2.51
风能频率	0.16	0.08	0.83	18.67	57.94	11.4	0.39	0.61
扇区	S	SSW	SW	WSW	W	WNW	NW	NNW
风向频率	1.95	3.06	6.97	7.67	7.93	9.12	4.92	2.3
风能频率	0.57	0.42	1.7	2.01	2.06	2.28	0.63	0.23

由表9-9可知：该风电场主风向和主风能方向一致，均为东风（E），风向频率和风能频率分别占全年的23.52%和57.94%；次主风向和次主风能方向一致，均为东北偏东（ENE）风，分别占全年的13.06%和18.67%。

5493号测风塔80m高度代表年风向和风能玫瑰图，如图9-2和图9-3所示。

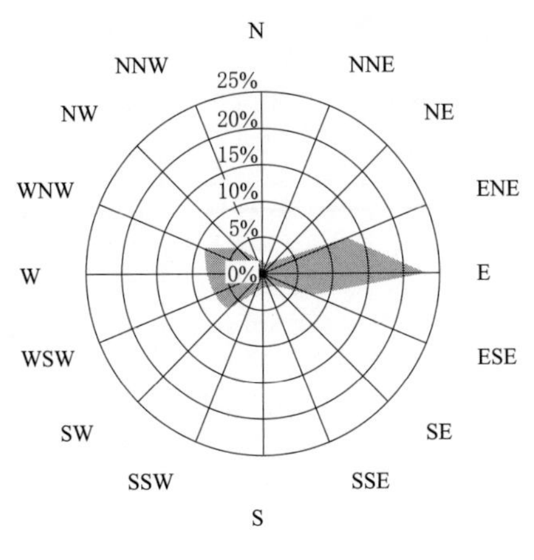

图9-2　测风塔75m高度风向玫瑰图

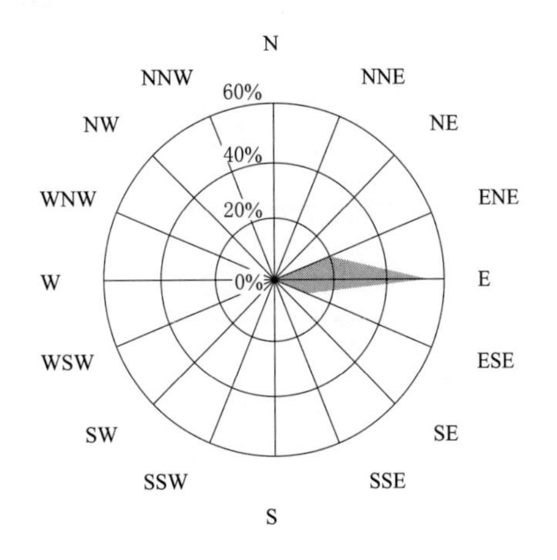

图9-3　测风塔75m高度风能玫瑰图

经分析拟建风电场主风向和主风能方向一致，以东风（E）的风向和风能频率最高，盛行风向稳定。风速春夏季大、冬季小。

拟建风电场 75m 高度年有效风速（3～22m/s）小时数为 7637h，风速频率主要集中在 2～7m/s。经拟合计算，90m 高度代表年平均风速为 7.86m/s，平均风功率密度为 636W/m^2；80m 高度代表年平均风速为 7.82m/s，平均风功率密度为 626W/m^2；75m 高度代表年平均风速为 7.74m/s，平均风功率密度为 606W/m^2；50m 高度代表年平均风速为 7.46m/s，平均风功率密度为 547W/m^2。根据《风电场风能资源评估方法》（GB/T 18710—2002）判定该风电场风功率密度等级为 4～5 级，风能资源比较丰富。

9.2.2 自然环境现状评价

9.2.2.1 环境空气质量现状评价

大气环境质量现状调查采用新疆哈密地区环境监测站提供的 2012 年 3 月 24—30 日，分别在项目场址区域上风向（1 号点）和下风向（2 号点），连续 7 日的环境空气质量现状监测数据。

根据本工程所在区域位置，本次环境空气质量评价标准采用《环境空气质量标准》（GB 3095—1996）及其修改单中的二级标准进行评价。

环境空气质量现状评价的因子是 SO_2、NO_2、PM10、TSP，监测过程及分析方法均按照《空气和废气监测分析方法》和《环境监测技术规范》中有关规定进行，监测结果见表 9-10，其中占标率是指污染物最大落地浓度占标准浓度的比率。

表 9-10 2017 年 3 月工程场址区域环境空气质量监测结果

监测点位	监测日期	SO_2		NO_2		PM10		TSP	
		浓度/(mg/m^3)	占标率/%	浓度/(mg/m^3)	占标率/%	浓度/(mg/m^3)	占标率/%	浓度/(mg/m^3)	占标率/%
1	3 月 24 日	0.008	5.33	0.029	24.17	0.040	26.67	0.144	48.00
	3 月 25 日	0.004	2.67	0.008	6.67	0.284	189.33	0.455	151.67
	3 月 26 日	<0.002	<1.33	0.012	10.00	0.279	186.00	0.360	120.00
	3 月 27 日	<0.002	<1.33	0.011	9.17	0.094	62.67	0.235	78.33
	3 月 28 日	<0.002	<1.33	0.020	16.67	0.165	110.00	0.177	59.00
	3 月 29 日	0.004	2.67	0.018	15.00	0.083	55.33	0.112	37.33
	3 月 30 日	<0.002	<1.33	0.005	4.17	0.292	194.67	0.392	130.67

续表

监测点位	监测日期	SO_2		NO_2		PM10		TSP	
		浓度/(mg/m³)	占标率/%	浓度/(mg/m³)	占标率/%	浓度/(mg/m³)	占标率/%	浓度/(mg/m³)	占标率/%
2	3月24日	<0.002	<1.33	0.037	30.83	0.099	66.00	0.117	39.0
	3月25日	0.007	4.67	0.023	19.17	0.253	168.67	0.346	115.33
	3月26日	0.004	2.67	0.005	4.17	0.426	284.00	0.484	161.33
	3月27日	0.005	3.33	0.015	12.50	0.088	58.67	0.165	55.00
	3月28日	<0.002	<1.33	0.009	7.50	0.070	46.67	0.225	75.00
	3月29日	0.011	7.33	0.028	23.33	0.089	59.33	0.102	34.00
	3月30日	0.004	2.67	0.017	14.17	0.140	93.33	0.330	110.00

由表9-10可知：评价区域环境空气质量中SO_2、NO_2日均浓度较低，均满足《环境空气质量标准》(GB 3095—1996）及修改单中的二级标准。

各监测点PM10的日均值范围为0.040～0.426mg/m³，日均值最大占标率为284.00%，其中1号监测点PM10超标率为57.14%，2号监测点PM10超标率为28.57%；TSP的日均值范围为0.102～0.484mg/m³，日均值最大占标率为161.33%。各监测点TSP超标率均为42.86%；TSP及PM10超标原因主要是区域地处荒漠戈壁，气候干燥且多风，植被覆盖度低，且在监测期间出现了浮尘天气。

9.2.2.2 水环境质量现状评价

吐鲁番—哈密盆地界于东天山与噶顺戈壁之间，为天山最大的封闭山间盆地。该区除坎儿井或泉水出露地方绿洲分布外，其余均为荒漠，地表植物稀少或贫乏，生态十分脆弱，属大陆干旱荒漠性气候，多风少雨，冬季寒冷夏季炎热，昼夜温差大，降雨量小，蒸发量大，场址区属贫水区。

根据区域水文地质资料和烟墩地区民井调查资料，推测场址内地下水埋藏相对较深大于30.0m，地下水类型为孔隙性潜水，地下水补给来源主要来自大气降雨、雪山融水和山区的基岩裂隙水。厂址周围无大型工业企业及人为活动，场区地下水系保持自然状态。

9.2.2.3 声环境质量现状评价

工程占地为规划风电场用地，本次评价场址区域声环境功能按工业区考虑，声环境执行《声环境质量标准》(GB 3096—2008）中的3类标准。

1. 监测点布设

为掌握工程所在区域声环境质量现状，委托哈密地区环境保护监测站对景峡区域的6个风电场的声环境背景值进行监测，共布设14个监测点。

由于工程区的厂址位置发生了调整，但场区位于戈壁，空旷、人烟稀少，5km范围内无环境敏感点，也没有新增声源，本次选择 3 号和 4 号两个监测点，可以代表本工程所在区域的声环境背景。

2. 监测方法

测量方法按《声环境质量标准》(GB 3096—2008) 规定的测量方法要求进行。

3. 监测时间

2013 年 11 月 26—28 日。

4. 监测结果

工程场址周边区域环境噪声监测结果，见表 9-11。

表 9-11　场址周边区域噪声现状监测值和评价结果　单位：dB(A)

监测编号	监　测　点　位	监测结果		标准限值		备注
		昼间	夜间	昼间	夜间	
4	N42°03′21.49″；E94°51′5.13″	30.2	30.0	65	55	工程区声环境现状
3	N42°02′46.06″；E94°39′59.45″	30.0	30.0			

由表 9-11 可知：工程所在区域声环境背景简单，无大的噪声源，声环境趋于本底状态，监测结果表明景峡区域第四风区电场声环境现状监测值昼间为 30.0～56.4dB(A)，夜间为 30.0～58.6dB(A)。本工程场址区周边共选择了 3 号和 4 号两个声环境现状监测点，声环境现状均满足《声环境质量标准》(GB 3096—2008) 中 3 类标准限值。

9.2.2.4　电磁环境质量现状评价

本次环评收集了《新疆烟墩 750 千伏变电站扩建工程环境影响报告书》中的扩建工程（烟墩 750kV 变电站扩建工程位于哈密烟墩区域，位于哈密市东南约 72km 处）中电磁环境质量现状评价资料，采用 2014 年 3 月 5 日，新疆电力建设调试所对烟墩 750kV 变电站的监测数据，区域电磁环境处于背景水平，与本工程环境现状相似，监测点位于本工程西北方向约 45km 处。

工频电场强度、磁感应强度监测结果见表 9-12；无线电干扰监测结果见表 9-13。

表 9-12　烟墩 750kV 变电站站厂界外工频电磁场

测点编号	测点位置	电场强度/(kV/m)	磁感应强度/μT			
			合量	X 分量	Y 分量	Z 分量
1	站大门	0.009	0.096	0.033	0.031	0.082
2	厂界东侧北部	0.439	0.156	0.147	0.037	0.038
3	厂界北侧东端	0.338	0.188	0.169	0.026	0.082
5	厂界北侧西端	0.911	0.321	0.269	0.021	0.171

续表

测点编号	测点位置	电场强度/(kV/m)	磁感应强度/μT			
			合量	X分量	Y分量	Z分量
6	厂界西侧北端	0.296	0.128	0.091	0.025	0.083
9	厂界西侧南端	0.795	0.325	0.249	0.202	0.047
10	厂界南侧西端	0.075	0.148	0.087	0.073	0.088
12	厂界南侧东部	0.664	0.098	0.079	0.020	0.055
14	厂界东侧南端	0.081	0.048	0.017	0.015	0.041

表9-13 烟墩750kV变电站外无线电干扰 单位：dB(μV/m)

测点编号	测试频率/MHz	0.15	0.25	0.50	1.00	1.50	3.00	6.00	10.00	15.00	30.00
1	站大门	46.03	39.95	39.45	70.59	32.15	29.19	23.80	34.48	47.54	13.09
4	厂界北侧中部	46.27	44.63	36.61	66.18	30.32	33.28	26.16	29.06	45.20	24.36
7	厂界西侧中部	48.22	47.83	39.11	73.07	33.64	33.65	25.49	32.41	39.10	23.88
11	厂界南侧中部	45.95	43.34	38.20	68.83	36.38	32.33	22.23	28.76	41.55	24.22

由表9-12和表9-13可知：烟墩750kV变电站站址附近测点距地面1.5m处工频电场强度在0.009～0.911kV/m之间，小于4kV/m；工频磁感应强度范围在0.048～0.325μT之间，小于0.1mT；0.5MHz频段无线电干扰场强范围在36.61～39.45dBμV/m之间，小于55dBμV/m。

9.2.2.5 生态环境质量现状评价

1. 评价区生态现状

工程所在区域为吐鲁番和哈密盆地之间及哈密东部、南部新生代第三系隆起区，主要分布以泥岩为主的夹砂砾岩层，组成广阔的剥蚀岗状平原，通称嘎顺戈壁，海拔均在1000.00m以上，最低地为海拔41.00m的沙尔湖。气候干燥少雨、蒸发强烈、夏季酷热、冬季严寒、昼夜温差大、日照时间长、光热资源丰富。

区域降水稀少，但洪流异常发育。无常年地表径流，地下水资源贫乏，但在大型汇水洼地内有地下水呈泉群出露，其量很小水质尚好，有片状稀疏半灌木生长。荒漠植被稀疏，主要分布在七角井至东南部马宗山一带广阔的低山丘陵、冲积平原和剥蚀平原区。土壤为棕漠土，石膏棕漠土和灰漠土，质地以砂砾质和砾质为主。受气候、土壤和基质条件的制约，区域植被以超旱生的小半乔木、灌木、小半灌木为主，因干旱缺水部分草地作为冬牧场利用。

(1) 植被资源现状。评价区自然景观呈现砾石戈壁荒漠景观，生长着低矮、稀疏的荒漠植被，其地表及植被现状如图9-4所示。根据《新疆植被及其利用》中植被区域划分结果，拟建工程所在区域为新疆荒漠区—东疆—南疆荒漠区—东准噶尔—东疆荒漠省—东疆荒漠亚省—哈密州。工程位于荒漠植被区，地表生长有少量耐旱植被，主要为假木贼、膜果麻黄、戈壁藜等，伴生有少量疏叶骆驼刺，植被总覆盖度低于5%。

图9-4 工程区地表及植被现状

自然植被主要是盐柴类荒漠植被，成为评价区分布最广的植物群落。评价区主要植被名录详见表9-14。根据《国家重点保护野生植物名录》（第一批）和《新疆维吾尔自治区重点保护野生植物名录》（第一批），评价区有保护植物1种，膜果麻黄为自治区Ⅰ级保护植物。

表9-14 评价区主要植物名录

科	种名	科	种名
藜科	圆叶盐爪爪	柽柳科	红柳
	假木贼	豆科	疏叶骆驼刺
	木本猪毛菜	蒺藜科	西伯利亚白刺
	戈壁藜	麻黄科	膜果麻黄

根据风电场工程内容，本工程分布特点有点状、斑块状及线性三类，点状分布有风电机组、箱变，为永久占地；斑块状分布有永久占地的升压站及监控中心，临时占地有施工临建设施及办公生活区、风电机组及箱变施工临时堆放场等；线性工程主要为场内道路（场内道路建设期为施工道路，运行期改建为检修道路）。工程新建场内道路约234km，根据地形条件及风电机组布置，风电场东北区域地势较平坦，南侧区域地形起伏较大，其中，部分机组机位布置在地形起伏区，道路长度约为32km，为满足吊车（履带吊）运行要求，该区道路设计宽度为10m；其余路段道路长度约202km，地势较平坦，地面简单清理即满足吊车（履带吊）运行，需修建6m宽施工道路。风电场施工完成后，在施工道路的基础上铺设4m宽天然级配砂砾石路面作为检修道路，其余路面进行自然恢复。其次线性工程还包括机组至箱变、箱变至35kV架空线杆塔以及终端杆至升压站段直埋电缆，本工程直埋电缆沟长度约10800m。

本次环评对不同工程区植被分类介绍如下：

1）风电机组、箱变工程区。本工程风电机组及箱变呈点状分布在风区中部，根

据现场调查植被分布情况为风区中西部地势相对较平坦，植被以假木贼、戈壁藜、疏叶骆驼刺，伴生有少量白刺，植被覆盖度低于5%，风区其余大部分为裸地，植被稀疏，在冲沟内断续状生长有荒漠植被假木贼、膜果麻黄、戈壁藜、疏叶骆驼刺，伴生有少量白刺，植被覆盖率低于5%。

由于风电机组布设在高地，箱变布置在风电机组20m范围内，这两者均避开冲沟，所以其占地范围内的植被类型主要为假木贼、膜果麻黄、戈壁藜、疏叶骆驼刺，其余大部分为裸地，植被稀疏。

2）升压站及监控中心工程区。本工程升压站及监控中心布置于风场中部，不在工程风区范围内，根据现场踏勘，工程占地为裸地，植被稀疏，零星生长有荒漠植被假木贼、疏叶骆驼刺、戈壁藜等，植被覆盖率约5%。

3）施工临建设施及办公生活区。本工程施工临建设施及办公生活区布置于风区的中部，临时占地为裸地，植被稀疏，零星生长有荒漠植被假木贼、疏叶骆驼刺等，植被覆盖率低于5%。

4）风电机组及箱变施工临时堆放场。由于风电机组体型尺寸和重量较大，大件设备如机头、叶片、塔架、箱式变压器等均按指定地点一次卸货，尽量减少二次转运，风电机组及箱变施工临时堆放场位于基础及箱变基础周边，临时堆放场植被分布情况同风电机组、箱变工程区，植被覆盖度低于5%，其余大部分为裸地，植被稀疏，在冲沟内断续状生长有荒漠植被假木贼、膜果麻黄、疏叶骆驼刺等，植被覆盖率小于8%。

5）场内道路。风电场场内道路以公用道路为起点，场内道路按照机组排布布置，植被分布情况同风电机组、箱变工程区。风区中西部施工道路沿线植被以戈壁藜及疏叶骆驼刺为主，植被覆盖度较好，植被覆盖率约为15%，其余大部分施工道路为裸地，植被稀疏。施工道路约234km经过冲沟，沟内断续状生长有荒漠植被木本猪毛菜、戈壁藜、膜果麻黄等，植被覆盖率小于10%。

6）电缆沟。本工程风电机组至箱变、箱变至35kV架空线杆塔以及终端杆至升压站段需直埋电缆，电缆沟总长度约10800m。电缆沟工程基本在风电机组、箱变周边布置，植被分布情况同风电机组、箱变工程区。风区中部的电缆沟植被以假木贼、戈壁藜等为主，植被覆盖度较低，植被覆盖率低于5%，其余大部分为裸地，植被稀疏。

不同工程区生态现状汇总详见表9-15。

（2）动物。按中国动物地理区划分级标准，工程所在区属于古北界—中亚亚界—蒙新区—西部荒漠亚区—东疆小区。从地理位置上来看，这里是蒙古及准噶尔盆地与新疆南部动物的交流通道，但由于极端干旱的大陆性气候控制下的严酷荒漠自然环境条件，致使评价区所属动物区系的野生动物种类组成贫乏，组成简单，分布于该区的动物以北方型耐寒种类和中亚型耐旱种类为主。

表9-15 不同工程区生态环境现状简述

分区		生态环境特点
点状工程	风电机组、箱变工程区	由于风电机组呈点状布设在风区高地，箱变布置在机组20m范围内，这两者均避开冲沟，所以其占地范围内的植被类型主要为荒漠植被假木贼、疏叶骆驼刺等、植被覆盖度低于5%，其余大部分为裸地，植被稀疏
斑块工程	升压站及监控中心	工程占地为裸地，植被稀疏，零星生长有荒漠植被假木贼、疏叶骆驼刺等、植被覆盖度低于5%
	施工临建设施及办公生活区	临时占地为裸地，植被稀疏，零星生长有荒漠植被假木贼、疏叶骆驼刺等、植被覆盖度低于5%
	风电机组及箱变施工临时堆放场	植被分布情况同风电机组、箱变工程区
线状工程	场内道路	植被分布情况同风电机组、箱变工程区
	电缆沟	植被分布情况同风电机组、箱变工程区

根据现状调查和有关资料显示，拟建工程区域野生动物以干旱荒漠区的爬行类、鸟类及啮齿类为主，工程区域内主要有荒漠麻蜥、漠雀、子午沙鼠等。此外，国家二级保护野生动物鹅喉羚（又名羚羊，黄羊，或长尾黄羊，是一种典型的荒漠、半荒漠动物）在附近区域偶有出没。工程所在区域主要野生动物名录，见表9-16。

2. 区域土壤环境现状

根据哈密市土壤普查资料，全市土壤主要有5个土类，9个亚土类，11个土属，29个土种，41个变种。其中戈壁平原分布较广的有棕漠土、灰棕漠土、盐土；山区分布有黑钙土、草甸土、灰色森林土、亚高山草甸土和高山冰渍土；农耕区主要分布有灌耕土、潮土、棕钙土等。

表9-16 评价区野生动物名录

序号	种名	
1	爬行类	荒漠麻蜥
2		东疆沙蜥
3	鸟类	平原鹨
4		风头百灵
5		漠即鸟
6		漠雀
7	啮齿类	子午沙鼠
8		三趾跳鼠
9		长耳跳鼠
10		小家鼠
11	哺乳类	鹅喉羚

工程区域土壤为棕漠土，石膏棕漠土和灰漠土，质地以砂砾质和砾质为主。工程所在区域的土壤属石膏棕漠土，为地带性的土壤。棕漠土粗骨性强，孔状结皮层，片状—鳞片状及红棕色紧室层发育弱，甚至缺失，在强烈风蚀作用下，地表多具有细小风蚀沟。场址区地表分布有薄层砾石及发育不太明显的孔状荒漠结皮，表层砾石含量约10%，一般粒径5～15mm，砾石层下部为松散的粉土层。

拟建厂址区地表常有多角形裂隙或龟裂纹；腐殖质层不明显，表层有厚1～2cm结皮层，浅灰—棕灰色，海绵状孔隙；结皮层下为片状—鳞片状结构层，厚4～8cm，浅灰棕或浅棕色；向下为褐棕或浅红棕色紧实层，厚10～30cm，质地黏重，块状—

弱团块状结构；在剖面中下部为白色结晶状石膏和脉纹状盐分聚积层，再下过渡到母质层。通体强石灰反应。表层有机质含量约 1%；碳酸钙弱度淋溶，其含量可达 10%～30%；深位残余积盐，总盐量大于 1.0%；呈碱性至强碱性反应，pH 值大于 8，碱化比较普遍；黏土矿物以伊利石为主。盐分组成多属氯化物为主或硫酸盐为主的混合类型，但含重碳酸盐较多，一般为 0.03%～0.08%。包括表土孔状结皮在内，都有一定碱化现象，碱化度 10%～20%。土壤呈强碱性反应，pH 值为 8.5～10，以紧实层为最高。

3. 土地利用现状

工程区的土地现状类型属国有未利用地，地处荒漠戈壁，地表多为裸土地，中部零星分布有少量低覆盖度草地。

9.2.2.6 区域水土流失现状及评价

1. 水土流失现状

根据水利部 2006 年第 2 号文《关于划分国家级水土流失重点防治区的公告》，项目建设所在区域被划分为新疆石油天然气开发监督区，属国家级水土流失重点监督区。根据《新疆维吾尔自治区人民政府关于全疆水土流失重点预防保护区、重点监督区、重点治理区划分公告》，拟建工程区属吐鲁番—哈密盆地重点监督区。

哈密市地貌主要分为三个单元：北部山区、中部冲积平原区和南部干燥剥蚀残丘与台地。北部山区植被生长较好，有树木及草场，生态环境较好；山前区域为戈壁荒滩，植被稀少，生态环境极差；中部冲积平原区是哈密市经济建设的主要区域，各类树木、花草、农作物长势良好，区域生态环境较好；南部干燥剥蚀残丘与台地区域植被稀少，生态环境较差。

哈密市土壤侵蚀类型主要为水力、风力交错侵蚀、风力侵蚀、冻融侵蚀，侵蚀面积为 47785.09km^2，占全市面积的 56.22%。其中：冻融侵蚀面积 1514.76km^2，主要分布在北部高山海拔 3000.00m 左右冰川积雪区的下部；水力、风力交错侵蚀面积 9851.94km^2，主要分布在南部平原及南部低山丘陵区；风力侵蚀面积 1471.88km^2，主要分布在中部洪积倾斜平原区；微度或无明显侵蚀面积 34946.51km^2。

（1）工程区水土流失类型。根据工程水土保持方案报告工程区水土流失类型主要为：风力侵蚀和水力侵蚀。

1）风力侵蚀。根据工程区的实际情况，发生风蚀具备两个条件：一是具备大于起沙风速的风力；二是干燥或地表植被覆盖度低，并提供了沙源。根据工程区气象资料，工程区具备风蚀发生的风力条件。工程区植被属超旱生荒漠植被类型，植被稀疏，覆盖度在 5%以下。现状条件下，地表面细小易蚀物质已被剥蚀殆尽，地表被抗风蚀能力较强的砾幕覆盖，若不人为扰动，大风条件下不会发生大面积侵蚀。

根据现场实地情况，结合《哈密市水土保持规划》对区域风力侵蚀特点的描述，水土保持方案报告判断工程区地表在未扰动情况下为轻度风力侵蚀区。

2）水力侵蚀。工程区为典型的内陆干旱区气候，多年平均降雨量51mm，地表植被盖度小于5%，但由于主要控制性因子降雨强度很小，击溅侵蚀量与坡面侵蚀量极小，甚至可以忽略不计。

根据现场实地情况，结合《哈密市水土保持规划》对区域水力侵蚀特点的描述，水土保持方案报告判断工程区在地表未扰动情况下为微度水力侵蚀区。

（2）原生地貌侵蚀模数及水土流失容许值的确定。工程地处荒漠戈壁区，该区域干旱少雨，由于地表多砾石及砂土，透水性强，仅在短时暴雨情况下可能局部形成地表汇流，故工程区水力侵蚀影响较小；而该区域常年多风，植被覆盖度极低，呈戈壁景观，风力侵蚀较为严重。综合考虑工程区地表覆盖有薄层砾石，并参考《西气东输二线工程水土保持监测报告》哈密段雅满苏公路监测点数据（监测时间2009年），确定本工程所在区域土壤侵蚀类型为中度风力侵蚀，原地貌侵蚀模数为2600t/(km^2·a)，容许土壤流失量为2000t/(km^2·a)。

2. 水土保持现状

近年来，哈密市的林带建设得到了一定的发展。根据资料统计，目前平原人工林面积共计20.7×10^4亩，林木蓄积量为11.6×10^4m^3，其中：防护林8.2×10^4亩，经济林11.8×10^4亩，用材林0.5×10^4亩，薪炭林0.2×10^4亩；人工种草1866.67hm^2。哈密市政府充分认识到水土保护，维护生态平衡的重要性，在南湖乡、大泉湾乡、312国道沿线兴建生态防护林及风沙育草带，达到防风固沙，涵养水源的目的；在沙漠治理中以设置沙障固沙的工程措施为主，条件适宜时增加植物措施；在山区兴建控制性水利工程，减少洪水灾害，合理调蓄水量，在汛期引洪对植被稀疏的荒漠草场地进行灌溉，实现抗洪防灾、保持水土平衡和生态平衡。

工程地处荒漠戈壁地带，地表大多为砾石覆盖，生长有少量荒漠植被。土壤侵蚀强度为中度风力侵蚀。地表形成的结皮、砾幕及生长的植被，均具有一定的水土保持功能。工程区目前为砾质荒漠，尚未开展任何水土流失治理工作。

9.3 社会环境影响评价

9.3.1 社会环境概况

9.3.1.1 基本情况

哈密地区北至巴里坤哈萨克自治县三塘湖乡的大哈甫提克山，北纬45°5′33″；南为哈密市南湖乡的白龙山附近，北纬40°52′47″；东接星星峡东北，东经96°23′00″；西抵七角井以西，东经91°6′33″处。南北相距最长约440km，东西相距最长约404km。全地区

总面积约 15.3 万 km^2，占新疆总面积的 9%，为新疆第三大地州。哈密市市域面积 8.5 万 km^2，下辖 18 个乡（镇）、5 个街道办事处，居住着汉族、维吾尔族、哈萨克族、回族、满族、蒙古族等 36 个民族。2012 年末总人口 46.55 万人，比上年末增加 0.76 万人，增长 1.7%，其中，城镇人口 31.46 万人，乡村人口 15.09 万人，城镇化率 67.6%。

9.3.1.2 工程区社会环境现状

本工程位于哈密东南部约 135km 的戈壁上，西南侧为连霍高速（国道 G30），西北距骆驼圈子约 70km，距烟墩站约 65km，东南侧为在建的红淖铁路。周围 5km 范围内无居民，无环境敏感目标，不在风景名胜区、森林公园、地质公园、重要湿地等重要生态敏感区内。

9.3.2 社会环境影响分析

9.3.2.1 对当地社会经济发展的影响

本风电场运行期内年上网电量为 142185.9 万 kW·h，计算期内电量销售收入总额为 1674096.8 万元。计算期内发电利润总额为 670443.8 万元，工程具有良好经济效益。

对促进哈密地区国民经济发展具有重要作用，可使电力系统减少燃煤消耗，节约煤矿投资，减轻运输压力，保护矿产资源和生态环境。

同时本工程的开发，可促进当地新能源项目开发建设，促进地区相关产业，如建材、交通、设备制造业的大力发展，对扩大就业和发展第三产业将起到一定的促进作用，从而带动和促进地区国民经济的发展和社会进步。

9.3.2.2 对土地资源利用的影响

工程占地为国有未利用地，包括永久性占地和临时性占地。永久性占地包括风电机组基础占地、箱变基础、升压站、监控中心等占地。临时性占地包括直埋电缆、场地平整、临时施工道路及施工过程中所需临时占地等。本工程永久占地约 107.64hm^2，临时占地约 130.51hm^2，总占地面积约 238.15hm^2，风电场占地类型为裸地，对当地土地资源的利用影响不大。

9.3.2.3 对交通运输的影响

工程对交通运输的影响主要表现在施工期，工程施工过程中材料及设备运输主要依托 G30 国道等工程区周围现有道路，有社会车辆通行，工程施工期将增加交通车辆。由于 G30 国道目前交通量小，有一定的交通富裕通行能力。工程运输交通虽然增加了国道的交通量，但可以做到增量不增堵，可以使道路交通仍然通畅。该影响将随施工结束而结束。

9.3.2.4 征地拆迁、移民安置环境影响

工程位于新疆哈密地区哈密市东南部，属哈密东南部风区景峡区，距哈密市约 135km，距烟墩站约 65km。工程占地类型为国有未利用地，不占用耕地，建设区域

为荒漠戈壁，场区附近没有风景名胜区、森林公园、地质公园、重要湿地等重要生态敏感区。工程区目前无居民点和其他重要设施，亦无文物古迹等。因此，工程建设无拆迁、移民问题。

风电场的建设可充分利用自然可再生能源、节约不可再生化石资源，相对火力发电可减少大量污染物的排放，节约用水，减少固体废物的排放，缓解了地区环保压力，减轻当地环境污染。同时本工程的建设，可改善地方电网电源结构，可促进地区的经济发展，提高人们的生活环境，具有明显的环境效益和社会效益。

9.4 环境管理方案

9.4.1 环境保护措施

9.4.1.1 生态环境影响减缓措施

1. 施工区及施工生活区环保措施

根据工程建设特点，施工区及施工生活区生态环境影响减缓措施主要有：

（1）施工期间，应划定施工区域，强化施工管理，增强施工人员的环境保护意识，在保证施工顺利进行的前提下，严格控制施工人员、施工机械、临时生活区的范围，严禁随意扩大扰动范围；尽可能缩小施工作业面和减少扰动面积；压缩开挖土方量，并尽量做到挖填平衡和减少弃土量，最大限度降低工程开挖造成的水土流失。

（2）风电机组基础及箱变基础、吊装平台等施工作业带严格控制在50m×50m场地平整范围内，尽量减少施工扰动范围。

（3）对现场作业人员实行严格的管理，将施工作业机械和人员活动范围严格限制在作业带范围内，即道路施工作业宽度控制在6.0m（山区地段控制在10.0m），尽量减少施工破坏面。

（4）合理安排施工时间及工序，基础及缆沟开挖应避开大风天气，并尽快进行土方回填，弃土及时处置。

（5）施工后在作业带内恢复砾石层，防止因开挖扰动引起的风沙危害。基础及缆沟开挖时，将表层开挖出的砾石另行堆置，作为铺压材料，回填时采用机械或人工对填土表面平整夯实后铺压砾石层。

（6）废土及时用于施工道路的修筑或就地平整，但“禁止弃土填于冲沟中”，施工垃圾应及时清运至骆驼圈子工业园生活垃圾收集系统统一处理。

（7）在设计中，合理规划，减少临时占地面积。施工便道少占地，划定路线，不得随意向两边拓展，或单另开道。在施工道路两侧布设彩条旗，减少地表扰动。

（8）工程施工过程中和施工结束后，及时对施工场地进行平整和修缮，采取水土保持措施，防治新增水土流失。

（9）施工结束后，对临时占地采取生态恢复或压实措施。

（10）严格按设计要求中指定地点堆放临时土石方，并压紧、夯实。工程结束后，做好施工场地恢复工作。

（11）施工期严格控制临时占地，禁止“焚烧塑料、塑料桶等工业或建筑类等垃圾”，杜绝“白色污染”。

2. 水土流失防治措施

本工程坚持“谁开发谁保护，谁造成水土流失谁治理”及减少控制扰动面积的原则，在广泛收集资料及现场踏勘的基础上，利用已有的水土保持治理经验，合理确定水土流失防治措施。本工程包括风电机组区、生产及管理区、道路工程区、施工生产生活区四个二级防治分区。根据本工程不同分区的特点分别采取行之有效的防治措施、方法和手段，对可能产生水土流失的情况进行分区防治，并提出施工过程中应采取的必要防治措施，避免及减少施工期造成的水土流失。

（1）风电机组区水土保持措施。风电机组区是本工程的主要施工区，土石方开挖量较大，扰动面积也较大，若施工时不注重采取防护措施，会产生较大的水土流失。水保方案初步认为对风电机组基础施工区临时堆渣采取密目防风网苫盖，防治效果好，施工简单，经济上合理可行。

水保方案补充施工期直埋电缆临时弃料密目防风网苫盖，架空线路杆塔基础施工区域四周彩条旗限界，施工结束后扰动区域机械压实等水土保持措施。

（2）生产及管理区水土保持措施。升压站施工扰动主要为基础开挖、施工机械等对原生地表的扰动，开挖方在回填前，临时堆放在施工区域内，在大风天气下会产生水土流失。主体设计对户外安置的设备堆放区域，地表覆盖砾石。在施工期间升压站内各建筑物基础开挖的土方均临时堆放于升压站内的空地。

监控中心施工扰动主要为基础开挖、施工机械等对原生地表的扰动，开挖方在回填前，临时堆放在施工区域内，在大风天气下会产生水土流失。在施工期间升压站内各建筑物基础开挖的土方均临时堆放于监控中心的空地上。

（3）道路工程区水土保持措施。主体工程设计场内道路采用洒水碾压，为砂砾石路面，施工后期，改建为永久检修道路。在施工期，运输风电机组组件及建筑材料的大型车辆对施工道路碾压会比较严重，对原有地表及植被破坏极大，车辆的碾压很容易使下层粉土上翻，再加上项目区年平均风速较大，极易引起扬尘，产生水土流失。水保方案补充施工期洒水的临时措施抑制扬尘，在施工道路两侧布设彩旗，限定运输车辆的行驶范围，避免车辆对征地范围外地表砾幕及原生植被的碾压扰动。施工结束后对检修道路以外的路面进行土地平整，这些措施均能够有效地降低道路区可能产生的风蚀。

（4）施工生产生活区水土保持措施。主体工程对施工生产生活区车辆停放场和地表抛洒砾石减少地面扬尘，可以减轻施工中可能产生的水土流失。水保方案提出在施工生产生活区材料堆放场地布设密目防尘网，对抑制扬尘有一定的功效。水保方案认为由于施工期内施工生产生活区车辆通行频繁，原有的砾石层在经过一段时间后会被压入下层，使下层松散粉土外露，易产生风蚀。在施工期对施工生产生活区地表补充洒水降尘措施，临时堆料用密目防风网苫盖、彩钢板拦挡等水土保持措施，在施工结束后对整个施工生产生活区进行场地平整。水土流失防治措施典型设计实景照片如图9-5所示。

(a) 施工生产生活区砾石压盖

(b) 升压站绿化措施

(c) 限行桩

(d) 洒水降尘

图9-5 水土流失防治措施典型设计实景照片

3. 生态保护和恢复措施

(1) 对现场作业人员实行严格的管理，将施工作业机械和人员活动范围严格限制在作业带范围内，即道路施工作业宽度控制在6.0m（山区控制在10m），尽量减少施工破坏面。

(2) 根据地形避开冲沟合理布置风电机组，避让植被，重点保护冲沟内的麻黄。

(3) 尽量减少大型机械施工，风电机组塔基坑开挖后，尽快浇筑混凝土，并及时回填，对其表层进行碾压，缩短裸露时间，减少扬尘产生。基坑开挖严禁大爆破，以减少粉尘及震动对周围环境的影响。

(4) 加强对施工中的各类材料运输、堆放的管理，重点是水泥、粉煤灰使用的管理。运入施工现场的水泥、粉煤灰及时贮存于水泥罐及粉煤灰罐，避免大风使水泥粉尘漫天飞扬。

(5) 在施工中还要合理组织材料的拉运，对沙石等应合理安排施工进度，及时调入现场，并尽快施工，避免砂石料在堆放过程中，沙土飞扬，影响区域环境质量。

(6) 在场内运输道路及永久道路修筑中，应尽量使用风电机组塔及建筑物基础施工中的弃土，以避免各分散施工场地的弃土随意堆放；弃土主要用来填筑风电场内的道路路基或就地平整场地。

(7) 施工期对施工道路及风电机组基础施工表层土进行剥离，并堆放在场地一侧，周边设临时拦挡，并采用防尘网苫盖，施工完毕后，将表土回覆，撒播草籽，并砾石压盖。

(8) 施工作业结束后，及时平整各类施工迹地，恢复原有地貌，并采取水土保持措施，防治新增水土流失。

(9) 施工生活区设置野生动植物保护宣传牌。

9.4.1.2 环境空气影响减缓措施

1. 施工期废气影响减缓措施

(1) 扬尘防治措施。

1) 施工区和施工生活区要定期洒水降尘，同时应避免在大风（六级及以上）天气下进行土方开挖、回填等易产生扬尘污染的施工作业。

2) 在场内运输道路及永久道路的修筑中，应尽量使用基础施工中的弃土，以避免各分散施工场地的弃土随意堆放。对临时土方堆放场采取拦挡、遮盖等临时防护措施控制扬尘产生。

3) 加强对施工中的各类材料运输、堆放的管理，重点是水泥、粉煤灰使用的管理。运入施工现场的水泥、粉煤灰贮存于水泥仓及粉煤灰仓；在施工中还要合理组织材料的拉运，对沙石等应根据施工进度，及时调入现场，并尽快施工，不需要的土方就地平整或及时运走。

4) 基础开挖、场地平整等过程采用加湿作业，定期洒水防止扬尘；此外，控制干散材料的堆存时间及堆存量，必要时采取苫布遮盖减少起尘。

5) 限制车速，减少车辆行驶产生的扬尘。

6) 加强运输管理，散货车不得超高超载，以免车辆颠簸物料洒出；水泥的装卸应有除尘装置，防止扬尘污染；化学物质的运输要防止泄漏；施工时设置施工安全标识，坚持文明装卸；运输砂土等干散材料的车辆使用苫布遮盖。

7) 施工作业结束后，及时平整各类施工迹地，恢复原有地貌，并采取水土保持措施，防治新增水土流失。

8）灰渣、水泥等易起尘原料，运输时应采用密闭式罐车运输。

9）混凝土搅拌站设置在密闭的工棚内。

（2）废气防治措施。加强对施工车辆的检修和维护，严禁使用超期服役和尾气超标的车辆。对施工期间进出施工现场车流量进行合理安排，防止施工现场车流量过大。尽可能使用耗油低，排气小的施工车辆，选用优质燃油，减少机械和车辆的有害废气排放。

2. 运营期废气影响减缓措施

运营期生活区冬季采用电热设施取暖，不产生废气。工程拟采取如下措施：

（1）工程冬季采用电热设施取暖，避免冬季燃煤取暖排放大气污染物对区域环境空气质量的影响。

（2）餐厅炉灶燃料为液化气，餐厅产生的油烟通过油烟净化设施净化后排放。

9.4.1.3 声环境影响减缓措施

1. 施工期噪声影响减缓措施

（1）选择低噪声和运行状况良好的施工设备，以液压工具代替气动工具。

（2）在施工产生较大声源的工地周围设立围护屏障，同时也可在高噪声设备附近架设可移动的简易声屏，尽可能地减少设备噪声对环境的影响。

（3）要求现场作业人员佩戴耳罩，采用定时轮岗制度以减少具工作人员接触高噪声设备的时间。

（4）注重设备的日常维护，保证其最佳运行状态，避免高负荷运行，从声源上进行控制。

2. 运营期噪声影响减缓措施

工程运营期噪声主要来源于风电机组运转时产生的噪声，工程运营期间拟采取以下措施：

（1）设备选择中，采用低噪声的风力发电设备。

（2）定期检修风电机组转动连接处，使其处于良好运行状态。

（3）工作、生活区采用隔声材料建造，以便营造舒适、良好的工作、生活环境。

9.4.1.4 水环境影响减缓措施

1. 施工期水环境影响措施

施工期由于施工人员多，生活用水量较大。建设单位应与施工单位密切配合，采取以下措施：

（1）定期清洁建筑施工机械表面的润滑油及其他油污，对废油应妥善处置；加强施工机械设备的维修保养，避免施工过程中燃料油的跑、冒、滴、漏；施工时产生的泥浆等废水不得随意排放，不得污染现场及周围环境；不得随意在施工区域内冲洗汽车，对施工机械进行检修和清洗时必须定点，检修和清洗场地必须经水泥硬化；混凝

土搅拌站和混凝土运输车辆产生的设备清洗废水，必须经过沉淀处理后回用于混凝土搅拌或用于施工场地洒水降尘；施工废水沉淀池必须采取严格的防渗措施，确保不污染地下水。

(2) 为更严格保护区域水环境，本次环评建议：施工期设简易旱厕，旱厕池底应采用混凝土防渗，防止污水下渗影响地下水。施工期生活污水排入提前建设的集水池（前设隔油池）中，经处理后用于风电场周围道路浇洒和降尘用水。不会对区域环境造成不良影响。

2. 运营期水环境影响减缓措施

本工程建成后，通过各建筑物内的排水管网统一收集，排至地埋式生活污水一体化处理系统。

生活污水处理设施采用厌氧-好氧污水处理工艺，具体工艺流程为：污水→预处理（粗格栅→沉砂沉淀池→调节池）→缺氧滤池→生物接触氧化池→二沉池→消毒池→出水，经过处理后的污水达到《污水综合排放标准》(GB 8978—1996) 的二级标准后夏季在监控中心绿化已消耗殆尽，冬季污水经处理后贮存在 $200m^3$ 的集水池，翌年用于监控中心绿化和道路浇洒。

对于餐厅等公建的含油、含渣废水必须经隔油隔渣池处理后再排入室外集成式地埋生活污水处理设施。

9.4.1.5 固体废物污染防治措施

1. 施工期固体废物污染防治措施

施工产生的工程垃圾和弃土应分类管理，可利用的弃土尽量在场内就地平整；车辆运输散体物料和固体废物时，必须密闭、覆盖，避免沿途漏撒；运载土方的车辆必须在规定时间内，按指定路段行驶。生活垃圾与建筑垃圾分开，设封闭式临时垃圾站；生活垃圾收集后及时拉运至骆驼圈子工业园垃圾收集系统统一处理；施工期设简易旱厕，旱厕池底应采用混凝土防渗，防止污水下渗影响地下水。施工期生活污水排入提前建设的集水池（前设隔油池）中，经处理后用于风电场周围道路浇洒和降尘用水。在工程竣工以后，施工单位应立即拆除各种临时施工设施，并负责清除工地的剩余建筑垃圾、场地的弃土全部平整，落实做到“工完、料净、场地清”。

2. 运营期固体废物污染防治措施

生活垃圾设封闭式垃圾桶（带盖、防渗）定点收集，采取防风措施，对垃圾进行分类处理，并做到及时清运，避免造成垃圾二次污染。风电机组等设备，在事故情况下检修，可能产生一定的油污染。当个别风电机组出现事故，对于漏油处用纱布清理，纱布回收，避免事故废油对外部环境产生不良影响。为了绝缘和冷却，在变压器外壳内装有大量的变压器油，变压器设备在正常运行情况下不会产生漏油，一般只有检修及事故情况下（主要为主变压器发生故障时）才会产生废油。根据《国家危险废物名录》，废油属危险废物，由有资质单位回收处理。

在升压站的主变下设有储油坑，容积为主变压器油量的20%，储油坑的四周设挡油坎，高出地面100mm，坑内铺设厚度为250mm的卵石，卵石粒径为50～80mm，储油坑设有排油管，能将事故油及消防废水排至事故油池中，产生废油经集中收集后由有资质单位回收处理。储油坑和事故油池的建设应符合《危险废物贮存污染控制标准》等国家相关标准和规范规定。

升压站主变的事故废油的贮存设施严格执行《危险废物贮存污染控制标准》（GB 18597—2001）的要求“危险废物贮存设施都必须按GB 15562.2的规定设置警示标志。危险废物贮存设施周围应设置围墙或其他防护栅栏。危险废物贮存设施应配备通信设备、照明设施、安全防护服装及工具，并设有应急防护设施。”事故废油转运按照《危险废物转移联单管理办法》（国家环境保护总局令第5号）的要求进行管理。

9.4.1.6 电磁环境影响减缓措施

（1）严格按照设计规范的要求，进行设备招标和施工。

（2）保证变电站内高压构架的架设高度，在不影响变电设施安全运行的前提下，通过增大高压构架与地面的距离，降低地面感应电磁强度。

（3）变电站的母线设计中，在技术条件和经济条件允许的情况下减小母线的相间距、加长母线与外界之间的距离，可以迅速地衰减其产生的工频电磁场。

（4）使用设计合理的绝缘子，保持绝缘子表面的光洁度，减少因金具接触不良引起火花放电产生的高频电场。

（5）制定安全操作规程，加强职工电磁环境安全教育，加强电磁水平监测。

（6）设立警示标志，禁止无关人员进入变电站或靠近带电架构。

9.4.2 环境管理的目的

环境管理是企业日常管理的重要内容，各类新建、改扩建工程都应建立环境管理机构，落实监测计划，这是推行清洁生产、节能减排，实施可持续发展战略，贯彻执行国家和地方环境保护法规，正确处理企业发展生产和保护环境的关系，实现经济效益、社会效益和环境效益三统一的组织保障和有力措施。

根据工程的生产特点，制定一套系统、科学的环境保护管理办法，对排放的污染物进行日常的监督和监测，确保工程污染物排放实现总量控制，以便各级环境保护行政管理部门及时掌握本工程污水、固体废物等处理动态，接受环境管理监督，保护好本工程所在地的环境质量。

环境管理按建设前期、施工期、运营期三个阶段管理。

9.4.2.1 建设前期环境管理

根据环保部门的有关规定，本工程建设前期各阶段环境保护工作采用以下方式：

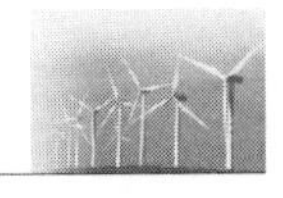

（1）在编制可研的同时由建设单位委托有环境评价资质的单位编制《环境影响报告书》，作为指导初步设计、工程建设，执行“三同时”制度和环境管理的依据。

（2）在初步设计阶段编制环境保护篇章，接受上级环保部门的审查，具体落实《环境影响评价报告书》中提出的、经过批复的各项环保措施，并将环保投资纳入工程概算，在施工图设计中全面反映，各专业的施工图中应有环境保护方面的条文说明。

（3）在工程招投标过程中，建设单位应重视环保工程，施工招标文件中应有环境保护的有关内容；并对照《环境影响报告书》及批复意见提出的要求，审查施工单位的施工组织方案；在签订合同时，将实施措施纳入其中，明确施工单位在环境管理方面的职责；通过这些措施为“三同时”制度的落实奠定基础。

9.4.2.2 施工期环境管理

施工期环境管理由建设单位、监理单位、施工单位组成管理体系，主要责任单位为施工单位，监理单位对环境工程实行日常管理，工程指挥部及自治区、地州环保局定期及不定期对环境工程进行典型检查及抽查。工程完工和正式运营前，应按环保部相关验收规定进行环境工程验收。同时，设计单位应做好配合和服务工作。

9.4.2.3 运营期环境管理

工程运营期政府主管部门的环境管理和监督体系如图 9-6 所示。

新疆维吾尔自治区环保厅和哈密地区环保局以及市环保部门及其授权监测部门将监管本工程污染源的排污情况，并对超标排放及污染事故、纠纷进行处理、处罚。

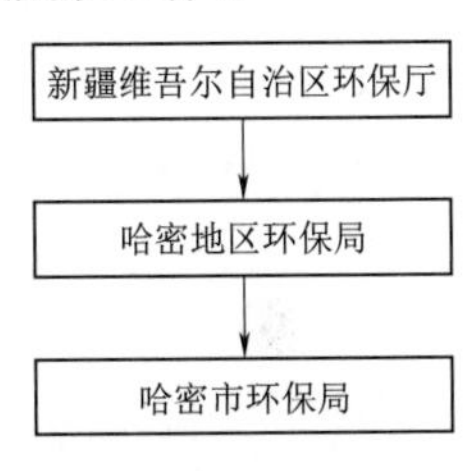

图 9-6 政府主管部门的环境管理和监督体系图

9.4.3 环境管理及检测机构设置

9.4.3.1 企业环境保护管理机构

工程建成后，应确定一名主管领导分管环保工作，成立环境管理机构（如设立安全环保科），设置 1 名专职环保人员，组织开展企业的日常环境管理工作。具体负责公司环境保护的日常管理和监督以及事故应急处理等工作，并保持同上级环保部门的联系，定时汇报情况，形成上下贯通的环境管理机构和网络，对出现的环境问题作出及时的处理和反馈。

9.4.3.2 企业环境保护管理机构职责

环保管理机构的职责为：

（1）贯彻执行国家和自治区的环境保护方针、政策、法律、法规，确保有关环境标准的实施。

(2) 制定场区环境管理规章制度，负责场区环境管理体系的建立和保持，并监督和检查执行情况。

(3) 制订并组织实施全场的环境保护规划和年度科研与监测计划、负责联络各级环境保护主管部门和环境监测部门。主管环境保护的领导，应组织环境管理机构及有关部门制定环境保护规划，经场区领导层审核批准后由环境管理机构负责组织并实施。场区环境管理机构在此基础上，负责编制年度环境保护计划并组织实施。

(4) 对“三废”排放、污染防治、环保设施的运行、维修等环境管理和各项环保制度的落实情况进行监督管理；发现问题及时会同有关部门解决，保证环保设施处于完好状态。

(5) 负责全场环保设施的常规监测工作，统计整理有关环境监测资料和环保技术资料，并做好统计资料归档和上报工作。

(6) 负责制定环境风险应急处置方案，开展风险管理教育和培训；负责处理各类污染事故，组织抢救和善后处理；预防和处理突发性环保事故。突发性环境污染事故必须按预先拟定的应急预案进行紧急处理。事后由环境管理机构及相关管理部门负责污染事故的调查分析，处理污染事故纠纷，并向公司负责人及上级环保主管部门提交调查报告和处理意见。

(7) 组织和实施清洁生产，推广应用先进环保技术与经验。应按照国家推行的循环经济和《中华人民共和国清洁生产促进法》的要求，推进循环经济，推广清洁生产。

(8) 负责场区的环境影响申报、“三同时”验收和排污申报登记等工作。

(9) 组织场区环保工作人员的日常业务技术学习和专业进修。

环境管理机构可通过板报、报刊等形式开展环境保护宣传教育。负责组织开展各个层面的环境保护法律、法规、知识学习，鼓励员工开展技术交流，及时掌握“三废”产生、控制及各种污染物排放情况。

场区的环保人员，要负责管理好环保设施，发现问题及时向上一级环境管理人员汇报，同时要注意新出现的环保问题，协助上级环境管理人员落实相应措施。

9.4.4 环境监控计划

9.4.4.1 环境监督计划

1. 贯彻实施环境保护的相关法律、法规

企业环境管理机构在日常的环境管理工作中，必须严格贯彻国家和地方环境保护的有关法律、法规、政策和规章，同时组织督促各部门贯彻落实国家及地方的有关环保方针、政策法令、条例。这些法律、法规包括：

(1)《中华人民共和国环境保护法》《中华人民共和国大气污染防治法》《中华人民共和国水污染防治法》《中华人民共和国固体废物污染环境防治法》《中华人民共和国环境噪声污染防治法》《中华人民共和国节约能源法》《中华人民共和国清洁生产促进法》《电磁辐射环境保护管理办法》(国家环保局令第18号)等。

(2)自治区、哈密地区行署和各级环境保护行政主管部门颁布的地方性环境保护法规、条例、文件。

(3)国家有关部委关于清洁生产工艺的规定。

此外,还应严格符合环境质量标准以及污染物排放标准,包括:

(1)环境质量标准。

1)《环境空气质量标准》(GB 3095—2012)中二级标准。

2)《声环境质量标准》(GB 3096—2008)3类标准。

3)《电磁环境控制限值》(GB 8702—2014)。

(2)污染物排放标准。

1)《污水综合排放标准》(GB 8978—1996)二级标准。

2)《建筑施工场界环境噪声排放标准》(GB 12523—2011)。

3)《风电场噪声限值及测量方法》(DL/T 1084—2008)3类标准。

4)《工业企业厂界环境噪声排放标准》(GB 12348—2008)3类标准。

5)《大气污染物综合排放标准》(GB 16297—1996)。

2. 监督管理厂区处理设施的运行

企业所属的各类污染物处理设施,应依照制定的管理办法进行管理,确保环保设施正常、稳定运行,使环保工作有效地开展。

3. 组织进行环境保护检查

环境管理机构应做好日常环境管理工作,生产季节每月进行一次环保现场检查。对查出的一般环保问题,责令当场整改,对于较严重的问题由环境管理机构下发“环境污染及隐患整改通知单”,责令被检查区块限期整改。经复查仍不合格者,应依据有关规定对其进行处罚,并继续督促限期整改。

4. 危险废物的监管计划

危险废物管理内容,其中应包含转移联单、危险废物经营许可证、台账、危废标准,符合危废管理计划、申报登记的内容。危险废物贮存区,以设置立式标志牌为主。

工程可研、设计与施工阶段环境监督计划见表9-17。

9.4.4.2 环境监测、检查计划

施工期及运营期的环境监测由建设单位委托有资质的环境监测单位按已制订的计划监测,地区环境监测站对风电场污染发生单位进行定期抽查。环境监测、检查计划表见表9-18。

表 9-17 环境监督计划表

阶段	监督机构	监督内容	监督目的
可研阶段	新疆维吾尔自治区环保厅	审核环境影响报告书	保证环评内容全面、专题设置得当、重点突出； 保证拟建项目可能产生的重大、潜在问题得到反映； 确保环境影响减缓措施有具体可行的实施计划
设计和建设阶段	新疆维吾尔自治区环保厅	核查环保投资是否落实；检查设计文件落实情况	确保环保工程投入；确保设计文件落实
	新疆维吾尔自治区环保厅、哈密地区环保局及工程监理单位	检查施工场地的设置及施工完毕后的地表清理情况； 检查施工场地及施工营地固体废弃物的排放和处理情况； 检查施工场所的设置是否合适； 检查“三同时”落实情况、环保设施是否正常使用；检查基础施工弃土弃渣处置情况	切实保护场址区域动植物，确保施工营地、场所满足环保要求；切实减少施工对周围环境的影响，执行相关环保法规和标准；确保环保设施正常使用
运营期	哈密地区环保局	检查监测计划的实施； 检查有无必要采取进一步的环保措施；检查“三废”处理情况； 检查环保设施是否运行正常	落实监测计划；加强环境管理； 确保环保设施发挥功效

表 9-18 环境监测、检查计划表

阶段	监测项目	监测内容	监测、检查频次	实施机构	监督机构
施工期	大气环境	TSP	不定期监查	建设单位委托监测单位	新疆维吾尔自治区环保、水保行政主管部门
	植被恢复	施工营地、施工道路、直埋电缆等	2 次/年		
	生活生产垃圾	施工场地、营地等生活生产垃圾处置情况	6 次/年		
	施工噪声	施工场地	1 次/施工阶段		
运营期	COD_{Cr}、BOD_5、SS、NH_3-N	生活污水处置情况	2 次/年	委托有资质监测单位	哈密地区环境保护局，新疆辐射监督站
	固体废弃物	生活垃圾处置情况、危险固体废物处置情况	2 次/年		
	工程所在区	草原植被、野生动物	4 次/年	委托有资质监测单位	
	噪声	风电场边界、升压站场界噪声	1 次/半年		
	电磁环境	电场强度、磁场强度、磁感应强度	1 次/半年		

9.4.4.3 实施及报告

认真实施监测（控）计划，并将监测（控）计划落实结果上报相关部门。

9.4.5 施工期环境监理计划

施工期环境监理是一种先进的环境管理模式，它能和工程建设紧密结合，使环境

管理工作融入整个工程施工过程中，变被动的环境管理为主动的环境管理，变事后管理为过程管理，可有效地控制和避免工程施工过程中的生态破坏和环境污染。

9.4.5.1 环境监理范围

施工期环境监理范围为工程施工区和施工影响区。实施监理时段为工程施工全过程，采取常驻工地及时监管、工点定期巡视和不定期的重点抽查，辅以仪器监控的监理方式；通过施工期环境监理，及时发现问题，提出整改要求，并能及时检查落实结果。

工程环境监理的重点为生态环境监理。重点监理内容包括：土地、植被及野生动物的保护；施工产生的噪声、废水、扬尘、固体废物等环境污染影响。

工程区域现有野生动植物资料有限，建议在工程建设及运营过程中开展生态监控。

9.4.5.2 环境监理机构设置方式

施工期环境监理由建设单位委托具备资质的监理单位，对本工程施工期的环保措施执行情况进行环境保护监理。

9.4.5.3 环境监理内容、方法

1. 工程施工期环境监理内容

施工营地、道路的位置、规模和工程防护措施，以及直埋电缆等地表植被保护与恢复措施。

机械、运输车辆、土石方开挖等施工噪声，施工作业场扬尘的预防，施工产生的生产、生活废水排放与处理，施工垃圾、生活垃圾集中收集、清运及处置等控制措施。

施工场所的设置，基础施工临时弃土弃渣弃置情况。

2. 施工期环境监理方法

施工期环境监理采取以巡查为主，辅以必要的环境监测，旨在通过环境监理机制，对工程建设参与者的行为进行必要的规范、约束，使环保投资发挥应有的效益，使环境保护措施落到实处，达到工程建设的环境效益和社会效益、经济效益的统一。

建立环保专项监理工程师岗位职责和各项管理制度；在施工现场建立监理工作站，完善监理组织机构、人员配备、办公及实验设备安装、调试，监理站应选在交通方便地段。

根据本工程环境影响报告书、水土保持方案中保护生态环境，以及治理水、气、声、渣污染的工程措施，分析研究施工图设计的主要内容和技术要求、执行标准，组织现场核对，按施工组织计划及时向施工单位进行技术交底，明确施工单位所在标段的环境保护工程内容、技术要求、执行标准和施工单位环保组织管理机构、职责和工作内容。

了解整个工程的施工组织计划，跟踪施工进度，对重点控制工程提前介入、实施全程监理；及时分析研究施工中发生的各种环境问题，在权限规定范围内按程序进行处理。

3. 应达到的效果

加强对施工单位的环境监理工作，以规范施工行为，使得生态环境破坏和施工过程污染物的排放得以有效控制，以利于环保部门对工程施工过程中的环保监督管理。

负责控制与主体工程质量相关的环保措施，对施工监理工作起到补充、监督、指导作用。

与环保主管部门一道，贯彻和落实国家和新疆维吾尔自治区以及哈密地区的有关环保政策法规，充分发挥第三方监理的作用。

环境监理计划汇总表见表 9 - 19。

表 9 - 19 环境监理计划汇总表

监理项目	监 理 内 容	监 理 要 求
平整场地	配备洒水车，施工用地范围内洒水降尘规范	减少地表破坏，减少扬尘污染
施工道路	划定严格的施工道路，尽量减少地表扰动	禁止施工车辆随意开辟新道路
基础、电缆沟开挖	开挖产生砂土应用于工程基础，填方施工时要定时洒水降尘	砂土合理处置 强化环境管理，减少施工扬尘
扬尘作业点	适量洒水	减少扬尘污染
土方倒运	运输土方倒运车辆加盖篷布	减少运输扬尘 无篷布车辆不得运输沙土、粉料
施工噪声	选用噪声低、效率高的机械设备	建筑施工场界噪声符合《建筑施工场界环境噪声排放标准》(GB 12523—2011)
施工固体废物	设置封闭式生活垃圾收集站建筑垃圾运往指定场所	合理处置，不得乱堆乱放； 禁止“焚烧塑料、塑料桶等工业或建筑类垃圾”，杜绝“白色污染”
施工废水	生产废水经处理后回用；生活污水排入集水池，经处理后用于场区道路浇洒	施工废水合理处置，不得随意排放
环保设施和环保投资落实情况	环保设施在施工阶段的工程进展情况和环保投资落实情况	严格执行“三同时”制度，确保环保措施按工程设计和报告书要求同时施工建设
生态环境	分段施工，及时平整场地，控制影响范围，临时占地生态恢复，加强绿化	严格控制施工区域的影响范围 开展环保意识教育、设置环保标准，施工结束后及时恢复扰动的绿地

9.5 小　　结

“三北”地区所处地理位置特点鲜明，大部分区域地貌以戈壁和沙漠为主，降水

稀少，植被稀疏，对环境扰动的接受能力强但恢复能力差。对“三北”地区风电场进行环境评价与管理，需要考虑在最小扰动的情况下开展对风电场的开发建设，以减小对脆弱生态环境的破坏，缩短恢复周期。尤其是工程施工期，更要重点加强对施工临时占地的环境管理，以减小对地表土壤扰动、植被破坏，避免加重当地的水土流失。

第 10 章　风电基地建设环境评价与管理

风电基地的开发模式是我国充分开发利用风能资源的特有模式，是具有中国能源特色的一种战略性选择。我国风电基地经历了从“十五”风电基地概念提出，“十一五”风电基地不断发展，“十二五”风电基地面临“弃风”窘境，再到“十三五”外送型风电平价基地，走出了我国独有的基地开发模式。风电基地是指装机容量在百万千瓦以上、多位于地域比较广阔的区域、通过特高压外送通道线路向东中部地区远距离送电、具有集群特征的规模化风电场。截至 2019 年年底，我国规划已建、在建风电基地 26 个，总批复规模达到 1 亿 kW 以上，已建成规模达到 4000 万 kW。

为保障风电基地建设实施，避免风电基地开发重复建设路、水、电等公用设施，减少风电场建设带来的环境影响，对基地道路、升压站（汇集站）等公用配套设施采用统一规划设计、统一建设、集中管理，实现基地资源、能源的集约化经营和高效利用，建设高质量风电产业基地。

10.1　风电基地自然环境影响评价

10.1.1　区域环境概况

10.1.1.1　自然环境

自然环境概况主要包括对风电基地的地理位置及交通情况、地形地貌、气候与气象条件、水文条件、地震特点、地质特征、土壤类型、矿产资源等方面加以说明。

10.1.1.2　文物保护

确认风电基地范围内或周边是否存在文物保护单位，根据具体保护等级及具体情况进行影响分析，并与相关主管部门（例如文化和旅游局、文化旅游体育局、文物局等）进行沟通协调，获得审批以及建设许可。

10.1.1.3　电网现状

根据项目所在地的所属电网及其消纳能力，具体分析电网接纳此项目风电的能力，再扩大空间尺度分析大区域内电网现状与特征及其消纳能力。

10.1.1.4 周边污染源概况

主要对废水、废气、固体废物、危废、噪声等污染源的生产量进行计算，确定排放及处置方式。

废水主要是指生活污水，废气主要是指油烟，固体废物主要是指生活垃圾和生活污水处理污泥，危废主要是指维修垃圾和主变压器事故油。

10.1.2 环境质量现状调查与评价

10.1.2.1 生态环境

1. 评价调查方法

生态环境评价调查主要包括基础资料收集、野外实地考察、生态制图。

实地考察主要包括 GPS 地面类型取样、植物种类调查、生物生产力的测定与估算。

常用的生态环境现状评价方法有质量指数法、系统分析法、图形叠图法。

生态环境影响评价方法有评分叠加法、综合指标法、聚类分析法、景观生态学方法。

目前结合 GIS 技术和 RS 技术，通常选用质量指数法对生态环境现状进行评价。

生态环境质量指数（ecological quality index，EQI）可以系统地评价研究区的区域生态环境质量，该指数与生物丰度指数、植被覆盖指数、水网密度指数、土地退化指数、环境质量指数 5 个参量有关。

生态环境质量指数的计算公式为

$$EQI = 0.25\times 生物丰度指数 + 0.2\times 植被覆盖指数 + 0.2\times 水网密度指数 + 0.2\times 土地退化指数 + 0.15\times 环境质量指数$$

根据生态环境质量指数可将生态环境分为 5 级，即优、良、一般、较差和差，见表 10－1。

表 10－1 生态环境分级表

级别	优	良	一般	较差	差
质量状况	$EQI\geqslant 75$	$55\leqslant EQI<75$	$35\leqslant EQI<55$	$20\leqslant EQI<35$	$EQI<20$
状态	植被覆盖度好，生物多样性丰富，生态系统稳定，最适合人类生存	植被覆盖度较高，生物多样性较丰富，基本适合人类生存	植被覆盖度中等，生物多样性一般，较适合人类生存，但有不适合人类生存的制约性因子出现	植被覆盖较差，严重干旱少雨，物种较少，存在着明显限制人类生存的因素条件	较恶劣，人类生存环境恶劣

（1）生物丰度指数。生物多样性是生态系统最显著的特征之一，生物丰度指数指通过单位面积不同生态系统类型在生物物种数量上的差异，间接地反映评价区域内生

物丰度的丰贫程度。它决定着生态系统的面貌，是反映生态环境质量的基本指标之一。其计算方法为

$$生物丰度指数=A_{bio}\times(0.35\times林地面积+0.21\times草地面积+0.28\times水域湿地面积+0.11\times耕地面积+0.04\times建设用地面积+0.01\times未利用地面积)/总区域面积$$

式中　A_{bio}——生物丰度指数计算时的归一化系数。

（2）植被覆盖指数。植被覆盖指数指通过评价区内的林地、草地、农田、建设用地和未利用地类型的面积占评价区域面积的比重，间接反映被评价区域的植被覆盖程度。在地表生态环境的众多组成因子中，土地利用与土地覆被状况是最直观的。因此，通过专家打分法将不同土地利用覆被类型赋以不同的权重，得出地表覆被状态值，作为生态状况的重要表征之一。其计算方法为

$$植被覆盖指数=A_{veg}\times(0.38\times林地面积+0.34\times草地面积+0.19\times耕地面积+0.07\times建筑用地面积+0.02\times未利用土地面积)/区域面积$$

式中　A_{veg}——植被覆盖指数计算时的归一化系数。

（3）水网密度指数。水网密度指数指评价区域内河流总长度、水域面积和水资源量占被评价区域面积的比重，用于反映被评价区域水资源的丰富程度。由于水是生态系统物质与能量流动的重要载体，生态系统的格局、过程均受水资源分布的影响，生态环境状况与水资源息息相关。其计算方法为

$$水网密度指数=A_{riv}\times河流长度/区域面积+A_{lak}\times湖库(近海)面积/区域面积+A_{res}\times水资源量/区域面积$$

式中　A_{riv}、A_{lak}、A_{res}——水网密度计算时的河流归一化系数、河库归一化系数和水资源归一化系数。

（4）土地退化指数。土地退化指数指评价区域内风蚀、水蚀、重力侵蚀、冰融侵蚀和工程侵蚀的面积占评价区域总面积的比重，用于反映被评价区域的土地退化程度。人类不合理地利用土地资源，对生态系统产生的压力超过了生态系统的承载能力，生态系统功能不断衰退，土地退化是生态系统退化的重要表征之一。其计算方法为

$$土地退化指数=A_{ero}\times(0.05\times轻度侵蚀面积+0.25\times中度侵蚀面积+0.7\times重度侵蚀面积)/区域面积$$

式中　A_{ero}——土地退化指数计算时的归一化系数。

（5）环境质量指数。环境质量指数表征评价区域内受纳污染物的负荷，用于反映评价区域所承受的环境污染压力。其计算方法为

$$环境质量指数=0.4\times(100-A_{SO_2}\times SO_2排放量/区域面积)+0.4\times(100-A_{COD}\times COD排放量/区域年均降雨量)$$

$$+0.2\times(100-A_{sol}\times 固体废物排放量/区域面积)$$

式中　A_{SO_2}、A_{COD}、A_{sol}——环境质量指数计算时的 SO_2 排放归一化系数、COD 排放归一化系数和固体废物排放归一化系数。

2. 植物资源现状与评价

在确定调查范围和调查方法的基础上，基于获得的资料，对区域植被和植物资源现状进行评价，主要涉及植物种类、分布面积及比例、植被覆盖度、生态公益林调查等方面。

生态公益林是指生态区位极为重要，或生态状况极为脆弱，对国土生态安全、生物多样性保护和经济社会可持续发展具有重要作用，以提供森林生态和社会服务产品为主要经营目的的重点防护林和特种用途林，包括水源涵养林、水土保持林、防风固沙林和护岸林、自然保护区的森林和国防林等。根据《中华人民共和国森林法》，严禁采伐公益林中的名胜古迹和革命纪念地林木、自然保护区森林。

依据《国家林业和草原局关于规范风电场项目建设使用林地的通知》（林资发〔2019〕17号）的有关规定进行复核，以确定项目风电机组基础、施工和检修道路、升压站、集电线路等不占用年降雨量400mm以下区域的有林地、一级国家公益林和二级国家公益林中的有林地。

3. 动物种类及分布情况

重点对项目区域内的野生动物，尤其是国家重点保护野生动物的现状进行调查，并确定项目区域是否位于鸟类迁徙通道上，是否属于迁徙鸟类休息、觅食等活动的适宜区域，并说明迁徙鸟类的种类、数量、迁徙时间，迁徙通道的宽度及与工程的位置关系等情况。

4. 土地利用现状

对项目评价区的土地利用现状进行说明，计算不同土地利用类型面积、分布及占比。

5. 土壤侵蚀现状与评价

按《土壤侵蚀分类分级标准》（SL 190—2007），结合《全国第二次土壤侵蚀普查》结果和根据现场踏勘资料与调查分析，确定侵蚀类型、侵蚀模数和侵蚀特征，统计不同侵蚀类型和不同侵蚀强度区域的面积分布和占比。

10.1.2.2　大气环境

根据《环境影响评价技术导则　大气环境》（HJ 2.2—2018），基本污染物采用评价范围内环境空气质量检测网中评价基准年连续1年的监测数据，也可引用生态环境状况公报，对 SO_2、NO_2、CO、O_3、PM10、PM2.5 进行超标检测，并分别从全年角度和季节变化趋势来分析其对周围环境是否会造成影响。

风电是一种清洁能源，提高风能、光热、光伏等新能源在能源消费结构中的比重，推进能源清洁化利用，能够有效减缓大气环境污染的影响，风电基地的建设显得尤为重要。

10.1.2.3　声环境

对风电基地场界内有代表性敏感点进行噪声环境质量现状监测，主要包括：

（1）监测布点。根据《环境影响评价技术导则　声环境》（HJ 2.4—2009）的规定进行布点。

（2）监测方法及仪器。噪声监测方法执行《声环境质量标准》（GB 3096—2008）中规定的方法。

（3）监测时间及频率。声环境监测 1 天。

（4）监测结果及评价。整理监测结果并进行评价分析。

10.1.3　施工期环境影响分析

10.1.3.1　生态影响

施工期对区域生态环境的影响主要表现在土壤扰动后，地表植被破坏，可能造成土壤的侵蚀及水土流失；施工噪声对当地野生动物特别是鸟类栖息环境的影响等。

1. 对土壤的影响分析

目前国内的风电基地项目主要集中在“三北”地区，特别是以风力侵蚀为主的戈壁荒漠区，属于中度侵蚀。风电基地的开发建设将不可避免地造成研究区地表和植被的破坏，从而加剧了水土流失。施工活动范围的大小直接决定了水土流失面积的大小，可通过严格限制施工活动范围来尽可能减少由施工活动引起的水土流失。

场地的平整会产生建筑垃圾及弃渣，土建工程开挖等活动对原地貌破坏和扰动较强烈，扰动后将形成新的地貌，如基坑、临时堆土等，地表结皮遭到毁灭性破坏，结皮以下细砂砾被重新翻回至地表面，细砂粒跃移频率及跃移量较有结皮时都大为增强。这些再塑地貌土体结构松散，同时由于开挖表土破坏了原有地貌植被，使地面裸露，土壤结构改变、土壤含水率下降，地表植被完全消失，受风蚀及水蚀作用均较强烈。

机械践踏和碾压影响土壤的物理结构（如紧实度、渗透率）。由于过度碾压，土壤的容重和渗透阻力增加，因风蚀和水蚀而损失的土壤量大大增加，同时，土壤孔隙率发生变化，土壤团聚体稳定性和渗透率降低。风电机组在安装、调试及日常维护中要进行拆卸、清洗和维修，泄漏的油污会对土壤和植被造成污染。集电线路建设过程中对草原土壤造成的破坏也不容忽视，地埋线路的开挖使土壤结构改变、土壤含水率下降；架空线路建设使得大部分土壤裸露，如后期没有及时进行植被恢复，造成表层含有机质较多的土壤营养流失，在自然条件下丧失了植物生长的条件，形成的裸露斑块造成了草原的退化，早期会造成局部小环境退化，长期会造成草原大范围沙化。

2. 对土地利用的影响分析

对土地利用的影响分析主要是对风电基地评价区域内的基本草原、公益林、水域及湿地等需要保护的地块进行影响分析。

《国家林业和草原局关于规范风电场项目建设使用林地的通知》（2019年3月4日）中指出："三、风电基地建设使用林地限制范围风电基地建设应当节约集约使用林地。风电机组基础、施工和检修道路、升压站、集电线路等，禁止占用天然乔木林（竹林）地、年降雨量400mm以下区域的有林地、一级国家级公益林地和二级国家级公益林中的有林地"。

为了保护区域生态环境，参照《湿地保护管理规定》（国家林业局令第32号），除法律法规有特别规定的以外，在湿地内禁止从事下列活动：①开（围）垦湿地，放牧、捕捞；②填埋、排干湿地或者擅自改变湿地用途；③取用或者截断湿地水源；④挖砂、取土、开矿；⑤排放生活污水、工业废水；⑥破坏野生动物栖息地、鱼类洄游通道，采挖野生植物或者猎捕野生动物；⑦引进外来物种；⑧其他破坏湿地及其生态功能的活动；⑨工程建设应当不占或者少占湿地。确需征收或者占用的，用地单位应当依法办理相关手续，并给予补偿。临时占用湿地的，期限不得超过2年；临时占用期限届满，占用单位应当对所占湿地进行生态修复。

风电基地开发占地使土地利用发生改变，土地的属性因此置换。风电基地占地面积大而广，主要利用的是风资源丰富且居住人员较少的区域，风电基地建设将难以利用的裸土地变为建筑用地，提高了土地利用率，有利于国民经济的发展。

3. 对植物的影响分析

风电基地建设包括以下工程：修建场内临时施工道路、安装塔架、箱变、敷设集电线路、通信电缆等，均可能破坏地表植被；此外，风电场开发过程中搭建工棚、仓库等临时性建筑物也需要占地，破坏地表植被。

施工过程中施工临时道路在草原上穿越，将破坏草原植被群落，从而使草原群落的生物多样性降低。施工过程中，首先是征用土地，破坏绿色植被；其次风电机组点位和场内施工道路等施工方式不同，对植被也有不同程度的破坏。如由于施工机械、运输车辆的碾压和施工人员活动的破坏，对植被的破坏是毁灭性的。一般来说，项目建设永久占地区的自然植被不可恢复，只是其中部分区域的植被可以重建；临时占地区以及施工活动区的自然植被通常可以有条件地恢复或重建。当外界破坏因素完全停止后，周围区域的植被将向着受破坏之前的类型恢复。恢复和演替的速度取决于外界因素作用的程度和持续时间的长短，一般是竣工后两三年植被可基本恢复。临时占地和取土用地虽然会破坏占地范围内的植被，但施工结束后可以通过植被恢复再现其原有的使用功能。施工带来的灰尘、弃渣引起的水土流失等也会间接对植被造成破坏。直接和间接影响而引起的环境因子的变化，也会影响植被的正常生长发育。

基地项目建成后，需大力恢复草地并进行道路绿化，同时项目本身修建的道路为本区域提供了更加便利的交通条件，有利于当地畜牧产品的综合开发和对外流通，对促进草原产业体系的建设和发展将起到积极促进作用。

风电基地区域内对植被的影响采用生物量及净第一性生产力（NPP）指标来评价，该指标是评价植被变化的重要依据。群落类型不同，其生物量测定的方法也有所不同，各种自然植被生物量的计算结果依据该研究区域的文献成果值作为参数进行计算。

施工结束后及时对道路临时占地进行植被恢复工作，同时要求车辆行驶严格按照规定的路线行驶，不碾压场区内草地，减少植被破坏。另外，施工期造成的扬尘污染会影响周边植物的生长和生存，但经洒水抑尘等措施后对植物的影响很小，且施工结束后该污染物也将随即消失。

4. 对动物的影响分析

对野生动物的影响主要来自植被破坏、通道阻隔、施工噪声等，很少对野生动物个体造成直接的伤害，施工机械噪声和人员活动噪声是对野生动物的主要影响因素。

在施工期对兽类的影响主要体现在对动物栖息、觅食地所在生境的破坏，施工区植被的破坏、施工设备产生的噪声、施工人员以及各施工机械的干扰等均会使施工区及其周边环境发生改变，迫使动物迁徙至他处，使施工范围内动物的种类和数量减少。对于评价区域野生动物很少，且迁徙和活动能力较强的动物，能将其迁移至附近受干扰小的区域，这样对整个区域内的动物数量影响不大。基地项目建成后，随着植被的逐渐恢复，生态环境的好转，人为干扰逐渐减少，许多外迁的兽类会陆续回到原来的栖息地。

一方面，工程施工占地，人类活动增加，降低了野生动物的数量和种类，施工期如处在野生动物的繁殖季节，甚至会影响野生动物的生殖繁衍；另一方面，由于工程占地导致了野生植被损失，减少了野生动物的食物资源。施工期的这些影响都将在施工阶段及运营初期使周边区域野生动物的种类、数量有所减少，但项目运营一定时期后，沿线野生动物的环境适应能力发挥作用，可以逐渐恢复其正常生活。

（1）对鸟类的影响。鸟类具有极强的迁移能力，生活的环境也是多种多样，且对环境的变化敏感，有些种类甚至可以作为湿地生态环境的指示物种。该风电场项目的建设过程中对环境的干扰和改变将不可避免地对鸟类的生存和繁殖产生一定的影响，具体分析如下：

1）对鸟类栖息地选择的影响。施工环境产生的巨大噪声会影响鸟类对栖息地的选择和利用。由于鸟类对噪声干扰反应明显，在施工时产生的巨大噪声会迫使部分鸟类向施工区以外的地区迁移，尤其对一些留鸟的影响较为明显。但是施工结束后一些鸟类逐渐熟悉新的环境，又将逐渐返回原来的活动区域。

2）破坏部分鸟类的觅食地。由于工程建设需要修建临时道路及住房，使工程区域内的生境受到破坏，其中可能包含部分鸟类的觅食场所。觅食地的丧失将会对一些鸟类产生影响，迫使其迁移。考虑到周边地区的环境容纳量尚未饱和，工程区域周边地区可以作为这些物种的备选觅食地，而不会因觅食地不足而对种群数量产生影响。

3）对鸟类繁殖的影响。工程施工对鸟类繁殖的影响主要是由于噪声干扰以及部分地破坏了一些地面营巢鸟类的潜在的营巢地而造成的。同鸟类对上述影响的反应类似，鸟类可以选择远离施工地的区域进行觅址营巢，并完成孵卵及育雏等行为。由于周围区域可供选择筑巢的区域宽广，因此部分繁殖地为工程所占用不会对这些鸟类的种群产生明显的影响。

总体上来看，鸟类是具有强大迁移能力的野生动物，对外界环境变化的反应较为敏感，一般会主动规避不利的环境。因此，在施工期间鸟类一般会选择迁离影响区域。由于施工活动持续的时间有限，占地以临时占地为主，大部分施工工地在施工结束后会恢复原貌，在植被环境恢复后，鸟类群落也将逐渐恢复。

相对于其他动物类群而言，鸟类具有强大的迁移能力，在施工结束后会迅速重建鸟类群落。因此，总体来看，该项目的施工对鸟类的影响是暂时的，不会对鸟类群落的结构产生永久性破坏和影响。

4）对重点保护鸟类的影响。根据区域内所涉及的国家重点保护野生动物进行具体分析。

（2）对兽类的影响。风电场项目的施工对于兽类的影响主要体现在以下方面：

1）施工区生态环境的部分破坏导致兽类栖息地和觅食地的质量下降及适宜栖息地的部分丧失，这主要来自施工过程中对作业区植被的破坏，以及临时堆土等作业导致对原有生境的改变等。

2）施工过程中由于机械作业等所产生的噪声，以及各种施工人员高频度的活动带来的干扰等，使得项目工作区中部分地区或者周边环境状况发生改变。

施工导致的生境变化，对一些动物类群来说，如啮齿类等动物具有较强的适应性，环境变化对他们的影响较小；对于另外一些迁徙能力较强的动物，如鼬科动物、兔类、蝙蝠类动物等，它们对于噪声等干扰比较敏感，在施工过程中将远离干扰源，而迁移至附近受干扰较小的区域。在工程建设完成后，随着干扰因素的消失和植被的逐步恢复，在生态环境逐渐好转后，在评价区域周围区域活动的兽类会逐渐回到原来的栖息地。

（3）施工期对野生动物影响的总体评价。总体上来看，由于风电场施工作业对区域植被的破坏以及对环境的干扰等会对野生动物产生一定的影响，可能会使两栖类、爬行类、鸟类及部分兽类迁离该地区。但由于施工作业持续时间有限，项目中永久性占地小，施工结束后大部分土地会逐渐恢复原貌，动物群落也将逐渐恢复。因此，施工作业对野生动物的影响有限，不会导致动物种群数量的明显下降，也不会对动物的群落结构产生明显的影响。

10.1.3.2　空气环境影响

施工过程中造成大气污染的主要污染源为扬尘，扬尘主要来源于土地平整、土方填挖、物料装卸、道路改建、车辆运输所带来的扬尘；施工建筑材料（水泥、石灰、砂石料）的装卸、运输、堆砌过程以及开挖弃土的堆砌、运输过程中造成扬起和洒落；各类施工机械和运输车辆所排放的废气。

干燥地表开挖产生的粉尘，一部分悬浮于空中，另一部分随风飘落到附近地面和建筑物表面；开挖的泥土堆砌过程中，在风力较大时，会产生粉尘扬起：在装卸和运输过程中，又会造成部分粉尘扬起和洒落；雨水冲刷夹带的泥土散布路面，晒干后因车辆的移动或刮风再次扬尘；开挖的回填过程中也会引起大量粉尘飞扬；建筑材料的装卸、运输、堆砌过程中也必然引起洒落及飞扬。

施工过程中粉尘污染的危害性是不容忽视的。浮于空气中的粉尘被施工人员和周围居民吸入，不但会引起各种呼吸道疾病，而且粉尘夹带大量的病原菌，传染各种疾病，严重影响施工人员及周围居民的身体健康。此外，风电基地项目有着规模大的特点，面积非常广阔，且“三北”地区的植被很少，在施工过程中会产生更多的粉尘，粉尘飘扬，降低能见度，易引发交通事故。粉尘飘落在建筑物和树木枝叶上，影响景观。因此，建设单位应严格加强管理，采取适当措施，严格控制施工期间产生的扬尘。

10.1.3.3　声环境影响

1. 评价标准

施工噪声对环境的影响采用《建筑施工场界环境噪声排放标准》（GB 12523—2011）进行评价，相应噪声限值见表 10－2。

2. 预测模式

表 10－2　建筑施工场界环境噪声排放标准

声环境类别	标准值/dB(A)	
	昼间	夜间
建筑施工场界	70	55

（1）机组基础及升压站等其他主体工程施工。预测采用《环境影响评价技术导则　声环境》（HJ 2.4—2009）中推荐的单个室外的点声源在预测点产生的声级计算基本公式，导则中指出在不能取得声源倍频带声功率级或倍频带声压级，只能获得 A 声功率级或某点 A 声级时，近似计算为

$$L_A(r)=L_A(r_0)-A \tag{10-1}$$

$$A=A_{div}+A_{atm}+A_{gr}+A_{bar}+A_{misc} \tag{10-2}$$

式中　$L_A(r)$——距离声源 r 处 A 声级，dB(A)；

$L_A(r_0)$——参考位置 r_0 处 A 声级，dB(A)；

A——声级衰减量，dB(A)；

A_{div}——声波几何发散引起的A声级衰减量，dB(A)；

A_{atm}——空气吸收引起的A声级衰减量，dB(A)；

A_{gr}——地面效应引起的A声级衰减量，dB(A)；

A_{bar}——声屏障引起的A声级衰减量，dB(A)；

A_{misc}——其他效应引起的A声级衰减量，dB(A)。

(2) 道路施工。道路施工过程中具有声源种类多样（多具有移动属性），作业面大，影响范围广、噪声频谱、时域特性复杂、高噪声等特点。施工期噪声对施工现场人员及沿线附近的居民生活环境将产生一定的影响。根据道路建设项目环境影响评价规范，道路的施工噪声影响范围基本上在施工场界边界100m范围。

道路施工噪声可近似视为点声源处理，根据点声源噪声衰减模式，估算出离声源不同距离处的噪声值，预测模式为

$$L_i = L_0 - 20\lg\frac{R_i}{R_0} - \Delta L \tag{10-3}$$

式中 L_i——距声源R_i处的施工噪声预测值，dB；

L_0——距声源R_0处的施工噪声级，dB；

ΔL——障碍物、植被、空气等产生的附加衰减量。

3. 参数选择

根据HJ 2.4—2009中附录，可选择对A声级影响最大的倍频带计算，一般可选中心频率为500Hz的倍频带做估算。

4. 对预测点噪声影响预测模式

所有施工机械在预测点的等效声级贡献值的计算公式为

$$L_{eqg} = 10\lg\left(\frac{1}{T}\sum_i t_i \times 10^{0.1L_{Ai}}\right) \tag{10-4}$$

式中 L_{eqg}——声源在预测点的等效声级贡献值，dB(A)；

L_{Ai}——i声源在预测点产生的A声级，dB(A)；

T——预测计算的时间段，h，T取12h；

t_i——声源在T时段内的运行时间，h，t_i按最不利情况计算，取12h。

10.1.3.4 水环境

施工期废水主要包括施工人员的生活污水、施工废水和机械冲洗废水。

施工废水包括混凝土废水、泥浆废水以及混凝土保养时排放的废水，随工程进度不同产生情况不同，也与操作人员的经验、素质等因素有关，产生量与排放量较难估算，主要污染因子为SS，最高可达10%左右，一般平均浓度约为2000mg/L。每个风电场区域在施工现场设置1个$100m^3$沉淀池沉淀后回用于生产。

施工机械定点冲洗，施工机械冲洗水含有少部分有机油类，因此需要在冲洗场地内

设置集水沟和简易有效的除油池，将机械冲洗等含油废水进行收集、除油沉淀处理达标后回用于机械清洗或道路洒水。同时，切实做好建筑材料和建筑废料的管理，设置专门的临时材料堆放场，堆场四周挖有截流沟，并设防雨棚；尽量避开雨季施工，防止施工场地径流过大而造成水土流失；施工完毕后，应及时种植草皮和植树绿化，以减少水土流失量。

10.1.3.5　固体废物

施工期的固体废物主要为废土石、建筑垃圾和生活垃圾。

施工期建筑垃圾若处理不当，遇暴雨降水等会冲刷流失到水环境中而造成水体污染。因此，应及时进行清运、填埋或回收利用，防止长期堆放后干燥而产生扬尘；不能随意丢弃，随意丢弃会占用一定的空间或影响景观，应运送到当地环卫部门指定地点集中处理，同时要求规范运输，不得随路洒落，不能随意倾倒堆放等。

生活垃圾除一部分本身就有异味或恶臭外，还有很大部分会在微生物的作用下发生腐烂，发出恶臭，成为蚊蝇滋生、病菌繁衍、鼠类肆虐的场所，是引发流行性疾病的重要发生源。因此，若对生活垃圾疏于管理或不及时收运，而任其随意丢弃或堆积，将对周围环境造成污染。

10.1.4　运营期环境影响预测与评价

10.1.4.1　生态环境

1. 土壤侵蚀影响分析

根据《全国水土保持规划国家级水土流失重点预防区和重点治理区复核划分（以下简称“两区复核划分”）成果》(办水保〔2013〕188 号)，确定水土流失重点预防区和重点治理区和局部侵蚀强度。

项目在各项工程施工结束后，除被建（构）筑物占压和硬化的区域外，其他区域在不采取措施的情况下，自然恢复或表土形成相对稳定的结构仍需要一定时间，由于风电基地为百万千瓦以上的电厂，在修建时需要更长的工期，对土壤破坏的时间更长，在自然恢复期内的水土流失较大，因此必须采取有效的水土保持措施。

2. 土地利用布局改变影响分析

风电机组的基座、道路、升压站等设施会永久占地，地面硬化后，植物第一性生产基本完全丧失，植食性动物因缺少食物而死亡或迁移，因此，土地利用性质的改变对生态系统的影响较大。

3. 对植物的影响分析

运营期对植物的种类和数量没有直接影响，但风力机运转过程中可能会对鸟类产生恫吓作用，使得食物链下级动物增多，如啮齿类动物和兔子等，从而使动物啃食量增加，通过食物链作用影响植物的种类和数量。

4. 对动物的影响分析

(1) 道路建设对动物的影响。风电场场内道路建成后使得动物的活动范围受到限制，生境碎化，对其觅食、交偶产生一定的影响，同时还有较小可能因交通原因导致穿行的动物死亡。

在项目区域范围较大的情况下，区内动物类以小型动物类为主，其迁徙和活动能力较强，能迁移至附近受道路干扰小的地方，且动物选择生境和建立巢区通常会回避和远离道路，会减小对动物的阻隔影响。

(2) 对鸟类的影响。风电机组营运期对动物的影响主要是对鸟类的影响，这种影响分为直接影响和间接影响两种。直接影响主要是指当鸟飞过风电机组时，可能撞在塔架或风电机组叶片上造成伤亡，这种碰撞可能发生在鸟类往来于休息地与觅食地、饮水地之间等，也可能发生在季节性迁徙途中。通常，前一种迁徙每天都会在低空中发生，而后一种迁徙每年只发生两次。间接影响主要是指对鸟类栖息环境的影响和对鸟类迁徙活动的影响。

1) 风电机组建设对鸟类的影响。鸟类在栖息和觅食时的飞行高度与迁徙时的飞行高度是不同的，因此，风电场对两种不同状态下的鸟类影响也不同。在栖息和觅食时，鸟类飞行高度一般低于100m，鸟类大多为小型鸟类，其本身具有躲避危险的本能，可通过迁移和飞行至场址区域内与其生活环境类似的区域以避免工程对其造成的影响。

2) 风电机组建设对候鸟迁徙的影响。我国是世界上鸟类资源最为丰富的国家，共有候鸟600多种，迁徙鸟类数量在20亿只以上，占世界候鸟总数的25%左右。我国在地理位置上处于世界候鸟南北、东西迁徙信道较为关键位置，在全球8条候鸟迁徙通道中，东亚—澳大利西亚、中亚—印度和东非—西亚这3条候鸟迁徙通道都与我国鸟类迁徙有密切关系。我国候鸟迁徙的路线大致可以分为西、中、东三条路线。

西部候鸟迁徙区：在内蒙古干旱草原，青海、宁夏等地的干旱地带或荒漠、半荒漠草原地带和高原草甸等环境中繁殖的夏候鸟，它们迁飞时可沿阿尼玛卿、巴颜喀喇、邛崃等山脉向南沿横断山脉至四川盆地西部、云贵高原甚至印度半岛越冬，西藏地区候鸟除东部可沿唐古拉山和喜马拉雅山向东南方向迁徙外，估计部分大中型候鸟可能飞越喜马拉雅山脉至印度、尼泊尔等地越冬。

中部候鸟迁徙区：在内蒙古东部、中部草原，华北西部地区及陕西地区繁殖的候鸟，冬季可沿太行山、吕梁山越过秦岭和大巴山区进入四川盆地以及经大巴山东部向华中或更南地区越冬。

东部候鸟迁徙区：在东北地区、华北东部繁殖的候鸟，它们可能沿海岸向南迁飞至华中或华南，甚至迁到东南亚各国；或由海岸直接到日本、马来西亚、菲律宾及澳大利亚等国越冬。

3) 对留鸟繁殖、栖息和觅食等活动影响。鸟类对栖息地具有选择性，一般选择在食物丰富、干扰较小并具有合适巢址的地方建巢繁殖，风电场提高了环境的干扰度，会使鸟类迁离该地区选择在别处繁殖。

由于风电场的建成后所占的面积不大，其影响范围有限，而鸟类又具有极强的迁移能力，对环境具有很强的适应性，善于规避不利影响而选择合适的地点进行觅食。风电场对鸟类的栖息和觅食影响并不会很大，鸟类会在干扰风险和觅食成功率之间进行权衡，其最终目的是获得最大的收益。也就是说，鸟类可以适应一定程度的干扰，并在保证存活的基础上也保证后代的繁衍。

对鸟类繁殖、栖息和觅食等影响虽不至于对鸟类本身造成伤亡，但可能影响鸟群的数量。一旦建造了风电机组，巨大的白色机组林立、转动、发声等，使该地带对鸟的吸引力会降低。换言之，鸟可能趋向于避开风电机组附近的区域生活。这种影响可以用风电场附近鸟的密度降低来衡量，这意味着随风电机组数量的增加，适宜于鸟类生活的地方可能减少。这种影响如果是在鸟类密集分布地区影响是很严重的。

（3）对啮齿动物的影响。风电机组运转过程中可能会对鸟类产生恫吓作用，使得食物链下级动物增多，如啮齿类动物及兔子等，使得食物链顶级物种活动范围发生变化，同时可能使风电场范围内鼠类数量稍有增多，则鼠类对草场的啃食量相应增多，对草场生物量产生一定影响。在风电场运营后期，由于鼠类数量增多，大型鸟类受食物数量的变化又重新回到风电场区域觅食。

5. 视觉景观影响分析

拟建工程为了获得较好的风况，一般将风电机组布置在地势相对较高处，因此，人们从很远的地方就可以看到风电机组，风电场的建设对景观的影响十分明显。风电场的视觉影响主要与风电机组颜色的选择和布置相关。

由于风电基地台地空地面积很大，可以将多台风电机组建在一起形成风电场。为了避免风电机组看起来在景观中占据统治地位，风电机组之间应保持一定的距离。景观中风电机组的数量越多，对人的视觉影响也越大。本工程将风电机组分散布置，风电机组之间保持很大距离，这能给人以较舒适的感觉，对视觉景观的影响较小。

风电机组的颜色选择对景观具有决定性的影响，通常需要根据景观特点及该地区的一般天气状况来选择风电机组的颜色。最常见的风电机组颜色有：白色、灰白色和淡蓝色。从近距离来看，人们通常感觉白色风电机组非常漂亮，并且它是按自然的方式来反射太阳光的。本工程拟选择白色机组，使风电场看上去与周围景观十分协调。

工程建设视觉影响具有一定的主观性，为了减小人们心理上对风电场的负面情绪，应使风电场内的各风电机组都处于良好的运行状态。当人们看到风电机组在运转，就会觉得这种视觉景观十分漂亮，抑或感觉这种视觉损失是值得的；当风电机组停止转动时，人们就会感觉这种视觉损失的负面影响很明显。

6. 对气候变化的影响分析

有的学者分析认为，大规模风电基地会抬高所在地的温度，而且在夜间尤为明显，从而改变区域气候。有的学者认为，由于夜间近地面大气较稳定，暖层常常位于冷层之上，但风电机组叶片的旋转会造成冷暖空气产生强大的垂直方向上的混合，转子转动时会产生紊流，上层空气被压向地面而近地面的空气被挤升，引起冷热空气混合。从而导致风轮周围区域白天比其他区域略冷，晚上则比其他区域略暖。

10.1.4.2 声环境

项目运营期噪声主要为风电机组运行产生的噪声及主变压器产生的低频噪声。风电机组运转过程中产生的噪声来自叶片扫风和机组内部的机械运转产生的噪声，其中以风电机组内部的机械噪声为主。在风速较大时，自然噪声掩盖了风电场风电机组的噪声。因此，叶片扫风产生的噪声和机组内部的机械运转产生的噪声对周围环境的影响也远小于环境中自然风产生的噪声；而在风速较小时，风电机组产生的噪声随距离衰减。

1. 风电机组噪声预测与评价

（1）噪声来源。风电机组工作过程中在机组运动部件的作用下，叶片及机组部件会产生较大的噪声，其噪声来源主要包括机械噪声及结构噪声、空气动力噪声。

风电机组的噪声影响分为单机影响和机群影响，风力发电机群的排列是通过风洞试验后确定的，即风电机组行距增加到 $6D$（D 为风轮直径），间距增加 $4D\sim6D$ 时风速又恢复到常态，噪声也随着风速减小而明显衰减。风电基地的风电机组相距较远，故只考虑单机噪声影响源问题。

（2）噪声源强。根据各型号风电机组厂家提供的数据，当机组正常运转时可以获得其轮毂处的噪声值。

（3）预测内容。根据风电机组的初步布置方案，预测单个风电机组正常运行时的噪声贡献值及对最近环境敏感点的噪声预测值。

（4）预测模式。由于各风电机组相距较远，只考虑单机噪声影响，故每个风电机组可视为一个点声源，采用处于完全自由空间的点声源几何发散衰减公式和多声源叠加公式对风电机组噪声影响进行预测，具体计算公式如下：

处于自由空间的点声源几何发散衰减公式为

$$L_{\mathrm{A}}(r)=L_{\mathrm{WA}}-20\lg(r)-11 \tag{10-5}$$

式中　$L_{\mathrm{A}}(r)$——距声源 r 处声压级，dB(A)；

L_{WA}——点声源的 A 声功率级，dB(A)。

2. 升压站内电气设备噪声

（1）噪声源分布。变压器噪声包括电磁性噪声和冷却风扇产生的空气动力噪声，噪声源强一般为 75dB(A) 左右。泵房噪声主要为水泵在运行时产生的不规则的、间歇的、连续的或随机的噪声，噪声源强一般为 85dB(A) 左右；污水处理系统噪声主要为污水处理站的泵类设备运行时产生的机械噪声，噪声源强一般为 65dB(A) 左右。以上噪声源均按点声源衰减模式进行预测，预测升压站站界四周的噪声达标情况。

（2）预测内容。根据升压站总平面布置图，预测升压站运行后主要噪声源主变压器、泵房及污水处理系统对厂界的噪声贡献值，以求得预测结果。

(3) 预测模式。评价采用《环境影响评价技术导则 声环境》(HJ 2.4—2009) 中推荐模式进行预测，用A声级计算，模式如下：

1) 室外声源噪声预测模式为

$$L_A(r)=L_A(r_0)-(A_{div}+A_{bar}+A_{atm}+A_{gr}+A_{mic}) \tag{10-6}$$

式中 $L_A(r)$——距离声源 r 处A声级，dB(A)；

$L_A(r_0)$——参考位置 r_0 处A声级，dB(A)；

A_{div}——声波几何发散引起的A声级衰减量，dB(A)；

A_{bar}——遮挡物引起的声级衰减量，dB(A)；

A_{atm}——空气吸收引起的A声级衰减量，dB(A)；

A_{gr}——地面效应引起的A声级衰减量，dB(A)；

A_{mic}——附加衰减量，dB(A)。

2) 噪声叠加模式。对于多点源存在时，给予某个评价点的噪声贡献，即

$$L_A=10\lg\left(\sum_{i=1}^{n}10^{0.1L_i}\right) \tag{10-7}$$

式中 L_A——距声源 r 处的总A声级；

n——n 个声源；

L_i——第 i 个声源的声级。

3. 检修道路影响评价

在巡检进出村道路时严格控制车速减速慢行，加强车辆运输管理，可有效降低噪声对村民的影响。

10.1.4.3 大气环境

在"风能—机械能—电能"的转换过程中，冬季用电暖气采暖。风电基地项目营运期产生的大气污染物主要来源于员工食堂，产生的污染物主要为食堂厨房做饭时排放的油烟废气。

由于场区内有部分检修道路为碎石路面，较易起尘，主要污染物为颗粒物，而起尘量与车速、风速等因素有关，不易估算，且没有相关数据可以参考。为减少道路扬尘对周围环境空气的影响，可以采取以下措施：在大风等不利气象条件下禁止车辆在站区内行驶；常规气象条件下应限制车速以减少扬尘，同时在巡视检修车辆进场前利用洒水车对站区道路进行洒水抑尘。尤其加强对距施工道路较近的村庄路段的洒水抑尘措施，控制车速。

通过采取以上措施，应保证道路扬尘满足《大气污染物综合排放标准》(GB 16297—1996) 中无组织排放监控浓度限值，在场界颗粒物最高允许浓度控制在 $1.0mg/m^3$ 以内。

10.1.4.4 水环境

风电基地运行期产生废水的地点主要为升压站，废水类型主要为生活污水。生活

污水水质较简单，主要污染物为 COD_{Cr}、BOD_5、SS、NH_3-N 等。厕所污水经化粪池、食堂废水经隔油池预处理后与其他生活污水一起经地埋式污水处理装置处理。

生活污水经集中后送到生活污水一体化处理系统进行处理，处理后的水用于干灰加湿和厂区绿化。废水处理装置采用接触氧化法处理工艺，该工艺为目前较为成熟的污水处理技术，生活污水经处理后能满足《城市污水再生利用绿地灌溉水质》（GB/T 25499—2010）的城市绿化用水要求，排入废水收集池，夏季用作场区绿化用水，冬季委托环卫部门定期清掏，不外排。

生活垃圾由垃圾箱收集后及时送往指定地点集中处置，废机油等危险废物由专门容器收集，严格按照《危险废物贮存污染控制标准》（GB 18597—2001）的要求贮存，并及时委外处置，禁止污水未经处理直接外排，避免污水的跑、冒、滴、漏现象发生，并建立健全事故排放的应急措施。优化排水系统设计，工艺废水、地面冲洗废水、初期污染雨水等在厂界内收集并经过预处理后通过管线送至污水处理站处理；管线敷设尽量采用“可视化”原则，即管道尽可能地上敷设，做到污染物“早发现，早处理”，以减少由于埋地管道泄漏而造成的地下水污染，原料管线采用架空或地上设计。

10.1.4.5　固体废物

1. 生活垃圾

由于生活垃圾的成分比较简单，因此，生活垃圾在及时清运的情况下对周围环境的影响不大。

2. 风电场检修废物

风电基地每年例行检修一次，检修中要进行拆卸、加油洗等，该过程会产生维修垃圾（包括废油及污染油布等）。

3. 铅酸蓄电池

在升压站中，直流系统是核心，为断路器分、合闸及二次回路中的继电保护、仪表及事故照明等提供能源。而直流系统中提供能源的是蓄电池，为二次系统的正常运行提供动力。运营期风电基地项目通常使用免维护铅酸蓄电池，每 5 年更换一次，由厂家直接进行更换。风电场拟对废旧铅蓄电池统一收集后暂存于危废暂存间内，交有相应资质的废旧电池回收处理单位集中处理。

4. 升压站主变压器事故废油

主变压器事故油池用于收集主变压器发生事故时产生的废油，事故油池与主变压器采用排油通道连接，事故油池与排油通道均为钢筋混凝土结构，按照《危险废物贮存污染控制标准》（GB 18597—2001）的要求建设。变压器正常运行时不产生废油，发生事故时将变压器油排入事故池后，由有资质的单位及时处置。

10.1.4.6　光影闪烁

1. 风电机组的光影影响

光影影响示意如图 10－1 所示，地球绕太阳公转，太阳光入射的方向和地平面之间的夹角称为太阳高度角。只要太阳高度小于 90°，暴露在阳光下的地平面上的物体都会产生影子。风电机组不停转动的叶片在阳光的照射下，投射到居民住宅的玻璃窗户上即可产生一种闪烁的光影，通常称为光影影响。以风电机组为中心，东西方向为轴，处于北纬地区，轴北侧的居民在不同距离内有可能受到风电机组光影的影响，其影响范围取决于太阳高度角的大小以及高度差的大小，太阳高度角越大，风电机组的影子越短；太阳高度角越小，风电机组的影子越长；高差越大影子越长，高差越小影子越短。轴南侧的居民则不会受到风电机组光影的影响。

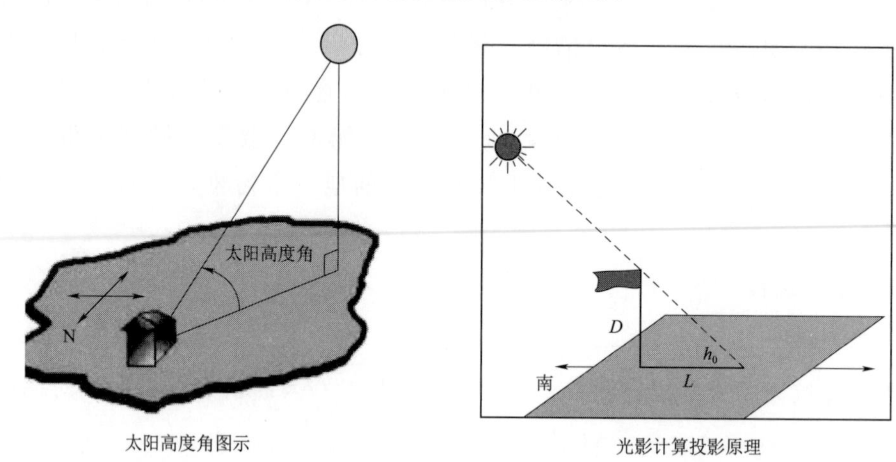

图 10－1　光影影响示意图

2. 风电基地环评风电机组光影影响距离的计算

风电机组光影影响的距离的确定，不能简单以冬至日正午时分的太阳高度角计算影长，虽然冬至日的太阳高度角是一年中最小的，但正午时分却是太阳高度角一天中最大的时期，因此以此计算光影影响距离偏小。但是也不能人为设置某一固定规避值，无论东西南北，这样难免以偏概全。光影影响范围实际为北向凹型扇形区域，居民点是否受影响与其和风电机组的距离及方位有密切关系。

风电机组光影影响距离的科学确定，首先应确定光影影响角度，光影影响角度是指风电机组因太阳而对居民区住宅产生光影的最大角度；因此选择一个合理的风电机组光影影响时段是确定光影影响角度的先决条件。

（1）风电机组光影影响时段的确定。在北纬地区，冬至日的太阳高度角是全年中高度角最小的一天。因此，也是太阳阴影长度最长的一天（相反夏至日是太阳阴影长度最短的一天）。冬至日任意时刻阴影长度都大于其他日期同一时刻，因此选择冬至日为研究风电机组光影的影响日期。

冬至日前后太阳高度角较小，太阳辐射强度也较小，并且考虑到光的散射和折射

因素，随着光影长度加长，当光影到达超过 500m 的范围时，强度会减弱。且日出后 2h 内（9 点前）及日落前 2h 内（15 时以后）太阳高度角在 20°以下，居民点房前屋后植被也会遮挡部分光影。结合安徽省宣城市郎溪县冬至日日出和日落时间，确定风电机组光影影响时段为冬至日 9—15 时整是合理的。

（2）光影影响距离的计算。根据投影原理，风电机组阴影长度计算公式为

$$L=\frac{D}{\tan h_0} \tag{10-8}$$

其中

$$h_0=\arcsin(\sin\psi\sin\sigma+\cos\psi\cos\sigma\cos\alpha) \tag{10-9}$$

式中 D——风电机组有效高度，m；

h_0——太阳高度角，(°)；

ψ——风电机组点纬度，(°)；

σ——太阳倾角，(°)；

α——光影线与正北方向线的夹角，光影线在 NE 为正、NW 为负。

评价对光影的影响分析主要是根据每台风电机组点位的坐标、海拔、风电机组的高度和方位，计算出每台风电机组光影的最大影响距离，根据风电机组点位图确定距离每台机组最近的敏感目标与此机组的距离，从而分析敏感点是否受风电机组光影的影响。

10.1.4.7 总量控制

1. 总量控制原则

《建设项目环境保护管理条例》（国务院令第 253 号）中规定：建设产生污染的建设项目，必须遵守污染物排放的国家标准和地方标准，在实施重点污染物排放总量控制的区域内，还必须符合重点污染物的排放总量控制的要求。目前主要针对 COD、NH_3-N、SO_2、NO_x 污染物排放进行总量控制。

2. 总量控制指标

根据国家的相关规定，现阶段进行总量控制的指标为 SO_2、NO_x 和 COD、NH_3-N 四项。

10.2 风电基地社会环境影响评价

10.2.1 对能源结构的影响

在“十一五”期间，风电基地的建设进入了高峰期，其中“三北”地区的风电并网占全国的 87%。中国风能资源主要分布在“三北”地区，但电力负载主要分布在沿海地区，因此风力资源的地理分布与电力负载之间并不匹配。由于风电开发高度集中

于“三北”地区、风电和电网建设不同步、当地负荷水平较低、灵活调节电源较少、跨省跨区市场不成熟等原因，导致弃风现象比较明显，因此从能源使用情况来看，火电始终占有主导地位。

进入“十三五”后，在风电投资监测预警机制引导、用电负荷持续增长、电网调度运行考核力度不断加强等因素的共同作用下，全国风电并网消纳形势持续好转，大部分省份的弃风率下降至10%以内。2017—2018年，“三北”地区投产了晋北—南京、酒泉—湖南、锡盟—泰州、扎鲁特—青州、准东—皖南等跨省跨区特高压直流输电工程，开工建设了专为外送清洁能源而建设的青海—河南±800kV特高压直流工程，提升了“三北”地区风电整体消纳水平。除此以外，风电与其他能源配套外送，优先输送新能源电力，弃风现象大幅降低，提升了风电在电力能源中的占比。

目前“3060碳达峰碳中和”是未来能源发展的目标，这使得风电基地成为风电发展的重要模式。“规模化开发、集中式并网”的风电基地开发模式有助于集约化布局、集中化管理，有助于集约用地、用海，高效配置风能资源，有利于促进能源结构转型升级。

10.2.2　对经济的影响

风电经济性的关键参数包括投资成本、运营和维护费用、电能生产、平均风速、风寿命等。其中，投资成本中的固定成本约占项目整个生命周期总费用约80%，与传统能源相比，风电的发电过程中燃料费为0。因此，风电成本可通过降低固定成本来达到。

目前，乌兰察布风电基地是我国第一个平价上网基地，发电量按照可再生能源优先发电原则参与京津冀电力市场交易，国家不予补贴，阿拉善盟风电基地平价上网的落地电价与山东燃煤脱硫标杆电价持平，风电基地为竞价上网项目，风电上网电价为0.2～0.29元/(kW·h)。这意味着风电基地项目的建设不仅可有效提升当地的经济发展，而且还可助力国家能源经济的发展。

风电机组制造是具有高科技含量的机电一体化行业，千万千瓦级风电基地的建设将形成巨大的风电设备制造、研发和相关的配套企业在当地落户，带动制造业、建筑业、交通运输业、电子电器行业、管理服务等相关产业发展。相关产业链的发展使当地就业问题得以解决，同时风电基地的开发建设、管理也需要大量人员，因此风电基地的建设能够解决不少就业问题，提高当地经济发展。

风电基地的建设给广阔的西北地区增添了一道亮丽的风景线，会吸引更多的游客、摄影爱好者来旅游，带动了旅游业的发展。

10.2.3　对景观生态系统的影响

文物是人类不可再生的宝贵文化物质遗产，一旦破坏将无法修复。应严格遵守

《中华人民共和国文物保护法》，重点分析施工区域与文物保护区的空间关系及其对文物造成的影响程度。

工程永久占地区域土地利用格局的变化，将对评价范围内的自然体系产生一定影响。施工区临时占地可通过生态补偿和生态恢复等措施使得其景观地貌基本恢复或改善。永久占地区形成升压站、风电机组及硬化的相变基础等异质化景观，对现有的自然景观体系将产生一定的影响。工程施工结束后，草地的面积由于升压站和风电机组基础的占用而小幅减少，区域自然生态体系生产能力和稳定状况稍微改变。虽然每个风电机组基础单独进行施工，且施工结束后吊装平台及时进行植被恢复，但仍会有约2个月的土壤裸露期。考虑到项目区气候温和、雨量丰富、光热充足，工程的植被恢复会很快见效，施工结束后，评价区仍以林地为绝对优势土地类型。从景观要素的基本构成上来看，未出现本质的变化，工程的实施和运行对区域的自然景观体系中基质组分的异质化程度影响较小。

施工期施工区域的开挖与填筑、占用土地、铲除地表植被等一系列施工活动，形成大面的裸露边坡、土坑、物料堆放场地等一些劣质景观，破坏了原来的自然景观，造成与周围自然景观不相协调，严重影响了自然景观的美感。另外，施工过程中修建的各种道路，形成许多廊道，分割自然生态环境，使自然景观破碎，影响了自然景观的价值。这些影响在施工结束进行植被恢复后会逐渐减弱。

风电场经生态恢复投入运行后，将使评价区的草地的景观发生改变，使原来的景观变化成为以风电机组为点缀的草地景观，整体上并未改变区域自然景观。风电项目的建成不仅对项目所在区域自然景观没有不利影响，更可提高所在区域的景观价值，成为一个具有潜力的新景点。

10.3 环境管理方案

10.3.1 环境管理机构

根据《建设项目环境保护管理条例》(2017年修订)《风电场工程建设用地和环境保护管理暂行办法》(发改能源〔2002〕1511号)等要求，设立专门的环境管理机构负责风电基地开发建设的日常环境管理工作。项目的环境管理大体分为前期规划阶段、施工期与运营期三个阶段。由于风电基地规模大，多场区且覆盖广，需要联合管理。前期规划阶段需要发改委及能源行业的相关部门积极参与风电基地各场区环境影响评价和水土保持方案报告书的编写，做好环境保护和水土保持相关举措的制度设计。施工建设期，建设单位应由一名主要领导负责落实建设期的各项环保措施，并配合各级环保管理和监测机构对施工期的环保情况进行监督。运营期，为保证环境管理任务的顺利实施，环境管理机构至少聘用一名具有环境保护专业技术知识的工作人员，管理各类环保设施，保证各类设施的正常运转，同时配合各级环保管理和监督机构对项目的环保情况实施监督管理。

10.3.2　环境管理职责

风电大规模发展需结合国家“建设大基地，融入大电网”的客观要求，风电场基地从开发建设到施工运营过程中的环境管理，需要政府、开发商、设计院、施工多方配合，统一规划、分期实施，统一设计、集中开发、整体推进、统一调度。

各单位负责环境监管监测的人员应履行以下职责：

(1) 负责贯彻实施国家环保法规和有关地方环保法令。

(2) 各单位进行环保宣传教育，加强职业技术培训，提高环境管理人员的技术水平及企业员工的环保素质。

(3) 政府在规划、审批风电基地项目时，应与开发商共同关注项目环境制约因素，合理规划基地内各场区，避开保护区。

(4) 加强环保管理，建立健全企业的环境管理制度，确保基地污染治理和生态环境保护工作顺利实施，并实施检查和监督，配合政府评估工作。

(5) 负责监督管理污染治理设施的正常运转，确保各项环保设施与主体工程同时设计、同时施工、同时投入使用。

(6) 组织开展环境监测，及时了解施工区及工程运行后环境质量状况及生态恢复状况。

(7) 负责建立全面、详细的环保基础资料及数据档案，及时向环保主管部门呈报环保报表，并接受环保部门的监督。

(8) 制定突发性事故的应急处理方案，并参与突发性事故的应急处理工作。

10.3.3　项目开发流程中的环境管理

开发过程应坚持环境为本，生态优先，立足保障区域生态安全，加强生态环境的保护，促进自然环境与风电基地和谐共融，建设人地关系和谐的可持续性风电开发基地；坚持集约用地，注重风电基地公共设施建设与各开发地块相协调，建设以公共交通为支撑的规范化基地形式，减少开挖破坏。坚持因地制宜，以适应地方资源环境特点，进行风电规划布局，探索风电开发集中化、规模化、规范化、高效化的绿色建设发展新模式。项目的环境管理应贯穿项目前期规划核准、施工期和运营期。

10.3.3.1　前期规划核准阶段

项目前期规划核准关系到项目开发的可行性、开发权的确定、土地征用、资金筹措、项目核准、设备招标、工程建设等一系列后续工作的开展。项目规划核准阶段在

环境管理上应做好以下工作。

1. 项目开发权的确定

风电基地由于规模一般较大，项目往往要分期规划建设，故在开发规划中应该考虑此前的开发商与基地布置情况，建议适度控制企业数量，以利于政府管理和建设施工间的配合。

企业具有从事电力投资等相关业务的经历，具有建设、管理、经营大型风电场的人才和经验，近三年经营无亏损，有扩大投资的能力。

大规模风电开发应以国有资金投资为主，无违规开发建设电源项目和违法乱纪行为的记载。

对已明确的开发单位，要求统一与地方政府签订合作开发协议，由政府统一协调，明确各资源地块，以完成风电场基地的最终分配。

2. 可行性研究阶段

在项目取得开展前期工作的批复之前，由国家或地方政府，委托编制单位编写项目开发建设方案，当地发展改革委协调各部门核实自然保护区、矿产资源压覆、电力接入系统等问题并出具意见，完成项目开发建设方案后报国家能源局审批。根据国家能源局对项目开发建设方案的批复，为实现风电基地的宏观调控，新疆维吾尔自治区发展改革委积极协助国家能源局做好项目核准等各项准备工作，统一委托编制可研报告、项目申请报告及各项专题报告，协调取得电网接入方案、环境影响评价、水土保持、地质灾害评估、矿产资源压覆、土地用地预审、选址规划意见、安全预评价、文物调查、节能评估等政策支持性文件，并最终报国家能源局核准。

可行性研究报告应依据批复的环境影响评价文件、水土保持方案报告书（表），开展同等深度的环境保护和水土保持措施设计，措施上有优化（或变更）的需要补充说明。环境保护和水土保持投资必须纳入工程投资概算，并保证专款专用。可行性研究报告是项目核准的必要文件，项目开发企业申报核准项目时，必须附环境保护和水行政主管部门批复意见。

10.3.3.2 施工期和运营期

施工期和运营期采用的环境管理方案较为详细，各方都有各自的职责，见表10-3。

表10-3 项目施工期和运营期环境管理方案

管理方案	内容	环境影响	建议措施
施工期			
教育和培训	对合同方及施工人员的环境教育和培训	预防事故，减缓环境影响，提高施工人员意识	包含施工期各项活动相关的环境管理、生态保护和污染控制，以及事故应对；周围重要保护区和资源介绍；加强施工人员的环保意识

续表

管理方案	内　容	环境影响	建　议　措　施
施工活动管理	临时施工场所的安置	噪声、扬尘、废物、废水、土壤、植被等	合理设置施工场地，尽量少占土地以减少对土壤和植被的破坏；配备废水、废物处理装置，避免对当地环境产生重大影响
	道路修建及运输	噪声、废气、土壤、植被等	尽量利用原有道路；对运输道路进行监测，必要时对道路进行加固；施工时应定期洒水减少扬尘；对运输车主进行安全教育；定期维护车辆等
	设置（安全和环保）警示牌	人员伤亡和污染	警示牌应尽量醒目
	场地准备	扬尘、废水、土壤结构等	做好土石方平衡，加强土石方临时堆场的管理；土石方运输应加覆盖物，避免泄漏；临时办公区应配备污水处理装置，并加强防渗管理；对危险原材料和废物贮存场地设置明显标志等
	结构工程	扬尘、噪声、土壤结构等	风电机组基础及升压站基建部分尽量使用商品混凝土；选用低噪声设备等
	风电机组及其他设备安装	噪声、土壤结构	各种废料按废物管理计划处置；聘用专业人员进行设备调试，合同方应负责处置调试废油的处置；高噪声区域内的工作人员应配备相应的劳保用品
	清理施工场地	土壤结构和水质改变	清除施工场地的各种废料、废水；对被漏油污染的土壤进行处理；进行生态恢复和水土保持
废物管理	废水管理	改变水质	包括生活污水处理、施工废水处理等，详见污染防治措施
	固体废物管理	水质、沉积物	定期检查施工场地废物的临时处置场地；确认废物是否分类处置、最终处置是否合适；确认施工固体废物及时得到清除
健康和安全	健康和安全指南		
应急计划	应急行动指南		
运　营　期			
教育和培训	对员工进行教育和培训	预防事故，减少污染	包括各种废物的管理、职业健康和安全防护、运行期环境管理、周围重要保护区和资源的介绍
运营活动管理	日常管理工作	改变噪声、生态环境等	制定环境管理及环境保护规章制度、规定及技术规程；建立完善的环保档案管理制度；定期对各类污染源及环境质量进行监测；加强生态环境管理工作，制订生态监控计划和绿化计划等
	设备维修	废水、固体废物等	加强设备维护和管理，并按照操作流程进行维修

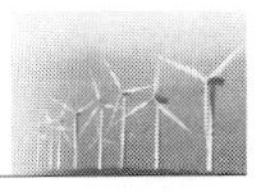

续表

管理方案	内　容	环 境 影 响	建　议　措　施
废物管理	废水管理	水质	主要指生活污水，详见污染防治措施
	固体废物管理	水质和土壤结构	包括生活垃圾、危险废物等，详见污染防治措施
监测计划	水质		对污水处理设施排放口的水质进行监测，详见监测计划
	噪声		对主要噪声源及周围声环境质量进行监测，详见监测计划
	生态恢复		对项目建设区的植被等生态恢复状况进行跟踪观测
	水土保持		对项目建设区的水土保持进行监测，详见水土保持章节
应急计划	1. 制定应急预案，做好突发性自然灾害的预防工作；密切与地震、水文和气象部门之间的信息沟通，及时制定完善的对策；制定风电场区和升压站区的风险事故预案，建立事故风险应急系统，制定火灾事故应急预案。应急预案应经有关部门协商和认同，一旦发生事故时，可以有效协调实施；其内容应包括控制事故蔓延、减少影响范围的具体行动计划，包括救护措施，保护站场内人员、财产、设备及周围环境安全所必须采取的措施和办法。 2. 对事故隐患进行监护，掌握事故隐患的发展状态，积极采取有效措施，从管理和技术上加强各项制度的落实，严格执行操作规程，加强巡回检查和事故预案的制定，防止事故发生。 3. 有计划地对员工进行培训，吸收国内外事故中预防措施和救援方案的经验，学习借鉴此类事故发生后的救助方案。日常要经常进行人员训练和实践演习，锻炼指挥队伍，以提高他们对事故的防范和处理能力		

10.4 小　　结

目前，国内的风电开发建设中，风电基地的环境评价与管理依旧以具体项目为评价单元，还没有形成对整个基地进行环境评价的操作模式。因此，需要政府有关部门和开发商进一步加深合作，做到多场区综合考虑，减少施工期不必要的开挖等，加强各单位的交流，研究探讨新时代风电基地环境评价与管理所面临的新问题和新挑战。

参 考 文 献

[1] Global Wind Energy Council. Global Wind Report 2019 [R]. 2019.

[2] 奇伟，韩福录. 我国水环境污染现状及其防治 [J]. 内蒙古环境科学，2009，21 (5)：15-17.

[3] 云巴图. 风电项目环境影响评价指标研究 [D]. 北京：华北电力大学，2014.

[4] Canter L W. Environmental Impact Assessment [M]. 2nd Edition. New York：McGraw-Hill，1998.

[5] 陆忠民. 风电场环境影响评价 [M]. 北京：中国水利水电出版社，2016.

[6] 梁耀开. 环境评价与管理 [M]. 北京：中国轻工业出版社，2002.

[7] David S，Michaud. Clarifications on the design and interpretation of conclusions from health canada's study on wind turbine noise and health [J]. Acoustics Australia，2018，46 (1)：99-110.

[8] 李秉柏，施德堂，王志明. 太湖蓝藻暴发的原因及对策建议 [J]. 江苏农业科学，2007 (6)：336-339.

[9] 张延. 日本水俣病和水俣湾的环境恢复与保护 [J]. 水利技术监督，2006 (5)：50-52.

[10] 李智兰. 风电场建设对周边扰动区域土壤养分和植被的影响 [J]. 水土保持研究，2015，22 (4)：61-66.

[11] 丛日亮，杨敏军. 风电场建设项目水土保持措施综述 [J]. 内蒙古林业调查设计，2017，40 (2)：5-6.

[12] 朱永可，李阳端，楼瑛强，等. 风力发电对鸟类的影响以及应对措施 [J]. 动物学杂志，2016，51 (4)：682-691.

[13] 陆忠民，张志宏，徐凌云，等. 海上风电场对鸟类行为的影响分析 [J]. 水利规划与设计，2014 (1)：5-8.

[14] 白文娟，李志强，姚立英. 浅析风电场建设对鸟类的影响及对策建议 [C]. 2013年中国环境科学学会学术年会，2013：406-408.

[15] 邢莲莲，杨贵生. 内蒙古辉腾锡勒地区鸟类研究 [J]. 内蒙古大学学报（自然科学版），2003，34 (6)：663-667.

[16] Pearce-Higgins J W，Stephen L，Douse A，et al. Greater impacts of wind farms on bird populations during construction than subsequent operation：results of a multi-site and multi-species analysis [J]. Journal of Applied Ecology，2012，49 (2)：386-394.

[17] Pitman J C，Hagen C A，Robel R J，et al. Location and success of lesser prairie-chicken nests in relation to vegetation and human disturbance [J]. Journal of Wildlife Management，2005，69 (3)：1259-1269.

[18] 王明哲，刘钊. 风力发电场对鸟类的影响 [J]. 西北师范大学学报（自然科学版），2011，47 (3)：87-91.

[19] 孙靖，钱谊，许伟，等. 江苏大丰风电场对鸟类的影响 [J]. 安徽农业科学，2007，35 (31)：9920-9922.

[20] 袁征，马丽，王金坑. 海上风机噪声对海洋生物的影响研究 [J]. 海洋开发与管理，2014，31 (10)：62-66.

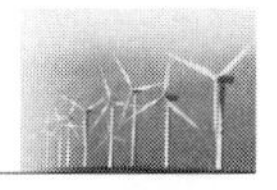

[21] Popper A N，Fay R R，Platt C，et al. Sound detection mechanisms and capabilities of teleost fishes [R]. Sensory Processing in Aquatic Environments. 2003.

[22] Higgs D A，Tavolga D M，Souza W N，Popper M J. Ultrasound detection by clupeiform fishes [J]. The Journal of The Acoustical Society of America，2001，109：3048 - 3054.

[23] 陈晓明，王红梅，刘燕星. 海上风电环境影响评估及对策研究 [J]. 广东造船，2010 (6)：26 - 31.

[24] Wahlberg M，Westerberg H. Hearing in fish and their reactions to sounds from offshore wind farms [J]. Marine Ecology Progress Series，2005，288：295 - 309.

[25] Lindeboom H J，Kouwenhoven H J，Bergman MJN. Short - term ecological effects of an offshore wind farm in the Dutch coastal zone：a compilation [J]. Environmental Research Letters. 2011，6：13.

[26] Madsen P T，Wahlberg M，Tougaard J，et al. Wind turbine underwater noise and marine mammals：implications of current knowledge and data needs [J]. Marine Ecology Progress Series，2006，309：279 - 295.

[27] Koschinski S，Culik B M，Henriksen O D，et al. Behavioural reactions of free - ranging porpoises and seals to the noise of a simulated 2 MW wind power generator [J]. Marine Ecology Progress Series，2003，265：263 - 273.

[28] Susi M C，Edren，Signe M A. The effect of a large Danish offshore wind farm on harbor and gray seal haul - out behavior [J]. Marine mammal science，2010，26 (3)：614 - 634.

[29] 袁健美，贲成恺，等. 海上风电磁场对 12 种海洋生物存活率与行为的影响 [J]. 生态学杂志，2016，35 (11)：3051 - 3056.

[30] 袁健美，张虎，等. 海上风电磁场对海洋生态及生物资源的影响研究——以江苏如东龙源风电示范区为例 [C]. 2018 年中国水产学会学术年会，2018.

[31] 莫爵亭，宋国炜，宋烺. 广东阳江“海上风电＋海洋牧场”生态发展可行性初探 [J]. 南方能源建设，2020，7 (2)：122 - 126.

[32] Marques A T，Batalha H，Rodrigues S，et al. Understanding bird collisions at wind farms：An updated review [J]. Biological Conservation，2014，179 (11)：40 - 52.

[33] Northrup J M，Wittemyer G. Characterising the impacts of emerging energy development on wildlife，with an eye towards mitigation [J]. Ecology Letters，2013，16 (1)：112 - 125.

[34] Kikuchi R. Adverse impacts of wind power generation on collision behaviour of birds and antipredator behaviour of squirrels [J]. Journal for Nature Conservation，2008，16 (1)：44 - 55.

[35] 孙继成. 甘肃酒泉千万千瓦级风电基地工程对生态环境的影响研究 [D]. 兰州：兰州大学，2011.

[36] 李娜，荣振威. 我国风电设备制造业的现状和发展前景 [J]. 电力技术经济，2005，17 (5)：5 - 11.

[37] Rocha L C S，Aquila G，Junior PR. A stochastic economic viability analysis of residential wind power generation in Brazil [J]. Renewable and Sustainable Energy Reviews，2018，90：412 - 419.

[38] 邵岛. 大神堂风电项目技术经济评价研究 [D]. 天津：天津大学，2011.

[39] 孙金. 风电运行成本与价值分析 [D]. 长沙：湖南大学，2012.

[40] 禹英杰. 风电建设项目经济效益评价与环境影响分析 [J]. 百家述评，2015，4：182 - 183.

[41] 陈明燕. 风电项目社会效益评价 [D]. 成都：西南石油大学，2011.

[42] 龙甸. 风电基地建设带动酒泉五大经济社会效益提高 [N]. 中国信息报，2011 - 02 - 10.

[43] 颜剑波，张德见，楚凯锋，等. 关于加强陆上风电项目建设环境保护管理的探讨 [J]. 四川环境，2015，34 (2)：133 - 137.

[44] 甄博如，宋淑美. 风电项目建设环境管理研究 [J]. 资源节约与环保，2016 (11)：115.

[45] 谢宏文，黄洁亭. 中国风电基地政策回顾与展望 [J]. 水力发电，2021，47 (1)：122 - 126.

《风电场建设与管理创新研究》丛书
编辑人员名单

总 责 任 编 辑　营幼峰　王　丽

副总责任编辑　王春学　殷海军　李　莉

项 目 执 行 人　汤何美子

项 目 组 成 员　丁　琪　王　梅　邹　昱　高丽霄　王　惠

《风电场建设与管理创新研究》丛书
出版人员名单

封面设计　李　菲

版式设计　吴建军　郭会东　孙　静

责任校对　梁晓静　黄　梅　张伟娜　王凡娥

责任印制　黄勇忠　崔志强　焦　岩　冯　强

责任排版　吴建军　郭会东　孙　静　丁英玲　聂彦环